Limann, Schlüssel zur Elektronik

# Schlüssel zur Elektronik

Otto Limann

Die Zusammenhänge zwischen physikalischen Grundlagen und technisch angewandter Elektronik anschaulich dargestellt

Mit 289 Abbildungen

FRANZIS-VERLAG
MÜNCHEN

Illustrationen: S. Pongratz
nach Anregungen des Autors

CIP-Kurztitelaufnahme der Deutschen Bibliothek

**Limann, Otto**
Schlüssel zur Elektronik : d. Zusammenhänge zwischen physikal. Grundlagen u. techn. angewandter Elektronik anschaulich dargest. – 1. Aufl. – München : Franzis-Verlag, 1976.
(Franzis-Elektronikbuch für jedermann)
ISBN 3-7723-6291-5

**1976**

Franzis-Verlag GmbH, München



Druck: Franzis-Druck GmbH
Printed in Germany. Imprimé en Allemagne.

ISBN 3-7723-6291-5

# Vorwort

Dieses Buch entstand eigentlich auf eine Anregung der Fachzeitschrift Funkschau. Man wünschte dort für die jungen neu hinzukommenden Leser eine leichtverständliche Einführung in das Gebiet der Elektronik mit ihren Bauelementen, Schaltungen und Geräten. Ein großer Teil des vorliegenden Buches erschien deshalb zunächst in der Funkschau als Aufsatzreihe und fand reges Interesse.

Hauptgedanke bei der Abfassung war, die moderne Elektronik organisch gleich in die klassische Elektrotechnik einzugliedern. Das Buch soll anschaulich einführen in die Zusammenhänge zwischen physikalischen Grundlagen und den technisch-praktischen Anwendungen der Elektronik. Dabei wird von der Anschauung ausgegangen, daß die Elektronik nicht ausschließlich eine hohe Fachwissenschaft ist, sondern auf bekannten Naturgesetzen beruht, die von der modernen Technik sinnvoll ausgenutzt werden. Dieses Grundwissen um die Elektronik gehört eigentlich fast zur Allgemeinbildung.

Um dem Leserkreis, an den sich das Buch wendet, die Dinge schmackhaft zu machen, wurde kein nüchterner Lehrbuchstil mit Formeln, Fragen und Rechenaufgaben gewählt, sondern es wurden anregende Erklärungen formuliert und Beispiele aus dem Alltag gebracht. Der Leser soll Freude haben, das Gebiet kennenzulernen. Dazu mögen auch die Karikaturen beitragen, die den Text auflockern.

In erster Linie ist also der Stoff für Anfänger und für interessierte Laien aufbereitet. Außerdem dürfte der Inhalt aber auch als nette Ergänzung offizieller Lehrpläne willkommen sein. Selbst der bereits beruflich tätige Elektroniker findet hier vielleicht noch einige ihm bisher nicht so geläufige Gedankengänge.

Für Hinweise und weitere Anregungen ist der Verfasser stets dankbar, bittet jedoch um Nachsicht, wenn nicht alle Zuschriften ausführlich beantwortet werden können.

Otto Limann, Ottobrunn

**WICHTIGER HINWEIS**

Die in diesem Buch wiedergegebenen Schaltungen und Verfahren werden ohne Rücksicht auf die Patentlage mitgeteilt. Sie sind ausschließlich für Amateur- und Lehrzwecke bestimmt und dürfen nicht gewerblich genutzt werden*).

Alle Schaltungen und technischen Angaben in diesem Buch wurden vom Autor mit größter Sorgfalt erarbeitet bzw. zusammengestellt und unter Einschaltung wirksamer Kontrollmaßnahmen reproduziert. Trotzdem sind Fehler nicht ganz auszuschließen. Der Verlag sieht sich deshalb gezwungen, darauf hinzuweisen, daß er weder eine Garantie noch die juristische Verantwortung oder irgendeine Haftung für Folgen, die auf fehlerhafte Angaben zurückgehen, übernehmen kann. Für die Mitteilung eventueller Fehler sind Autor und Verlag jederzeit dankbar.

# Inhalt

# 1

# Elektron–Elektrizität–Elektronik

Nehmen wir zunächst schlicht zur Kenntnis, daß die Elektronen winzige Materiebausteine sind und daß der elektrische Strom aus solchen strömenden Elektronen oder Ladungsträgern besteht. Obgleich man elektrische Erscheinungen bereits seit über 300 Jahren studiert und elektrische Ströme seit etwa 1850 technisch ausnutzt, entstand die Bezeichnung Elektronik erst um 1910. Sie hat sich seitdem von einer eng umrissenen wissenschaftlichen Definition zu einem vieldeutigen und umfassenden Schlagwort entwickelt. Der Ausdruck wurde von den Physikern eingeführt, die sich für Natur, Ladung und Masse des freien elektronischen Ladungsträgers interessierten. Mit dem Begriff Elektronik sollten die Erscheinungen erfaßt werden, die beim Auftreten von Elektronen außerhalb von metallischen Leitern zu beobachten sind, also Elektronenemission aus glühenden Drähten, Leuchterscheinungen in gasgefüllten Röhren, Bahnablenkung frei fliegender Elektronen. Gerade diese Möglichkeit führte damals bereits zur Entwicklung der Elektronenstrahlröhre. Auf sie beruht unsere heutige Fernsehbildröhre; denn darin wird ein Elektronenstrahl zeilenweise über den Bildschirm geführt.

Bis Ende der zwanziger Jahre blieb Elektronik ein rein wissenschaftlicher Begriff, streng begrenzt auf die Bewegung freier Elektronen im Vakuum und in verdünnten Gasen, im Gegensatz zur praktischen Elektrotechnik. Dieser Ausdruck bezog sich fast ausschließlich auf die mit Hilfe von Drähten weitergeleitete elektrische Energie, die mit Hilfe von mechanischen Schaltern (Klingelknopf, Lichtschalter, Morsetaste) oder elektromagnetischen Relais (Schaltschütze) gesteuert wurde. Selbst nach heutigen Begriffen elektronische Geräte, z. B. Quecksilberdampfgleichrichter, rechnete man zur Elektrotechnik, ebenso auch Telefonanlagen, mit denen

Sprache über Drahtleitungen übertragen wurde. Man unterschied allerdings nach

*Schwachstromtechnik* zur Nachrichtenübertragung und
*Starkstromtechnik*
zur Energieübertragung bzw. Energieumformung, d. h.
Strom wird Licht = Glühlampe und
Strom wird Bewegung = Elektromotor.

Mit dem Aufkommen der Rundfunktechnik weitete sich dann das Bild in Richtung Elektronik. Jahrzehntelang (etwa 1920 bis 1960) beherrschte die Radioröhre als elektronisch arbeitendes Verstärkerelement die kommerzielle Weitnachrichtentechnik und den Unterhaltungsrundfunk. Die Röhre ist die Keimzelle für das heutige vielseitige Gebiet der Elektronik geworden. In der Verstärkerröhre werden Elektronen von der Katode zur Anode transportiert. Entscheidend ist jedoch, daß die Stärke des Elektronenstroms innerhalb der Röhre durch eine kleine Spannung an einer weiteren Elektrode, nämlich am Steuergitter, beeinflußt werden kann. Von dieser Erfindung der Radioröhre oder Verstärkerröhre rührt die eigentliche Verbreitung des Wortes Elektronik her. Bahnbrechend dafür war die 1930 in den USA erstmalig herausgekommene Zeitschrift „Electronics“. Sie befaßte sich vorwiegend mit der Anwendung von Geräten mit gasgefüllten oder luftleer gepumpten Röhren, in denen Elektronenströme fließen und in ihrer Stärke gesteuert werden, und das betraf nicht nur die Radiotechnik. Die *Steuerbarkeit* hat dabei den Vorrang vor der bloßen Anwendung, denn sonst wäre jede Leuchtstoffröhre bereits eine elektronische Anlage.

Im Laufe der Zeit engte sich dann der Name Elektrotechnik immer mehr auf die eigentliche Energietechnik, also auf die Lieferung von Licht und Kraft durch Strom ein. In der Nachrichtenübertragung dagegen konnte man beispielsweise einen 100-Kilowatt-Rundfunksender nicht mehr so recht zur Schwachstromtechnik zählen ...

Man bevorzugte nunmehr den Ausdruck Nachrichtentechnik dafür und kam zu folgendem Schema:

| *Nachrichtentechnik* | *Starkstromtechnik* |
|---|---|
| Verstärkerröhre | Quecksilberdampfgleichrichter<br>Thyratron |

Elektronentransport im Vakuum oder in Gasen } = Elektronik

Aber es blieb nicht beim Transport und bei der Steuerung von Elektronen im Vakuum der Radioröhre. Aus dem Kristalldetektor der ersten Rundfunkempfänger — einem Stückchen Bleiglanzkristall — entwickelte sich der Transistor, im Prinzip wieder ein Kristall, diesmal aus Germanium oder Silizium. Beim Transistor bewegen sich die Elektronen durch die Lücken eines Kristallgitters. Die Stärke des Elektronenstroms läßt sich dabei ebenfalls an einer dritten Elektrode, der Basis, steuern. Neben den Transport von Elektronen im Vakuum trat nun der Transport von Elektronen im Kristallgitter. Bei der Röhre und beim Transistor gehört aber grundlegend noch dazu die Steuerung des Elektronenstroms auf seinem Weg durch den Nichtleiter (Vakuum) oder Halbleiter (Kristall).

Inzwischen sind aber noch weitere Gebiete hinzugekommen, und man nennt deshalb so ziemlich alles Elektronik, was nicht gerade zur klassischen Elektrizitätsleitung im Kupferdraht gehört. Kennzeichnend ist jedoch, daß sich wie bei der Röhre und beim Transistor die Stärke des Elektronenstroms durch andere physikalische Effekte beeinflussen oder steuern läßt. Solche Effekte sind zusätzliche elektrische Spannungen, magnetische Felder, Wärme, Licht, Ultraschall, Röntgen- oder Atomstrahlen. Bei der guten alten Kupferdrahtelektrizität kann man dagegen den Strom nur durch Knipsen eines Schalters, durch Betätigen eines Anlassers oder eines veränderlichen Widerstandes beeinflussen.

Stets ist bei elektronischen Einrichtungen eine Verstärkerwirkung mit im Spiel. Winzige Leistungen steuern über mehrere Elektronikstufen hinweg große Ströme. Oft erfolgt dazwischen noch eine selbsttätige Verarbeitung (Regelung) oder ein Rechengang.

Alltagsbeispiel: moderne Aufzugssteuerung. Leichter Fingerdruck auf einige Etagentasten — der Aufzug im Gewicht von einigen tausend Kilogramm setzt sich in Bewegung, hält an, wenn die „programmierten" Etagen erreicht sind, rechnet aber noch blitzschnell aus, daß er noch ein Stockwerk vorher halten kann, um von dort einen Fahrgast mitzunehmen, der ebenfalls „aufwärts" will. — Zur Nachrichtenübertragung kam also die „Datenverarbeitung". Damit ergibt sich jetzt folgendes Schema (auf Seite 12).

Anstelle der veralteten Begriffe

| | |
|---|---|
| Schwachstromtechnik | Starkstromtechnik |

sagt man

| | |
|---|---|
| **Nachrichtenübertragung, Datenverarbeitung** | **Leistungselektronik** |
| *Genauigkeit* ist maßgebend (Gehirn!) | *Wirkungsgrad* ist maßgebend (Muskel!) |
| *Bauteile* | *Bauteile* |
| Detektor (Diode) | Selengleichrichter |
| Transistor | Siliziumdiode |
| integrierte Schaltung | Thyristor, Triac |
| *Anwendungen* | *Anwendungen* |
| Rundfunktechnik | Lichttechnik |
| Elektroakustik | Antriebstechnik |
| Fernsehtechnik | Elektrochemie |
| Hf-Telefonie | Elektromedizin |
| Meßtechnik | Elektrowärme |
| Elektronenrechner | Kühlung |

Drastisches Beispiel für Auftrennung von Signalverarbeitung und Leistungselektronik:

**Nachrichten-Satellit**

| *Genauigkeit* | *Wirkungsgrad* |
|---|---|
| Ferngespräche und Fernsehsendungen exakt übertragen | Sonnenlicht über Fotozellen in Betriebsstrom umwandeln |

Beide Gebiete, Datenverarbeitung und Leistungselektronik, sind vielfältig durch Überwachen, Steuern, Regeln und Automatisieren miteinander verbunden. Beispiele: die bereits erwähnte Aufzugsteuerung, Werkzeugmaschinensteuerung, Prozeßrechner usw.

Der Rundfunk- und Fernsehtechniker muß sich also damit abfinden, daß die heutige Elektronik, obgleich sie in der Radioröhre ihren Ursprung hat, ein viel größeres Gebiet umfaßt, das mit Schwingkreisen und Hochfrequenzverstärkern wenig mehr zu tun hat. Deswegen erscheint es heute nicht mehr so recht angebracht, sich durch die Grundschaltungen der Rundfunkempfänger hindurcharbeiten zu müssen, sich mit Schwingkreisen und Oszillatoren zu befassen, wenn man sich mit der Elektronik vertraut machen will. Rundfunk und Fernsehen sind heute nur ein Spezialgebiet der Elektronik, aber keinesfalls die Elektronik selbst. Und sogar die Unterteilung in Rundfunk- und Fernsehempfängertechnik erscheint nicht mehr so ganz zweckmäßig. In beiden Fällen werden Signale oder Informationen mit Hilfe hochfrequenter elektromagnetischer Schwingungen übertragen und im Empfänger wieder auf das ursprüngliche Frequenzspektrum umgesetzt. Derartige Umsetzvorgänge oder das Heraufmischen und Herabmischen in andere Frequenzgebiete wendet man aber auch bei der Trägerfrequenztelefonie, bei Satelliten-Übertragungen und beim Kabelfernsehen an. Ja, man arbeitet sogar an Systemen, um Sprachinformationen in die äußerst hochfrequenten Lichtwellenlängen umzusetzen, über „Lichtleitkabel" zu schicken und dann wieder auf das ursprüngliche Sprachspektrum herabzumischen.

Man kann daher die Empfängertechnik auf gemeinsame Grundlagen zurückführen, um sie in das riesig angewachsene Gebiet der gesamten Elektronik besser einzugliedern. Dieser Versuch soll hier unternommen werden, um zu einer zusammenfassenden und einheitlichen Darstellung der gesamten elektronischen Technik zu kommen.

Zum Schlüssel dieser modernen Elektronik gehören aber auch die klassischen Gesetze der Elektrizitätslehre; denn Elektronik ist auch Elektrotechnik!

Deshalb ist es sinnvoll, Elektrotechnik und Elektronik organisch miteinander zu verbinden und nicht die Elektronik als neues gesondertes Gebiet der Elektrotechnik zu betrachten. Die klassischen Gesetze der Kupferdrahtelektrizität soll man allerdings nicht durch ellenlange Rechnereien totreiten. Wenn man in immer neuen Zahlenvariationen und Umstellungen Dutzende von Beispielen zu den Ohmschen und Kirchhoffschen Gesetzen durchrechnen muß, dann verliert man Zeit, die dann fehlt, um elektronische Schaltungsfunktionen zu verstehen und Systeme zu überblicken. Auch das Ankreuzen von vorgegebenen Fragen hält der Verfasser für nicht so wesentlich, um das Verstehen zu erleichtern und das Verstandene zu dokumentieren. — Denn beim Ankreuzen eines Totozettels bekommt man bisweilen auch einige „Richtige" ...

Die Ausführungen dieser Aufsatzreihe wenden sich an den Lernwilligen, der elektronische Bauelemente, Geräte und Anlagen aller Art anwenden und benutzen will. Er soll die Eigenschaften von Bauelementen kennen, sie sinngemäß zu kombinieren verstehen und die Funktionen der Schaltungen beherrschen. Dazu braucht er aber keine wissenschaftlich physikalischen Grundlagen, wie Bändermodelle, Fermi-Niveaus, Intrinsicdichte und Depletion mode, in allen Feinheiten zu studieren. Selbst die Kenntnis der unterschiedlichen Fertigungsverfahren mit Diffusionsschritten und Ionenimplantation sind für den Anwender einer integrierten Schaltung unerheblich. Wichtig ist zu wissen, was man mit der Schaltung anfangen kann.

Man verzeihe diese ketzerhafte Auffassung, aber jemand, der Ziegelsteine verarbeitet, braucht sich auch nicht in den Einzelheiten ihrer Brennvorgänge oder in den genauen Analysen und unterschiedlichen chemischen Vorgängen beim Abbinden von Gips-, Kalk- oder Zementmörtel auszukennen und kann trotzdem ein ganz erstklassiger Maurer sein.

Oder, höher gegriffen, ein Architekt muß ein Gebäude nach den Forderungen seines Auftraggebers sachgemäß entwerfen und bauen können. Er muß die Eigenschaften und Belastbarkeiten seiner „Bauelemente“ wissen. Ob aber der Stahl mit der benötigten Festigkeit im Thomas- oder Siemens-Martin-Verfahren hergestellt wurde, ist ihm gleichgültig.

Doch zurück zu unserem Gebiet. Die beiden Hauptgesichtspunkte:

- Sinnvolle Kombination von klassischer Elektrizitätslehre und neuzeitlicher Elektronik
- Zurücktreten von Spezialistenwissen, dafür anschauliche Denkmodelle und Anwendungspraxis

sollen den Vorrang in diesem Buch haben. Dabei sei allerdings auch jeweils dann ein wenig Technikgeschichte eingeflochten, wenn dies das Verständnis erweitert (oder zeigt, wie herrlich weit wir es gebracht haben).

# Vom Elektron zum Elektret

2

## Reibungselektrizität – immer noch aktuell

„Elektron“ ist das klassisch griechische Wort für Bernstein. Bernstein, ein versteinertes Naturharz, vorwiegend gefunden an den Küsten der Ostsee, lädt sich bekanntlich beim Reiben elektrisch auf und zieht dann Staub und Stoffäden an. Bernstein kam bereits im Altertum durch Kaufleute aus dem hohen Norden nach Griechenland. Vielleicht handelten sie dafür Bronzehandwerkzeuge ein, als man dort oben an der Ostsee noch mit Steinbeilen arbeiten mußte.

Und so kann man sich vorstellen, daß Sokrates im alten Griechenland schon sein zänkisches Weib Xanthippe mit dem Geschenk einer Bernsteinkette besänftigen wollte. Aber dann gab es wieder Ärger, weil diese Perlen aus Elektron sich so schlecht sauberputzen ließen. Je mehr Xanthippe mit dem Wollappen daran herumrieb, desto mehr Staub saugten sie an . . .

Das gleiche, nämlich Staub anziehen, tun nicht nur Naturharze, wie Bernstein, Schellack oder Kolophonium, sondern auch Kunstharze. Darüber ärgern sich die Schallplattenfreunde seit jeher. Man hat von der Schellackwalze an bis zur Hi-Fi-Quadrofonie-Schallplatte es immer noch nicht fertiggebracht, den Tonträgern die Staubsaugerei abzugewöhnen. Aber vielleicht kommt einmal eine Firma auf die grandiose Idee, solche keinen Staub anziehenden Schallplatten als den größten Hit des Jahres zu propagieren (gegen kleinen Mehrpreis natürlich). Dann müssen die anderen nachziehen . . .

Auch Sokrates Weib Xantippe im alten Griechenland könnte schon Ärger beim Putzen von Perlen aus Elektron (Bernstein) gehabt haben

Elektron schreibt sich übrigens im klassischen Griechisch so:

*ελεκτρον* = e l e k t r o n

epsilon lambda epsilon kappa tau rho omikron ny

woraus man sieht, daß die alten Griechen so altmodisch waren, das Wort mit k (= kappa) zu schreiben. Sie hätten demnach auch Elektronik und nicht Electronic geschrieben . . .

Übrigens dachte man auch damals bereits über Blitzerscheinungen nach, kam aber nicht darauf, daß eine Verwandtschaft zwischen dem Knistern des geriebenen Bernsteins und dem Blitz beim Gewitter besteht. Bereits im Jahre 2200 v. Chr. tauchte in Ur in Chaldäa das Blitzsymbol auf, allerdings als Zeichen der Gottheit und nicht als Zeichen der Gefahr wie an unseren Trafostationen. Die römischen Schriftsteller Seneca und Plinius beobachteten und beschrieben Blitzerscheinungen, kamen aber noch nicht auf den Kern der Sache. Kaiser Augustus glaubte noch, sich durch ein Seehundsfell gegen Blitze schützen zu können, und Kaiser Tiberius meinte, ein Lorbeerkranz ums Haupt sei gut dagegen ...

Dann kommt die naturwissenschaftliche Forschung durch politische Ereignisse und durch Verbote der Kirche Jahrhunderte hindurch vollkommen zum Stillstand. Kopernikus und Galilei mußten die Verurteilung zum Scheiterhaufen fürchten, wenn sie ihre dem Dogma widersprechenden Erkenntnisse unnachgiebig vertreten hätten.

Erst mit der Renaissance lebt die Wissenschaft wieder auf. 1660 kommt der Magdeburger Bürgermeister Otto von Guericke, der Erfinder der Luftpumpe, darauf, daß sich durch Reiben einer Schwefelkugel ähnliche Erscheinungen erzielen lassen wie beim Reiben von Bernstein. Der Philosoph Leibniz interessiert sich dafür und beobachtet sogar Funken an dem ihm zugesandten Modell.

1733 entdeckte der französische Naturwissenschaftler Du Fay, daß es zwei Arten von elektrischen Ladungen gibt. Er nannte sie Glaselektrizität und Harzelektrizität. Später definiert man, daß auf einem mit einem Lederlappen geriebene Glas eine *positive* Ladung entsteht und auf mit Fell geriebenem Siegellack oder Schwefel eine *negative* Ladung. Heute weiß man, daß beim Reiben mit einem Lederlappen dem Glas Elektronen entzogen und dem Lederlappen zugeführt werden. Wesentlich ist, daß zwei verschiedenartige Materialien äußerst dicht aufeinander zu liegen kommen. Das Reiben ist dabei nur ein Hilfsmittel. Das eine Material gibt dann Elektronen an das andere ab, es entsteht eine *Grenzschicht*. Nach *Abb. 1* besteht dann eigentlich die positive Ladung auf der Glasoberfläche aus einem Mangel an Elektronen, die auf den Lederlappen übergegangen sind, oder kürzer: Elektronen sind negative Ladungsträger. — Aber was soll uns diese Reiberei heute?

Nun, diese statistischen Aufladungen spielen uns täglich noch Streiche. Wer über einen Kunststoffboden oder über einen Nylonteppich läuft,

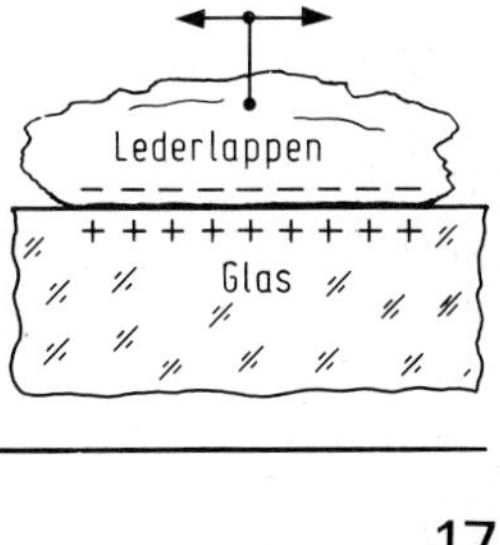


Abb. 1. An der Grenzschicht zwischen dem Lederlappen und dem damit geriebenen Glas treten Ladungen verschiedener Polarität auf

lädt sich durch Reibung der Schuhsohlen auf und bekommt einen elektrischen Schlag, wenn er eine metallene Türklinke anfaßt. Das gleiche passiert, wenn man sich durch Hin- und Herrutschen auf einem Perlon-Polstersitz im Auto ordentlich aufgeladen hat und dann beim Aussteigen die Wagenklinke berührt. Wer abends im Schlafzimmer sein Perlonhemd auszieht, der hört das Knistern der Reibungselektrizität, die sich beim Reiben des Perlons auf der Baumwollunterwäsche gebildet hat. Im Dunkeln kann man sogar die Funken aufblitzen sehen.

In einer Halbleiter-Fabrik wurden serienweise vorher tadellos in Ordnung befundene Feldeffekttransistoren unbrauchbar, weil sie sich beim Transport auf Plastikförderbändern so stark aufgeladen hatten, daß die sehr dünne isolierende Oxidschicht des Transistorsystems durchschlagen wurde.

In chemischen Fabriken, wo mit entzündlichen Substanzen gearbeitet wird, muß jede elektrische Aufladung, die zur Funkenbildung und zur Explosion führen könnte, peinlich vermieden werden. Man trägt dort antistatische Sicherheitsschuhe. Ihre Sohlen bestehen nach DIN-Vorschrift aus einem Material, das keine Reibungselektrizität verursacht (da erhebt sich nochmals die Frage: Warum geht das bei Schallplatten nicht?).

Plastikfolienhersteller müssen die beim Abrollen der langen Plastikbahnen auftretenden statischen Ladungen durch einen anderen elektronischen Effekt, durch Ionisation, unschädlich machen.

Aber diese Aufladungsmöglichkeit eines langen, über Rollen laufenden Plastikbandes wird andererseits in der wissenschaftlichen Physik ausgenutzt, nämlich beim Bandgenerator, von van den Graaff 1931 erfunden. Dieser Generator dient dazu, Gleichspannungen von mehreren Millionen Volt zu erzeugen. Allerdings kann er nur minimale Ströme liefern.

Der Effekt, daß elektrisch aufgeladene Körper Flocken und andere leichte Stoffe anziehen und festhalten, wird ebenfalls industriell ausgenutzt. Beim elektrostatischen Beflocken läßt man auf die aufgeladene und mit einem Klebemittel überzogene Fläche entgegengesetzt aufgeladene feine Fasern senkrecht auffliegen. Sie werden von dem dann erhärtenden Klebemittel festgehalten und ergeben eine Struktur wie Samtstoff.

Bei manchen Registriergeräten oder XY-Schreibern wird das Registrierpapier festgehalten, indem man es auf eine Isolierplatte legt, unter der Metallrippen angeordnet sind. An diese wird eine hohe Gleichspannung angeschlossen. Die dadurch entstehende elektrische Ladung saugt das Papier an und hält es gleichmäßig fest. Der Schreibstift kann darauf hin- und hergleiten, ohne daß sich das Papier verschiebt. Zum Abnehmen wird die Gleichspannung abgeschaltet.

## Die Leidener Flasche – der erste elektrische Kondensator

Bereits im 18. Jahrhundert kam man darauf, elektrische Ladungen auf einem Kondensator zu speichern. Er wurde 1745 von dem Gutsbesitzer Jürgen von Kleist in Kammin in Pommern erfunden und, unabhängig davon, 1746 von Pieter von Musschenbroek, Professor an der Universität Leiden in Holland. Natürlich konnte der holländische Professor mehr Öffentlichkeitsarbeit, auf deutsch: Public Relation, treiben als der Gutsbesitzer aus Hinterpommern, und so erhielt das Urbild des Kondensators den Namen *Leidener* Flasche.

Sie bestand nach der „Fertigentwicklung“ aus einem isolierten Glasgefäß mit Stanniolbelegungen innen und außen. Der innere Belag erhielt nach *Abb. 2* einen metallenen Anschluß mit einer Kugel am oberen Ende. Durch geschicktes Experimentieren vermochte man damals bereits eine Leidener Flasche auf recht erhebliche Spannungswerte aufzuladen. Professor Bruch berichtete in der FUNKSCHAU 1970, Heft 17, auf Seite 571 davon, wie zweihundert zu einer Leitungskette verbundene Mönche gleichzeitig infolge des von einer solchen Leidener Flasche erhaltenen Stromschlages in die Luft sprangen. Nach anderer Quelle führte man das sogar ein wenig später an einer Kette von siebenhundert Karthäusermönchen seiner Majestät Ludwig XV. in Versailles vor.

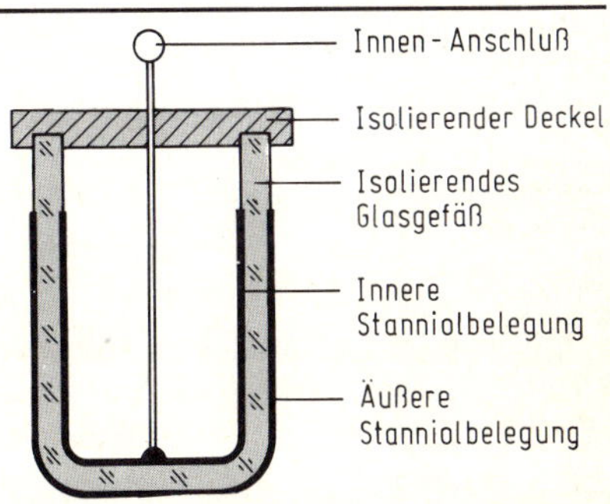


Abb. 2. Prinzip einer Leidener Flasche

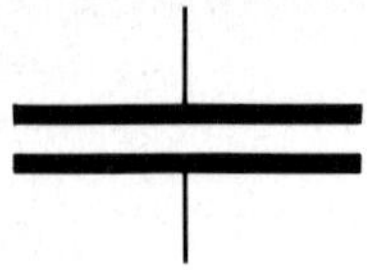

Abb. 3. Schaltsymbol des Kondensators

Abb. 4. Zwischen der Erde und den auf einer Platte gelagerten Steinen besteht ein Schwerekraftfeld

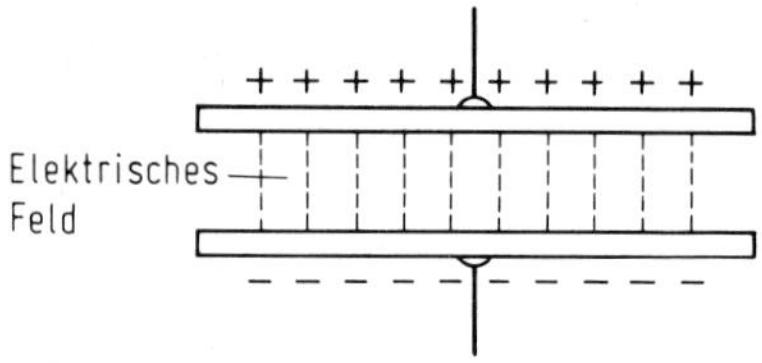


Abb. 5. Zwischen zwei aufgeladenen Kondensatorplatten besteht ein elektrisches Feld

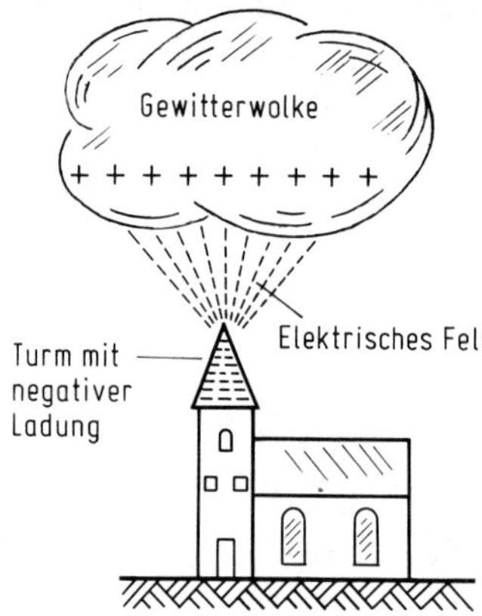


Abb. 6. Die Feldkraftlinien einer Gewitterwolke konzentrieren sich auf eine Turmspitze

Aber geben wir der Leidener Flasche bzw. dem Kondensator gleich das heutige Schaltsymbol *Abb. 3.* Dann läßt sich leichter darüber sprechen, und wir werden noch viel damit zu tun haben.

Zwischen den verschiedenartigen Ladungen auf den beiden Platten eines Kondensators besteht ebenfalls die Neigung, wie beim Erzeugen von Reibungselektrizität sich gegenseitig anzuziehen. Beim geriebenen Bernstein fliegen die nichtgeladenen Staubteilchen infolge der sogenannten Influenzwirkung, auf die hier nicht weiter eingegangen sei, auf die geriebene und aufgeladene Oberfläche. Beim geladenen Kondensator besteht die Tendenz, daß sich die entgegengesetzten Ladungen durch die Isolierschicht hindurch anziehen wollen. Man sagt, zwischen den Belägen herrscht ein elektrisches Feld. Man vergleiche dazu das Schwerkraftfeld der Erde. Schüttet man einen Haufen Steine auf eine waagerecht angeordnete, hohl liegende Platte, dann werden sie immer noch von der Erde angezogen. Unter der Platte besteht nach *Abb. 4* ein „Kraftlinienfeld", das ist ein

Raum, in dem an jedem Punkt Kräfte von bestimmter Richtung und Größe wirksam sind.

Genauso ist es nach *Abb. 5* beim elektrischen Kraftfeld zwischen den Platten eines Kondensators. Dieses Feld ist übrigens homogen, d. h. gleichförmig. Es sind aber auch andere Richtungen der elektrischen Kraftlinien möglich, z. B. wenn eine elektrisch geladene Gewitterwolke über einen Kirchturm dahinzieht. Infolge der kurz erwähnten Influenzwirkung entsteht in der Turmspitze eine entgegengesetzte Ladung zur Wolke. Die Kraftliniendichte konzentriert sich daher nach *Abb. 6* auf die Turmspitze. Die Feldstärke wird dort so groß, daß der Blitz einschlägt. Früher führte dies zu Brand und Zerstörung, bis 1750 Benjamin Franklin erkannte, daß man diese Spitzenentladung durch einen geerdeten Blitzableiter unschädlich in die Erde abführen kann. (Man gestatte diese historischen Rückblenden, aber Elektrotechnik und Elektronik sind keine alleinigen Entwicklungen unseres Jahrhunderts, sondern die Grundlagen wurden bereits früher entdeckt und erforscht. Der Überlieferung nach hat doch sogar ein friedliebender Mönch, Berthold Schwarz, im Mittelalter das Schießpulver erfunden. Und diese mörderische Substanz hat auch heute noch den größten Einfluß auf das Weltgeschehen.)

Die Spitzenentladung durch konzentrierte elektrische Feldlinien macht auch anderwärts in der Technik zu schaffen. An Überland-Hochspannungsleitungen entlädt sich bei feuchtem Wetter die Elektrizität über spitz herausragende Drahtenden in Form von Büschellicht. In der Zündkerze des Benzinmotors wird allerdings die Spitzenentladung an der Funkenstrecke nutzbringend angewendet. Doch zurück zum homogenen elektrischen Feld.

## Die veränderliche Kondensatorladung

Legt man einen Kondensator an eine elektrische Spannungsquelle, zur Vereinfachung sei hier eine Trockenbatterie genügend hoher Spannung angenommen, und schaltet dann die Batterie wieder ab, dann ist der Kondensator aufgeladen *(Abb. 7)*. Zwischen der Ladungsmenge $Q$, der Spannung $U$ und dem Fassungsvermögen oder der Kapazität $C$ des Kondensators besteht die Beziehung

$$Q = C \times U$$

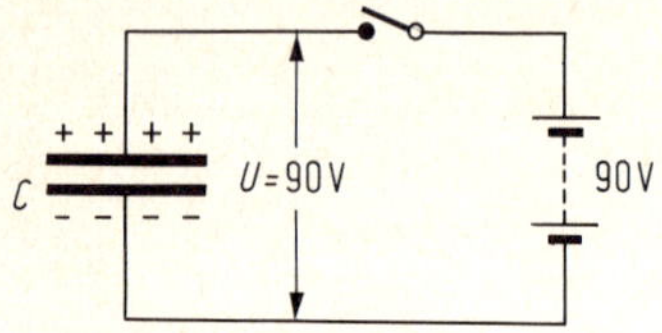


Abb. 7. Der Kondensator C wurde von der Batterie auf die Spannung U aufgeladen

Man durchdenke diese Gleichung gründlich (das ist besser als ein Dutzend Rechenbeispiele). Das Fassungsvermögen oder die Kapazität $C$ in Farad (F) oder $\mu$F ist eine konstante technische Eigenschaft des betreffenden Kondensators. Sie hängt ab von der Art und der Dicke des Isolierstoffes und der Fläche der gegenüberliegenden leitenden Beläge. Ladet man mit höherer Spannung $U$ auf, dann geht auch eine größere Ladung $Q$ hinein, damit rechte und linke Seite der Gleichung $Q = C \times U$ im Wert übereinstimmen. Die Ladung $Q$ entspricht gewissermaßen der Menge der Elektronen, die man in den Kondensator hineinschickt.

Ein Vergleich: Ein Autoreifen hat ein bestimmtes Fassungsvermögen. Es ist ziemlich konstant und wird durch den hohlen. Innenraum dargestellt entspricht also der konstanten Kapazität $C$ eines Kondensators. Man kann nun wenig oder viel Ladung, d. h. Luft in den Reifen hineinpumpen, Macht man die Ladung $Q$ größer, preßt also mehr Luftmoleküle hinein, dann steigt der Druck im Innern, also die „Spannung". Viel Ladung $Q$ gibt hohe Spannung $U$, das Fassungsvermögen (die Kapazität $C$) ist konstant, also gilt im Prinzip auch hier $Q = C \times U$.

Mehr Luft (mehr Ladung) bei gleichem Reifenvolumen (gleicher Kapazität) gibt höheren Druck (höhere Spannung) $Q = C \times U$

Abb. 8. Durch Auseinanderziehen einer Feder entsteht darin eine größere Spannung

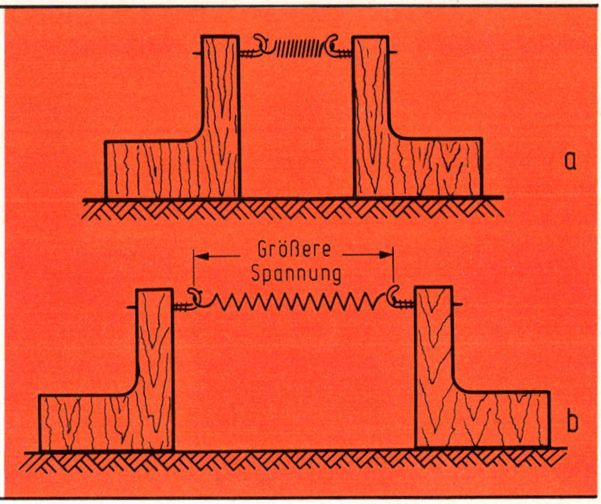


Man kann aber die Gleichung auch noch anders auffassen, nämlich

$$U = \frac{Q}{C}$$

Das bedeutet nämlich: Wenn man die Kapazität, also den Wert *C*, unter dem Bruchstrich kleiner macht, dann wird die Spannung *U* auf der anderen Seite der Gleichung größer, selbst wenn von außen keine Ladung mehr zugeführt wird. Das ist zunächst recht schwer einzusehen: Eben noch auf 90 V aufgeladen, sollen dann z. B. 500 V entstehen, wenn man die Platten eines Kondensators auseinanderzieht? Dann wird nämlich dessen Kapazität *C* kleiner. Aber volkstümlich kann man sich das so verständlich machen: Wenn man nach *Abb. 8a* zwischen zwei Stützen eine Schraubenfeder ausspannt, dann herrscht zwischen den Spitzen ein Kraftfeld von bestimmter Richtung und Größe. Die Feder hat eine gewisse „Spannung".

Zieht man die Blöcke nach *Abb. 8b* weiter auseinander, dann wächst im wahrsten Sinne des Wortes die „Spannung" der Feder.

Elektrisch kann man sich das Ansteigen der Spannung beim Verringern der Kapazität an folgendem Beispiel klarmachen: Wohl jeder, auch wer sich vorerst neu mit unserer Technik befaßt, kennt den Drehkondensator. Zwei voneinander isolierte Kondensatorplattensätze lassen sich so gegeneinander verstellen, daß ihre Kapazität zueinander in weiten Grenzen verändert wird. Lädt man den Drehkondensator voll eingedreht, also bei größter Kapazität, auf, dann befindet sich auf dem einen Plattensatz schön gleichmäßig verteilt eine ganze Anzahl von Elektronen.

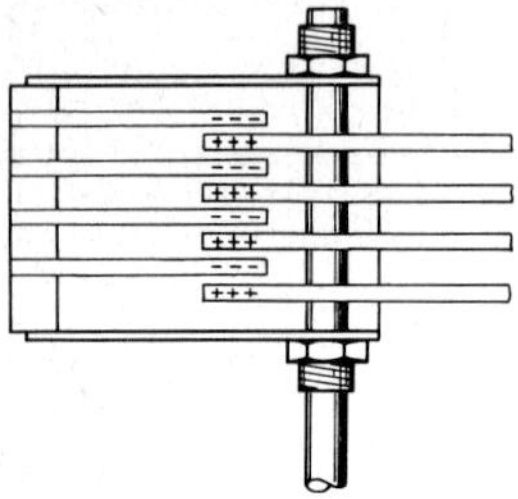


Abb. 9. Durch Verkleinern der Kapazität eines Drehkondensators drängen sich die Ladungen auf kleinerer Fläche zusammen und haben dann eine größere Spannung gegeneinander

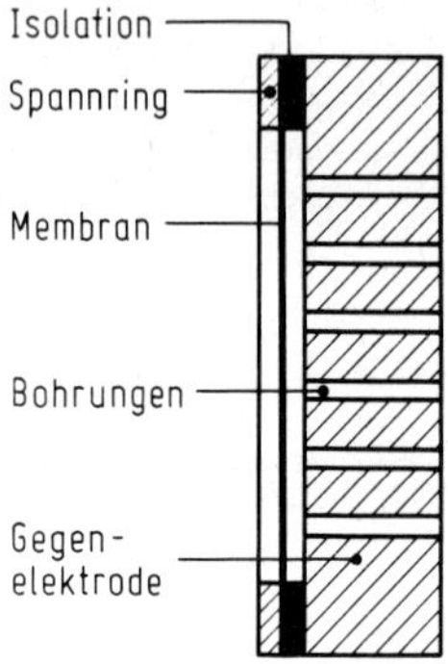


Abb. 10. Schema eines Kondensatormikrofons

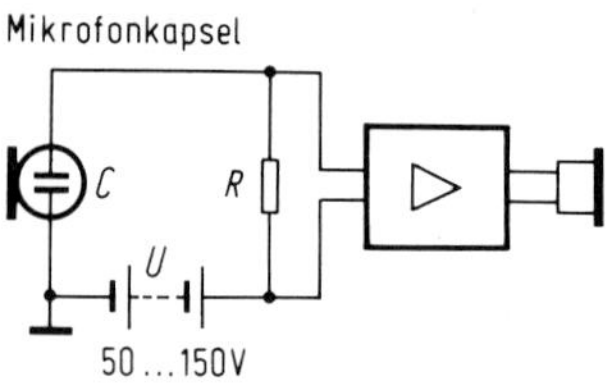


Abb. 11. Prinzipschaltung eines Kondensatormikrofons

Dreht man den drehbaren Plattensatz heraus, dann drängen sich nach *Abb. 9* diese Ladungen auf den noch verbleibenden kleinen sich gegenüberstehenden Flächen zusammen. Die gleiche Anzahl von Elektronen, d. h. die gleiche Ladung $Q$, auf einer nun viel kleineren Fläche, das muß doch eine größere Spannung geben.

Diese Spannungsänderung eines aufgeladenen Kondensators beim Ändern der Fläche oder des Abstandes der Platten ist keine theoretische Betrachtung, sondern wird technisch mehrfach ausgenutzt. In der Rundfunktechnik verwendet man z. B. *Kondensatormikrofone*. Ein solches Mikrofon besteht im Prinzip nach *Abb. 10* aus einer durch einen Spannring straff gespannten dünnen Metallmembran und einer davon gut isolierten starren Gegenelektrode. Zwischen diesen beiden Kondensatorbelegungen befindet sich eine dünne Luftschicht als Isoliermaterial. Die beiden Belegungen werden nach *Abb. 11* über einen sehr hochohmigen Widerstand $R$ aufgeladen. Ändert man die Kapazität $C$ dieser Kondensatormikrofonkapsel, indem man die Membran durchbiegt (rabiate Menschen tun dies, indem sie mit dem Finger darauf tupfen), dann ändert sich der Kapazitätswert und damit die Spannung an den Platten. Diese Spannungsänderung führt man dem Eingang eines Verstärkers zu, im Schaltbild durch ein Dreieck symbolisiert, und ein am Verstärkerausgang liegender Lautsprecher gibt einen Ton von sich. Zwar greift dieses Schaltbild schon etwas dem nächsten Kapitel über Stromkreise vor, auch kann man das

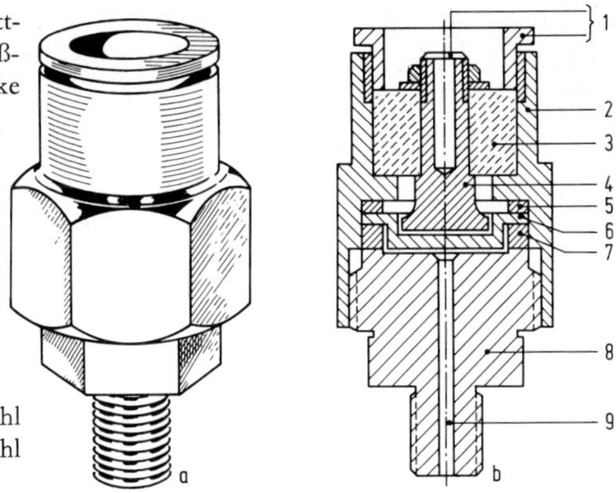


Abb. 12. Äußere Form und Schnittzeichnung eines kapazitiven Meßwertaufnehmers für große Drücke (Disa-Elektronik, Dänemark);

1 = elektrische Anschlüsse
2 = Außengehäuse aus Stahl
3 = Isolation
4 = isolierte Messingelektrode
5 = Abstandsring aus dünnem Stahl
6 = gehärtete Stahlmembran (bewegliche Elektrode)
7 = dicker Abstandsring aus Stahl
8 = innerer Gehäusering aus Stahl
9 = Druckkanal zur Membran

Entstehen der Spannungsänderung noch anders definieren, aber hier sei diese Auffassung vorgezogen.

Übrigens erfolgt das Aufladen eines Kondensators *C* über einen Widerstand *R* nach bestimmten Gesetzen. Näheres darüber in dem späteren Kapitel über *RC*-Glieder.

In der industriellen Elektronik wird die bei Kapazitätsänderungen auftretende Ladungsänderung von Kondensatoren in vielen Abwandlungen ausgenutzt. Hier sei vorerst nur der kapazitive Hochdruck-Meßwertaufnehmer *Abb. 12* besprochen, weil er viel Ähnlichkeit mit dem Kondensatormikrofon hat. Solche Meßwertaufnehmer dienen insbesondere in der Motorenindustrie zum Messen der Drücke von Kolben bei Otto- und Dieselmotoren oder für Strahltriebwerke. Zu diesem Zweck sind sie äußerlich etwa wie eine Zündkerze ausgebildet. Die Schnittzeichnung *Abb. 12b* läßt den Innenaufbau erkennen.

Der Meßwertgeber wird mit Hilfe seines Gewindestutzens druckdicht mit dem zu messenden Kolbenraum- oder Rohrsystem verschraubt. Der Kondensator besteht aus der auf Massepotential liegenden kräftigen Membran 6 und der isoliert angebrachten Elektrode 4. Die Kapazitätsänderung wird durch Ändern des Abstandes zwischen diesen beiden Teilen bewirkt. Der Meßdruck zum Durchbiegen der Membran wird durch den Druckkanal 9 zugeführt. Druckänderungen im Verbrennungsraum bewirken Kapazitätsänderungen, die sich meßtechnisch auswerten lassen und ein Maß für den herrschenden Druck geben.

# Nicht nur Reibung, auch Druck erzeugt Ladungen

Quarzkristalle sind in der Natur häufig vorkommende Mineralien, bestehend aus Siliziumdioxid ($SiO_2$). Daraus schleift man in einer bestimmten Richtung zur Kristallachse dünne Scheiben. Übt man einen Druck auf diese Scheiben aus, dann bilden sich an der Oberfläche elektrische Ladungen, also ähnlich wie beim Reiben von elektrostatischen Materialien. Die Größe der Ladung hängt vom Druckwert ab. Man bezeichnet diese Art der Ladung als Piezoelektrizität (von piezo = Druck). Diese Eigenschaft zeigen auch weitere Materialien wie Seignettesalz. Man nutzt dies ebenfalls zum Bau von Mikrofonen, den sogenannten Kristallmikrofonen, aus. Der Schalldruck ändert dabei die Ladung auf der Oberfläche des Kristallplättchens oder -stäbchens. Diese Ladungsänderungen werden verstärkt und wieder hörbar gemacht. Auch Kristalltonabnehmer arbeiten nach diesem Prinzip. Der in den Schallrillen geführte Abtaststift bewirkt Wechseldrücke auf dem piezoelektrischen Kristall, und es entstehen entsprechende elektrische Ladungen, die dann verstärkt werden.

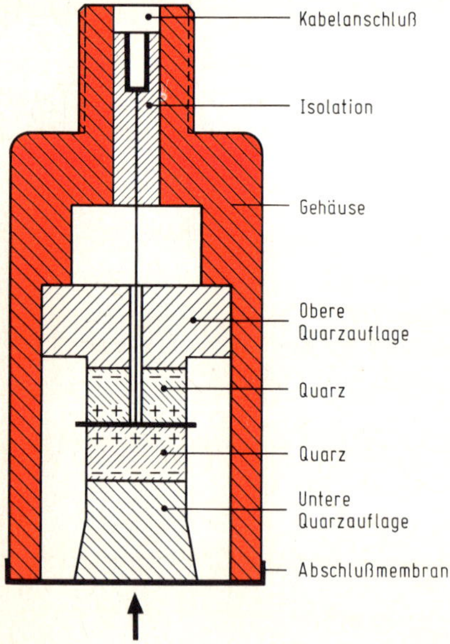


Abb. 13. Prinzip eines piezoelektrischen Druckaufnehmers

Abb. 14. Spannungsimpuls an einer piezoelektrischen Zündeinheit aus PXE 21 (Valvo)

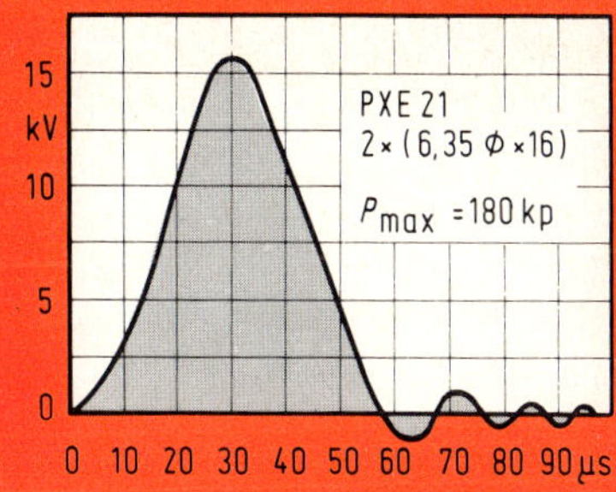


In der industriellen Elektronik dienen piezoelektrische Druckaufnehmer zum Messen von Drücken und Beschleunigungen. Meist verwendet man dabei Quarz wegen seiner höheren mechanischen Festigkeit. *Abb. 13* stellt schematisch das Prinzip eines solchen Aufnehmers dar. Man verwendet zwei Quarze und stapelt sie so aufeinander, daß bei Druck an der Grenzfläche gleiche Polaritäten, d. h. hier im Bild positive Ladungen, auftreten. Die beiden Quarze sind also spannungsmäßig parallelgeschaltet, denn die entgegengesetzten Flächen sind über das Gehäuse metallisch miteinander verbunden. Von der Grenzfläche zwischen den beiden Quarzen führt eine gut isolierte Leitung nach außen zu einem Kabelanschluß. Die untere Quarzauflage ist durch eine Abschlußmembran hermetisch abgedichtet gegen Verbrennungsgase und sonstige Einflüsse. Die geschliffenen Quarzauflagen sind metallisch mit dem Gehäuse verbunden. Dieses bildet zugleich den Gegenpol und schirmt die Anordnung ab. Eine Kraft *P*, die auf die Membran wirkt, drückt die Quarze zusammen, die entstehende Ladung gibt ein Maß für die Kraft oder den Druck.

Weitere piezoelektrische Materialien werden in Art von Keramik aus Blei-Titanat-Mischungen gebrannt. Man bezeichnet sie als Piezoxide. Sie liefern bei schlagartiger Druckeinwirkung äußerst hohe Spannungsimpulse. *Abb. 14* zeigt ein solches Spannungsdiagramm für das Piezoxid vom Typ PXE 21 von Valvo. Damit läßt sich eine Spannungsspitze von 15 kV = 15000 V erzielen. Diese Bauelemente dienen zum Zünden von Gasfeuerzeugen oder Gasflammen an Kochherden und Öfen.

Es ist zwar ein weiter Weg vom geriebenen Bernstein zum gedrückten und geschlagenen Piezoxid, aber der physikalische Effekt bleibt gleich, Freiwerden und Ansammeln von Ladungsträgern, von Elektronen, auf der Oberfläche des Materials.

# Eingefrorene Ladung = Elektret

Die durch Reibung oder Druck erzeugten elektrischen Ladungen sind allerdings sehr flüchtig. Bei mechanischer oder elektrischer Belastung ändert sich auch der Ladungswert, aber das nutzt man ja gerade bewußt aus.

Andererseits gibt es Gebiete, wo eine sehr konstante Ladung oder Spannung erwünscht ist. Und es gelang auch, Materialien mit solchen Eigenschaften in den letzten Jahren zu entwickeln und seit einiger Zeit technisch auszunutzen. Man verwendet dazu wieder spezielle Keramikmassen, z. B. Bleikalziumbariumtitanat (PbCaBa) $TiO_3$. Beim Brennen dieser Keramik legt man eine hohe Spannung an das als Plättchen ausgebildete Material. An seiner Oberfläche entsteht dann eine elektrische Ladung, die bei langsamem Abkühlen des Brennofens bis zur Normaltemperatur gewissermaßen auf dem Plättchen einfriert. Es behält dann, wenn es nicht gerade kurzgeschlossen wird, diese Ladung oder Polarisierung auf Jahre hinaus bei.

Man bezeichnet die so erzeugten Ladungsspeicher als Elektrete. Die bisher wichtigsten Anwendungen haben sie beim Bau von Kondensatormikrofonen gefunden, nunmehr als Elektretmikrofone bezeichnet. Die konstante Aufladung erspart nämlich die beim normalen Kondensatormikrofon notwendige Gleichspannungsquelle von 50...150 V, die in der heutigen Transistor-Schaltungstechnik höchst unbequem ist, weil man dort mit viel niedrigeren Spannungen arbeitet.

Bei einem solchen Elektretmikrofon wird die Membran selbst nach *Abb. 15* als keramisches Plättchen ausgebildet. Es hat seine zum Betrieb erforderliche Ladung $Q$ „in sich". Beim Auftreffen von Schallwellen,

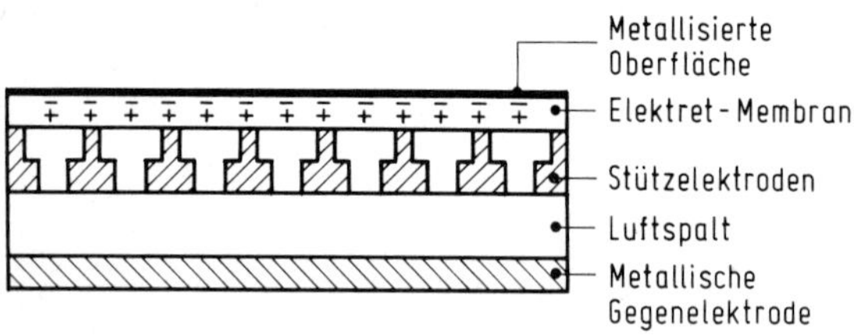


Abb. 15. Schema eines Elektretmikrofons

also Schalldruck, auf die Membran vibriert sie entsprechend. Die Kapazität $C$ der Anordnung ändert sich. Die Ladung $Q$ ist konstant, also muß sich nach

$$U = \frac{Q}{C}$$

eine Spannungsänderung ergeben. Sie ist proportional dem Schalldruck und kann verstärkt werden. Derartige Elektretmikrofone lassen sich mit sehr geringen Abmessungen bauen. Sie haben recht günstige Eigenschaften und werden viel in neuzeitlichen Tonbandgeräten sowie als Studiomikrofone verwendet.

*Auch der Feldeffekttransistor wird mit elektrischen Feldern gesteuert*

Eine neuere Entwicklung der Halbleitertechnik sind die Feldeffekt-Transistorsysteme. In ihrem Namen kommt bereits zum Ausdruck, daß sie mit einem Feldeffekt arbeiten, nämlich mit der Steuerung durch ein veränderliches elektrisches Feld. Aber heben wir uns die Erklärung dieser Wirkungsweise bis zum Kapitel über Feldeffekttransistoren auf.

# 3

# Chemie liefert Strom

## Elektronen kreisen um Atomkerne

Elektrische Ladungen, seien sie auf geriebenem Bernstein oder geriebenem Kunststoff entstanden oder in einem Kondensator gespeichert, liefern noch keinen stetig fließenden elektrischen Strom. Beim Entladen knistert und funkt es, aber danach ist die Ladung verschwunden. Eine richtige elektrische Stromquelle, mit der man bequem experimentieren kann, ist das Trockenelement, vorwiegend bekannt als zylindrische Einzelzelle und in verschiedenen Größen erhältlich, von der dicken Monozelle bis zur schlanken Babyzelle.

Bei der Stromerzeugung durch Batterien spielen die Elektronen ebenfalls eine Hauptrolle. Deswegen müssen wir uns noch eingehender mit diesen elektrischen Ladungsträgern befassen. Nach den Erkenntnissen der Physik und der Chemie bestehen alle festen, flüssigen und gasförmigen Grundstoffe aus kleinsten Teilchen, den Atomen. Früher nahm man an, daß sich diese nicht weiter zerlegen lassen, daher ihr Name vom griechischen Wort atomos = unteilbar.

Inzwischen hat sich durch die Überlegungen und Forschungen zahlreicher Wissenschaftler ergeben, daß Atome doch aus zwei sehr verschiedenen Teilen bestehen müssen, nämlich aus dem Atomkern und der Atomhülle. Wie bekannt, hat sich außerdem ergeben, daß man Atome spalten kann, sei es zu friedlichen Zwecken im Kernkraftwerk oder zur Zerstörung mittels Atombomben. Aber diese Atomspalterei betrifft wirklich den Kern des Atoms. Die Elektronik begnügt sich damit, die äußeren Hüllen oder Schalen des Atoms zu beschreiben.

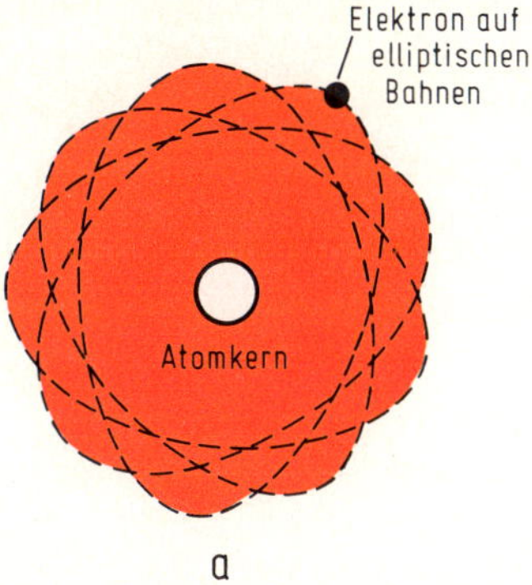


a. Modell mit dem auf elliptischen Bahnen kreisenden Elektron

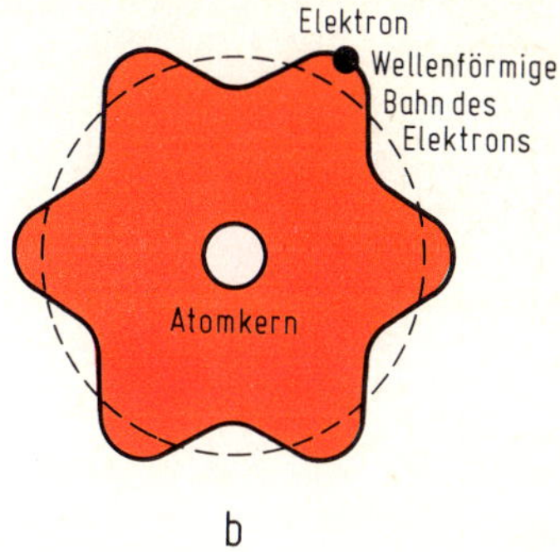


b. Andere Darstellung mit wellenförmiger Bahn des Elektrons

Abb. 16. Aufbau eines Wasserstoffatoms

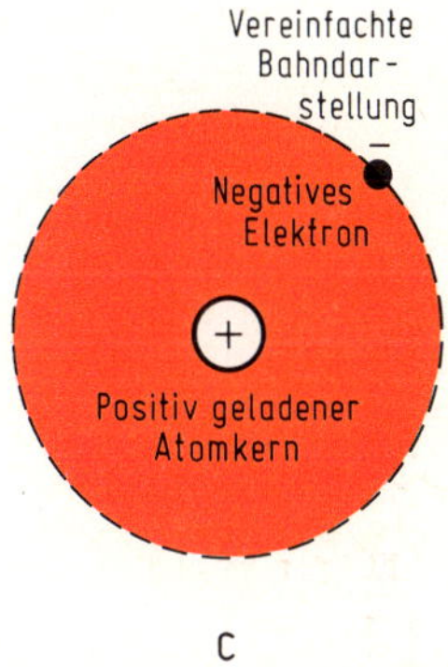


c. Vereinfachte Darstellung, das Elektron kreist auf einer Schale um den Atomkern

Jedes Atom besteht also aus einem Kern, und um diesen Kern kreisen in einigen Abständen Elektronen herum. Sie bilden die Atomhülle. Das einfachste Atom ist das Wasserstoffatom, es besitzt nur ein einziges Elektron auf der Hülle. Atomphysiker, wie Rutherford, Bohr, de Broglie, Einstein, Hahn und Heisenberg, haben verschiedenartige Atommodelle ersonnen, mit denen sie jeweils bestimmte Wirkungen erklären und exakt berechnen konnten. Alle diese Bilder sind wirklich nur Denkmodelle. Nach einer dieser Vorstellungen kreist das Elektron eines Wasserstoffatoms entsprechend *Abb. 16a* in ellipsenförmigen Bahnen um den Atomkern. Man kann mit diesem Modell zum Beispiel die Bahngeschwindigkeiten und die Energie des Elektrons berechnen.

Bei einem anderen Modell vereinfacht man gewissermaßen diese Schwingungen des Elektrons um den Atomkern zu einer wellenförmigen Bahn nach *Abb. 16b.* Zur Deutung der meisten Vorgänge der Elektronik genügt das vereinfachte Atommodell *Abb. 16c.* Man nimmt eine kreisförmige Bahn für die negativen Elektronen an. Sie kreisen um einen positiv geladenen Kern herum. Negative und positive Ladung sind gleich groß, das Atom erscheint nach außen hin elektrisch neutral. Die Elektronen kreisen aber nicht nur auf komplizierten Bahnen um den Kern, sondern sie rotieren dabei außerdem um sich selbst. Diese Eigendrehung bezeichnet man als *Spin.*

Die verschiedenen Grundstoffe oder chemischen Elemente unterschieden sich durch die Anzahl ihrer Elektronen und Ladungen. Den einfachsten Aufbau hat das Wasserstoffatom. Im vereinfachten Modell *Abb. 17a* besteht es aus dem Atomkern mit der positiven Ladungseinheit 1 P und einem einzigen darum kreisenden Elektron als negativem Ladungsträger. Diese Kreisbahn verläuft innerhalb einer eng um den Kern liegenden Hülle oder Schale.

Das Sauerstoffatom besteht aus einem Kern mit acht positiven Ladungen und acht negativen Elektronen. Zwei davon kreisen nach *Abb. 17b* auf der inneren Schale, denn mehr Elektronen finden nach den atomtheoretischen Vorstellungen dort keinen Platz. Die anderen sechs Elektronen kreisen auf einer zweiten Schale mit größerem Durchmesser. Diese Schale kann maximal acht Elektronen aufnehmen. Beim Sauerstoffatom sind also noch zwei Plätze frei.

Im dritten Beispiel *(Abb. 17c)* ist das Schema des Aluminiumatoms dargestellt. Der Kern hat dreizehn positive Ladungen. Von den zugehörigen dreizehn Elektronen kreisen zwei auf der inneren Schale, acht auf der nächsten und drei auf einer weiteren dritten Schale,

$2 + 8 + 3 = 13.$

Im System der Elemente folgt gleich darauf das für die Elektronik so wichtig gewordene Silizium mit vierzehn Elektronen. Sie verteilen sich nach *Abb. 17d* so, daß die dritte Schale nunmehr vier Elektronen enthält. Diese dritte Schale kann bis zu achtzehn Elektronen aufnehmen. Aus der Zahl der positiven Ladungen eines Atoms ergibt sich die „Ordnungszahl" im periodischen System der Elemente. So hat zum Beispiel Platin die Ordnungszahl 78, Gold die Zahl 79 und Quecksilber die Ordnungszahl 80. — Die positiven Kernladungen werden auch Protonen genannt.

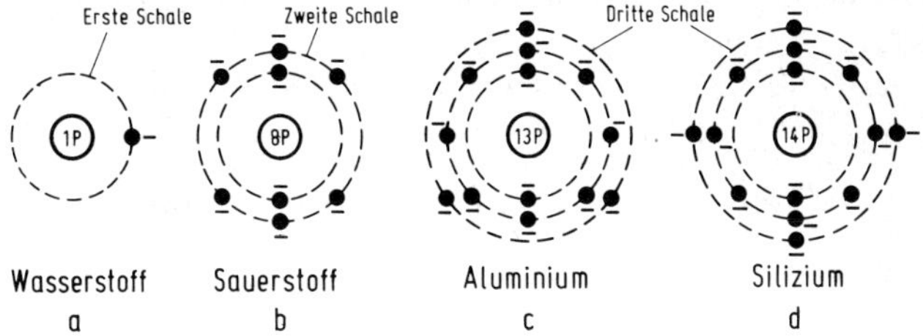


Abb. 17. Vereinfachte Atomdarstellungen für einige Elemente. Im Normalfall kreisen so viel Elektronen um den Atomkern, wie er positive Ladungen P enthält

Abb. 18. Aus zwei Wasserstoffatomen und einem Sauerstoffatom entsteht ein Wassermolekül dadurch, daß die Elektronen der Wasserstoffatome in freie Plätze des Sauerstoffatoms einfließen

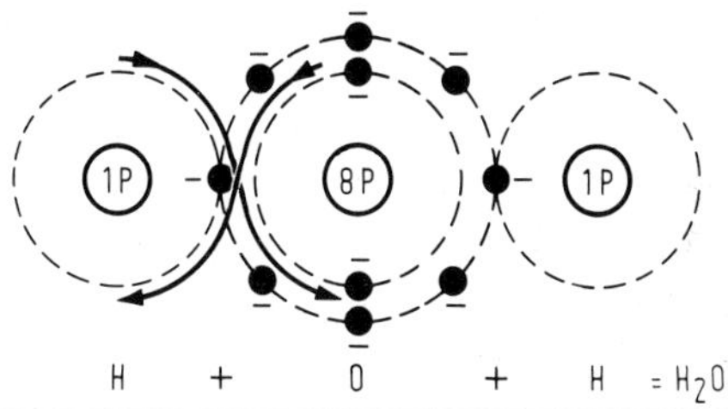


Das vereinfachte Atommodell nach *Abb. 17* hat sich für die Elektronik als sehr nützlich und anschaulich erwiesen. Auch die Chemie kommt mit diesem Modell gut zurecht. Bekanntlich beruhen chemische Verbindungen darauf, daß sich Atome von Grundstoffen nach bestimmten Gesetzen zu Molekülen zusammenschließen. So ergibt ein Sauerstoffatom mit zwei Wasserstoffatomen ein Wassermolekül. Das läßt sich mit dem Schalenmodell sehr schön aus den Teilbildern 17a und 17b ableiten. Auf der zweiten Schale des Sauerstoffatoms sind ja noch zwei Plätze frei. In diese Plätze kann sich je ein Elektron eines Wasserstoffatoms hineinschieben. Das ergibt dann das Schema von *Abb. 18*. Die drei Atome bilden nun eine Einheit. Der Chemiker definiert ganz sachlich: zwei Atome Wasserstoff, Formelzeichen H, plus ein Atom Sauerstoff, Formelzeichen O, das ergibt zusammen ein Wassermolekül $H_2O$.

Die Fähigkeit eines Atoms seine äußere Schale bis zum vollständigen Wert mit Elektronen aufzufüllen, bezeichnet man als Wertigkeit. Sauerstoff kann zwei Elektronen aufnehmen, man sagt, es ist zweiwertig. Die Elektronen die sich in dieser Weise an die Außenschale eines Nachbaratoms binden, nennt man Valenzelektronen[1]).

[1]) Vale (lateinisch) = lebe wohl. Die Elektronen nehmen Abschied von ihrem Stammatom und gliedern sich in den größeren Verband ein.

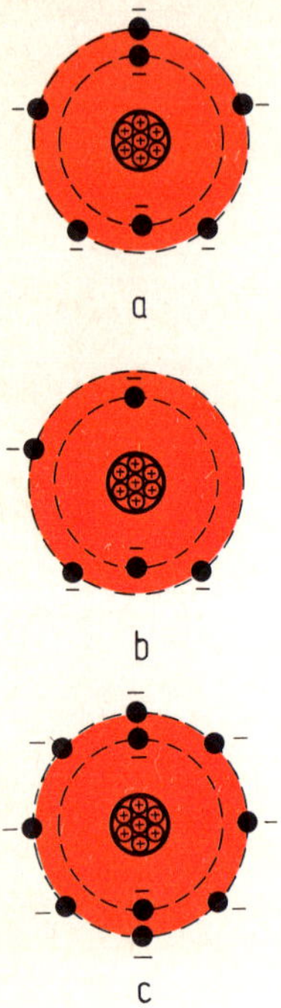


Abb. 19. Die Zahl der Ladungen auf der äußeren Schale eines Atoms läßt sich beeinflussen.

a. Neutrales Stickstoffatom mit sieben positiven Ladungseinheiten im Kern und sieben Elektronen auf den äußeren Schalen

b. Zwei Elektronen sind abgewandert, die positive Kernladung überwiegt mit 7:5, das Atom erscheint positiv ionisiert

c. Drei Elektronen wurden zusätzlich angefügt, die negativen Ladungen überwiegen, das Atom erscheint negativ ionisiert

In Abb. 18 kreisen die Elektronen weiterhin um die Atomkerne. Man könnte sich das so vorstellen, daß sie dabei nicht bei ihrem ursprünglichen Kern verbleiben, sondern in Achterbahnen das gesamte Molekül umrunden und zusammenhalten. Geht man nun auf die komplizierten Atommodelle in Abb. 16a oder 16b zurück, dann bedeutet dies ein zwar gesetzmäßiges, aber fast unübersehbares Gewirr von Elektronenbahnen oder Wellenbewegungen allein bei dem so einfachen Wassermolekül.

Diese Anschauung, daß die Elektronen auf den jeweils äußeren Schalen der Elemente sich leicht in die Schalen benachbarter Atome einfügen lassen, machen es auch verständlich, daß sich Elektronen noch weiter auf die Wanderschaft begeben und dann einen fließenden elektrischen Strom bewirken. In *Abb. 19a* ist das Schema eines kompletten Stickstoffatoms mit sieben Elementarladungen bei sieben Elektronen dargestellt. Schlägt man zwei Elektronen aus der äußeren Schale heraus, dann ist nach *Abb. 19b* das elektrische Gleichgewicht gestört. Den sieben positiven Kernladungen stehen nur fünf negative Ladungen auf den Hüllen gegen-

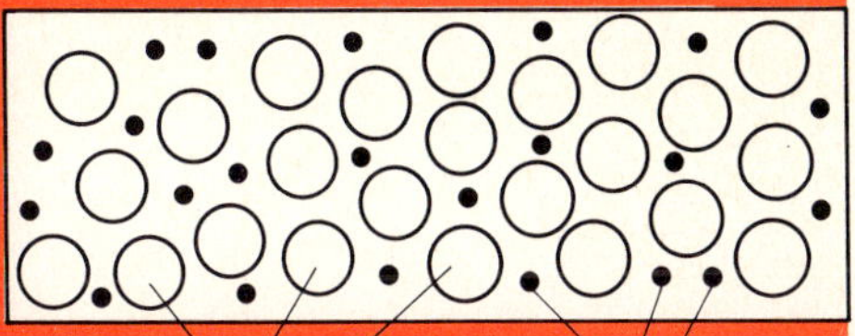


Abb. 20. Schematische Atomstruktur eines Metalles. Zwischen den Lücken der Atome befinden sich frei bewegliche Elektronen

über. Man sagt, dieses Atom ist positiv ionisiert, es erscheint nach außen hin als positiv geladen. Es würde, wenn es Gelegenheit dazu hat, zum negativen Pol einer elektrischen Spannungsquelle wandern. Daher die Bezeichnung Ion, ebenfalls aus dem Griechischen, dort bedeutet ion = gehend, wandernd.

Obgleich nun zwei Elektronen auf der äußeren Schale fehlen, behält das Atom immer noch seine Eigenschaften als Stickstoff, denn der Atomkern, der die eigentliche Substanz bildet, ist erhalten geblieben. Es ist lediglich etwas elektrische Ladung entzogen worden. Auch beim Erzeugen von Reibungselektrizität werden Elektronen weggezogen, ohne daß Bernstein, Harz oder Glas ihre Substanz oder ihre Materialeigenschaften ändern.

Man kann aber nicht nur dem Atom oder einem Molekül negative Ladungen entziehen, sondern es gibt auch Fälle, bei denen freie Plätze auf der äußeren Schale weitere Elektronen aufnehmen. In *Abb. 19c* ist dies am gleichen Stickstoffatom durch drei zusätzliche Elektronen auf der Außenschale dargestellt. Nun überwiegt die negative Ladung, das Atom hat immer noch die typischen Eigenschaften von Stickstoff, erscheint aber negativ ionisiert.

Ionisierte Atome und Moleküle spielen die Hauptrolle beim Stromtransport durch Flüssigkeiten und Gase. Sie wandern dort zu den jeweils gegenpoligen Spannungsanschlüssen oder Elektroden. In festen Metallen dagegen treten keine Ionisierungsvorgänge auf. Frei bewegliche Elektronen verteilen sich dort regellos in den Lücken der Metallatome, wie dies sehr grob vereinfacht in *Abb. 20* dargestellt ist. Legt man an die Enden eines solchen Metallstabes oder Metalldrahtes eine elektrische Spannungsquelle, dann wandern die negativen Elektronen zum positiven Pol der Spannungsquelle. Im Metall fließt ein Elektronenstrom, also ein Strom dieser winzigen negativen Elementarladungen.

In Gasen und Flüssigkeiten dagegen fließen ionisierte Atome oder Moleküle. Dort wird also nicht nur Ladung, sondern tatsächlich Materie transportiert. — Festzuhalten ist dabei noch, daß die frei beweglichen, negativ geladenen Elektronen im Metall sich zum positiven Pol der Spannungsquelle hin bewegen. Der Elektronenstrom fließt also eigentlich von minus nach plus. In den Anfangszeiten der Elektrizität kannte man diese Zusammenhänge noch nicht und setzte damals die Stromrichtung in einem äußeren Stromkreis vom Pluspol zum Minuspol an. Alle klassischen Gesetze der strömenden Elektrizität beruhen auf dieser Annahme, und man hat sich deshalb nach mancherlei Versuchen, die Elektronenstromrichtung als maßgebend einzuführen, doch wieder ziemlich einheitlich darauf festgelegt, beim Untersuchen von Schaltungsfunktionen und beim Berechnen von Schaltungselementen die Stromrichtung von plus nach minus anzunehmen. Damit ergeben sich klare Vorzeichenregeln in den Rechnungen und in der Halbleitertechnik der Vorteil, daß die in den Schaltungssymbolen von Dioden und Transistoren verwendeten Pfeilspitzen dieser konventionellen Stromrichtung entsprechen.

Zu den hier skizzierten Atommodellen seien noch einige Hinweise gegeben, um das Bild der Elektronenphysik abzurunden. Vielleicht wirken diese Ausführungen manchmal zu theoretisch, aber sie gehören dazu, um das Gebiet der technischen Elektronik „aufzuschließen".

*1. Metalle werden positiv ionisiert*

Befinden sich auf der äußeren Schale eines Atoms nur ein oder zwei Elektronen, hat also die Schale viele freie Plätze, dann sind diese wenigen Außenelektronen besonders lose an den Kern gebunden. Sie wandern leicht ab, ihre negative Ladung entschwindet, das Atom erscheint positiv ionisiert. Dies trifft hauptsächlich für Metalle zu. Ein typisches Beispiel dafür ist das im nächsten Kapitel erwähnte Zink. Es besitzt insgesamt 30 Elektronen, davon nur zwei auf seiner äußersten vierten Schale, die eigentlich Platz für 32 Elektronen bietet. Werden diese zwei einsamen Elektronen abgetrennt, dann erscheint das Zinkatom mit zwei Elementarladungen positiv ionisiert.

*2. Halbleiter werden besonders behandelt*

Eine gerade für die Elektronik sehr wichtige Sonderstellung nehmen die sog. Halbleitermaterialien wie Germanium und Silizium ein. Bei ihnen kann man durch Hinzufügen winziger Mengen anderer Stoffe entweder einen Überschuß oder einen Mangel an frei beweglichen Elektronen herstellen. Darauf beruht die Funktion aller Transistoren.

*3. Edelgase sind stabil*

Mit genau acht Elektronen besetzte Außenschalen von Atomen sind besonders stabil. Bei Stoffen mit solchem Aufbau muß man die Elektronen förmlich aus dem Verband herausschlagen. Die Atome fangen sich aber schnellstens andere freie Elektronen ein, um ihre Struktur wiederherzustellen. Zu diesen stabilen Elementen gehören die Edelgase entsprechend folgender Aufstellung:

| Gasart | Gesamtzahl der Elektronen | davon in Schale 1 | 2 | 3 | 4 | 5 |
|---|---|---|---|---|---|---|
| Neon | 10 | 2 | 8 | | | |
| Argon | 18 | 2 | 8 | 8 | | |
| Krypton | 36 | 2 | 8 | 18 | 8 | |
| Xenon | 54 | 2 | 8 | 18 | 18 | 8 |

Jeweils in der äußeren Schale dieser Edelgase sind demnach acht Elektronen vorhanden.

Man kann Gase ionisieren, d. h. in positive Ionen und negative Elektronen zerschlagen, indem man sie in ein elektrisches Feld mit höherer Spannung bringt. Leitet man diesen Vorgang in einer abgeschlossenen Glasröhre ein, dann werden die Elektronen beschleunigt, prallen auf andere Moleküle und zerschlagen sie in Elektronen und Ionen. Die positiven Ionen fliegen zum negativen Pol, prallen dort auf und schlagen ihrerseits wieder neue Elektronen heraus. Der Elektronen- und Ionenfluß wächst lawinenartig an, ein Strom fließt durch die Röhre. Die Gasmoleküle leuchten infolge des dauernden Elektronenbeschusses auf, die Röhre „glimmt". Diese Eigenschaft wird für die Ziffernanzeigeröhren in elektronischen Geräten ausgenutzt, um die Zahlen von 0 bis 9 aufleuchten zu lassen. Auch die bekannten Leuchtstoffröhren beruhen auf dem Effekt, daß Elektronen und Gasmoleküle aufeinander einwirken. Der Gasinhalt verbraucht sich dabei nicht. Es wird nur elektrische Energie verbraucht, um die Elektronen in Bewegung zu halten.

*4. Innerhalb einer Schale gibt es unterschiedliche Schichten*

Für manche Betrachtungen ist es zweckmäßig, die Atomschalen oder -hüllen nochmals in Schichten zu unterteilen. Die Schale hat gewissermaßen eine bestimmte Dicke, und die Elektronen können sich innerhalb dieser Schale auf Bahnen mit etwas kleinerem oder etwas größerem Durchmesser bewegen. Laufen sie auf der inneren Bahn, dann liegen sie mehr im Kraftfeld des Atomkerns. Um sie auf einen größeren Bahndurchmesser zu bringen, muß man ihnen Energie zuführen, ähnlich wie man für einen künstlichen Erdsatelliten mehr Antriebsenergie aufwenden muß, wenn er dem Schwerkraftfeld der Erde entzogen und in eine höhere Umlaufbahn geschossen werden soll.

Die Energie, die benötigt wird, um ein Elektron zu bewegen, wird in Elektronenvolt, Kurzzeichen eV, ausgedrückt. Es ist gewissermaßen die Spannung, die das Elektron durchlaufen muß, um einen bestimmten Weg zurückzulegen.

*5. Sprünge von einer Bahn zur anderen*

Die Energie, die notwendig ist, um Elektronen auf eine höhere Umlaufbahn zu bringen oder gänzlich abzustoßen, kann auf verschiedene Weise zugeführt werden: durch Wärme, durch Strom, durch chemische Einflüsse, durch Zusammenstöße mit anderen sich schnell bewegenden Elektronen oder bei geeigneter Anordnung, wie Fotoelementen und Sonnenbatterien, durch Einwirken von Licht.

Um ein Elektron auf eine andere Bahn zu bringen, sind stets unter sich gleiche Portionen oder Quanten von Energie aufzuwenden. Es gibt keinen kontinuierlichen Übergang und keine kleinen Zwischenstufen, sondern das Elektron springt nach Anregung durch ein solches Energiequantum zur nächsten Bahn und rastet dort ein.

Diese Quantenanregung könnte man mit einem Warenautomaten vergleichen, der nur Münzen einer Sorte annimmt und darauf reagiert. Ist er für 1-DM-Stücke bemessen, dann tut er nichts, wenn man 87 Pfennige in kleinen Münzen hineinsteckt.

*6. Exakte Berechnung unsichtbarer Vorgänge*

Alle diese Betrachtungen sind Hilfsvorstellungen, mit denen sich das Verhalten von Atomen und Elektronen voraussagen und berechnen läßt. Hierfür haben die Atomphysiker exakte Formeln erarbeitet. Beobachten und ausmessen kann man Elektronenbahnen nicht, dazu sind die Abmessungen viel zu klein. Etwa zehn Millionen Atome würden aneinandergereiht erst eine Strecke von einem Millimeter ergeben. Und jedes dieser Atome muß man sich aus dem noch winzigeren Atomkern mit den ihn umschwirrenden unsagbar kleinen negativen Ladungen denken.

Da sich aber mit diesen Vorstellungen von den bahngebundenen und freien Elektronen alle elektrischen Vorgänge und speziell die Funktionen von Röhren, Dioden und Transistoren gut erklären lassen, bleiben wir bei diesen Denkmodellen, auch wenn man noch niemanden die Elektronenbahnen in einem Mikroskop zeigen konnte.

Diese kurzen Streiflichter auf die Physik gehören zur Allgemeinbildung. Gerade der an der Elektronik Interessierte sollte sich bemühen, kein „Fachidiot" zu sein. Die vorstehenden Ausführungen erleichtern auch das Verständnis des folgenden Kapitels, das im Schulsinn mehr zur Chemie gehört.

## Von elektrischen Elementen und Batterien

Wenn wir bisher von Elementen sprachen, dann waren damit die chemischen Grundstoffe (lateinisch elementum) wie Wasserstoff, Sauerstoff, Aluminium, Silizium, Platin, Quecksilber usw. gemeint. Die Bezeichnung Element hat sich aber auch für die auf chemischen Grundlagen beruhende Spannungsquelle eingeführt. Ihr Prinzip geht auf den italienischen Naturwissenschaftler Alessandro Volta zurück. Ihm zu Ehren bezeichnet man deshalb die Einheit der elektrischen Spannung *Volt*. Um 1800 berichtete er einer wissenschaftlichen Gesellschaft, der Royal Society in London, von seinen Erfolgen, durch abwechselndes Aufeinanderstapeln von Plättchen aus zwei verschiedenen Metallen unter Zwischenlegen von mit Salzwasser oder Säure getränkten Pappstückchen eine stetig wirkende Elektrizitätsquelle gefunden zu haben.

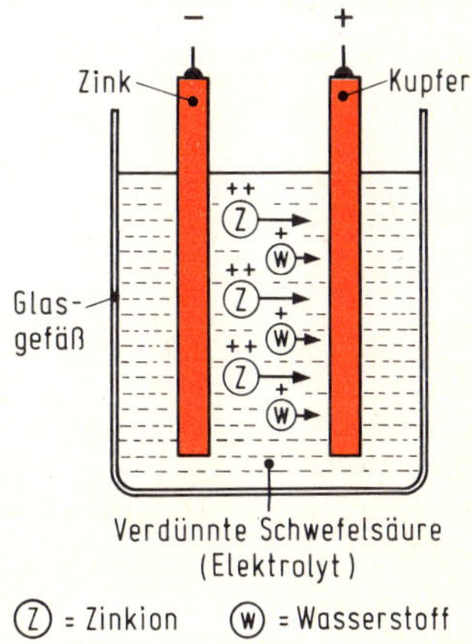


Abb. 21. Schema eines Volta-Elementes

Vereinfachen wir seine damaligen umständlichen Anordnungen zu dem Aufbau eines elektrischen Elementes nach *Abb. 21*. Eine Zinkplatte, chemisches Zeichen Zn, und eine Kupferplatte, Zeichen Cu, tauchen in ein Glasgefäß mit verdünnter Schwefelsäure, chemische Bezeichnung $H_2SO_4$. Dies ist eine Verbindung von zwei Atomen Wasserstoff (2 H) mit einem Schwefelatom (S) und vier Atomen Sauerstoff (4 O). Man bezeichnet die Flüssigkeit in einer solchen Anordnung als Elektrolyt und die von diesem Elektrolyten benetzten Metallplatten als Elektroden.

In diesem elektrischen Element läuft eine Reihe verwickelter chemischer Reaktionen ab, die wir hier nicht im einzelnen zu untersuchen brauchen. Der wichtigste Vorgang ist folgender: Die Zinkplatte wird von der Schwefelsäure langsam aufgelöst. Die Platte sieht nach längerer Betriebszeit aus, als wenn sie angefressen wäre. Bei diesem Auflösungsvorgang bleiben jeweils von einem Zinkatom die zwei einsamen negativen Elektronen der Außenschale auf der Zinkplatte zurück, sie wird negativ aufgeladen. Die abgeätzten Zinkatome sind wegen der beiden ihnen nun fehlenden negativen Elementarladungen positiv ionisiert. Sie wandern von der negativen Elektrode weg in Richtung zum Kupfer. In Abb. 21 ist dies durch kleine Kreise mit der Bezeichnung Z, zwei Pluszeichen und einer Pfeilspitze symbolisiert. Nach strenger chemischer Betrachtung verbinden sich die Zinkatome mit dem Schwefel und dem Sauerstoff der Säure zu Zinksulfat $ZnSO_4$. Dabei wird Wasserstoff frei, der sich ebenfalls als positiv ionisiert erweist. Ein Wasserstoffatom kann nur ein Elektron abgeben (vgl. Abb. 16a), daher wird es in Abb. 21 durch einen Kreis mit nur einem Pluszeichen markiert.

Zwischen der negativ aufgeladenen Zinkplatte und dem Elektrolyten mit den positiven Ionen entsteht eine Spannung.

Ein ähnlicher Vorgang, aber mit umgekehrten Vorzeichen, tritt an der Kupferelektrode auf. Sie zieht deshalb die positiven Metall- und Wasserstoffionen an sich und lädt sich selbst positiv auf. Zwischen den Außenanschlüssen oder Polen der Elektroden ergibt sich eine Spannung von rund 1,1 V mit der in Abb. 21 eingezeichneten Polung.

Schließt man dort einen Stromverbraucher, z. B. ein kleines Glühlämpchen, an, dann werden diese chemischen Reaktionen fortgesetzt. Im Elektrolyten fließt ein Strom von Zinkionen und Wasserstoffionen zur Kupferplatte, während die freiwerdenden Elektronen im äußeren Stromkreis durch das Lämpchen zum Pluspol fließen und dort die positiven Ladungen wieder neutralisieren.

Dieser Stromfluß hält eine ganze Weile an, aber die Spannung wird dann immer geringer. Die Hauptschuld daran tragen die zur positiven Elektrode gelangenden Wasserstoffionen. Sie überziehen die Elektrode mit Gasbläschen. Dadurch bildet sich eine Gegenspannung oder Polarisationsspannung, die das Element unbrauchbar macht.

Um das störende Wasserstoffgas unschädlich zu machen, erfand der Franzose Leclanché im Jahre 1866 eine verbesserte Anordnung. Er ersetzte die positive Kupferelektrode durch einen Kohlestab und umgab ihn mit einem Beutel, der mit Braunstein, einer Mangan-Sauerstoffverbindung, chemisches Zeichen $MnO_2$, gefüllt war. Dieser Sauerstoff im Braunstein verbindet sich nun leicht mit den auftretenden Wasserstoffionen zu schlichtem Wasser. Das Wasser verdünnt zwar den Elektrolyten, ist aber sonst unschädlich. Als Elektrolyt wird hierbei übrigens anstelle der allzu aggressiven Schwefelsäure Salmiak verwendet.

Nach diesem Prinzip arbeiten heute noch alle sogenannten Trockenelemente. Dabei dienen auch andere Stoffe als Depolarisatoren, z. B. sehr fein gepulverte Kohle. Der in ihren Poren enthaltene Luftsauerstoff bindet ebenfalls die positiven Wasserstoffionen und ergibt unschädliche Wassermoleküle.

Neuzeitliche Trockenelemente bestehen meist aus einem zentrischen Kohlestab und einer zylindrisch darum angeordneten, als Becher ausgebildeten Zinkelektrode. Dazwischen befinden sich Depolarisator und

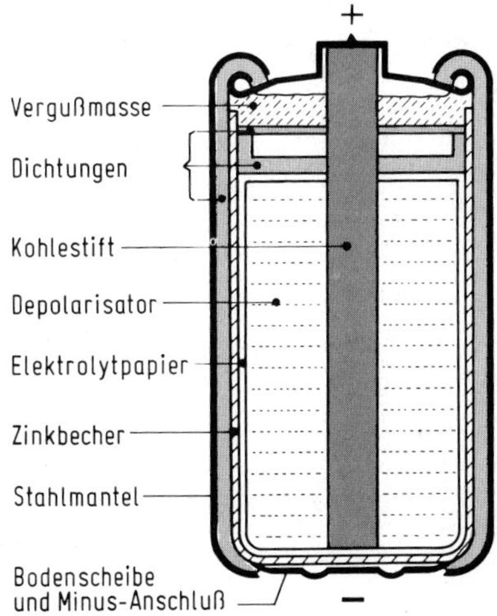


Abb. 22. Aufbau einer Varta-Stahlmantelzelle

Elektrolyt. Das Ganze wird feuchtigkeitsdicht mit gewachster Pappe oder sogar mit einem Stahlmantel umhüllt. Für diese zylindrische Form hat sich die Bezeichnung Zelle eingeführt. *Abb. 22* zeigt einen Schnitt durch eine solche Stahlmantelzelle. Der Kohlestift ist von einem Beutel mit der Depolarisationsmasse umgeben. Eine Schicht Fließpapier ist mit dem Elektrolyten getränkt. Es ist also kein flüssiger Elektrolyt wie in Abb. 21 vorhanden, daher die Bezeichnung Trockenelement. Dieser gesamte Innenteil mit Kohlestift, Depolarisationsbeutel und Elektrolytpapier ist in den Zinkbecher eingeschoben. Das Ganze wird oben und unten mit Dichtungsplatten abgeschlossen und mit einem Stahlmantel umpreßt.

Solche Zelle liefert im Neuzustand 1,5 V. Die *Tabelle* ergibt eine ungefähre Übersicht über die Größen und Betriebsstunden handelsüblicher Batteriezellen. Die Herstellerfirmen liefern außerdem unterschiedliche Typen je nach Verwendungszweck. Zellen zum Betrieb von Transistorempfängern sollen bei geringer Stromentnahme sehr lange leben, Zellen für Taschenlampen oder für Elektronenblitze sollen dagegen für kürzere Zeiten sehr hohe Ströme liefern. Erfahrungen zeigen, daß man mit speziell für den Verwendungszweck ausgewählten Hochleistungszellen auf die Dauer besser zurechtkommt. Es ist schließlich doch unrationell, wenn eine um 30% billigere Zelle unbekannter Herkunft dann nur halb so lange lebt wie ein Markenfabrikat.

*Werte von Hochleistungs-Batteriezellen*

| | Abmessungen (mm) | | Maximaler | Max. Betriebszeit |
|---|---|---|---|---|
| | ⌀ | Höhe | Dauerstrom | bei Dauerstrom |
| Monozelle | 34,0 | 61,5 | 0,5 A | 14 Std. |
| Babyzelle | 26,0 | 50,0 | 0,3 A | 10 Std. |
| Mignonzelle | 14,5 | 50,5 | 0,2 A | 5 Std. |
| Ladyzelle | 12,0 | 30,0 | 0,1 A | 4 Std. |

Den Pluspol eines Elementes bezeichnet man auch als Anode, den Minuspol als Katode. Als Schaltzeichen dient das bekannte Symbol *Abb. 23a.* Falls die Anschlüsse nicht besonders gekennzeichnet sind, dann kann man sich die Pole mit einer alten Regel merken: Der längere Strich bedeutet den Pluspol. Wenn man diesen Strich in der Mitte auseinanderbricht und die Stücke kreuzweise übereinanderlegt, ergibt sich das

Abb. 23. Schaltsymbole für Einzelzellen und für Gleichspannungsbatterien

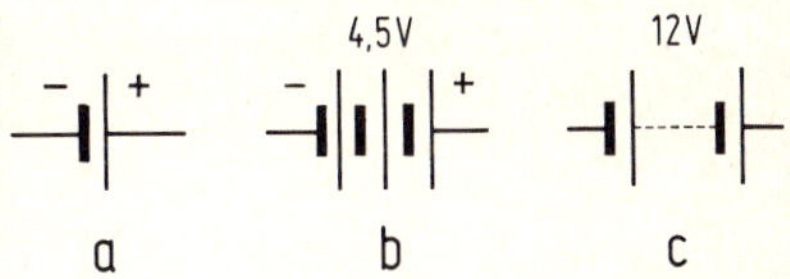


zu dem kurzem Minusstrich passende Pluszeichen. Eine andere Gedächtnisstütze lautet: **k**urzer Strich = **K**atode . . .

Schaltet man mehrere Elemente oder Zellen hintereinander, dann addieren sich die Einzelspannungen, und man erhält eine elektrische Batterie. *Abb. 23b* zeigt dies für drei Zellen. Bei noch höheren Spannungen deutet man die dazwischenliegenden Zellen nur durch Punkte nach *Abb. 23c* an. Batterieblöcke mit mehreren Zellen werden auch fertig als Taschenlampenbatterien (4,5 V) oder Transistorbatterien (9 V) geliefert.

Batteriesymbole nach Abb. 23 dienen auch zur Vereinfachung, wenn man in einer elektronischen Schaltung andeuten will, daß sie mit Gleichspannung gespeist wird, selbst wenn als Spannungsquelle ein sogenanntes Gleichspannungsnetzteil verwendet wird.

Neben den Zink-Kohlezellen gibt es weitere wichtige Kombinationen, nämlich Quecksilberoxid- und Silberoxidzellen. Sie werden in flachen knopfähnlichen Formen geliefert und haben bei geringer Stromentnahme eine sehr hohe Lebensdauer. Sie dienen zum Betrieb von fotoelektrischen Belichtungsmessern, Armbanduhren und Taschenuhren.

Nun noch ein Blick zurück zur Geschichte der Batterien. Den Anstoß zur Entwicklung des elektrischen Elementes von Volta gab eigentlich der italienische Arzt Luigi Galvani. Er experimentierte im 18. Jahrhundert, wie viele interessierten Menschen der damaligen Zeit, mit Elektrisiermaschinen. Dabei beobachtete er, daß frisch sezierte Froschschenkel zuckten, wenn man ihren Schenkelnerv mit einer Messerspitze berührte und im gleichen Zeitpunkt ein Funken an einer Elektrisiermaschine erzeugt wurde. Er führte dieses Zucken auf „tierische Elektrizität“ zurück und experimentierte von 1780 bis 1786 mit solchen Froschschenkeln (die armen Frösche!). Schließlich kam er darauf, daß das Zucken auch ohne benachbarte Funkenerregung eintrat, wenn man den Frosch mit einem Bügel berührte, der auf der einen Seite aus Messing und auf der anderen aus Eisen bestand. Hiermit hatte Galvani das erste „galvanische“ Element geschaffen. Er berichtete 1791 über seine Versuche, war aber

Galvanis Froschversuche — Der Frosch als Hochfrequenzdetektor?

immer noch der Meinung, daß es sich hierbei um tierische Elektrizität handelt.

Auf Grund dieser Veröffentlichung begann dann Alessandro Volta seine Versuche, kam dann aber zu der richtigen Ansicht, daß nicht tierische Elektrizität die Ursache ist, sondern die Vorgänge an den Kontaktstellen zwischen Metallen und Flüssigkeiten eine Rolle spielen. Als fairer und korrekter Wissenschaftler bezeichnete er trotzdem die Erscheinung nach seinem Vorgänger als „Galvanismus".

Die Sache mit der tierischen Elektrizität wird damit zu den Akten gelegt. Bei den Berichten über Galvanis Experimente scheint mir aber bisher stets eine sensationelle Tatsache übersehen worden zu sein: Galvani hat eigentlich bereits 1780, also über hundert Jahre vor Heinrich Hertz, die Fernwirkung elektrischer Wellen beobachtet. Die Froschschenkel dienten dabei als Hochfrequenzdetektoren und das Seziermesser als Dipolantenne! Die Berichte[1]) darüber betonen ausdrücklich, daß die Froschschenkel zuckten, wenn sie mit der Messerspitze berührt wurden und *gleichzeitig* aus der in der Nähe befindlichen Elektrisiermaschine[2]) ein Funken gezogen wurde.

[1]) z. B. *Sattelberg:* Vom Elektron zur Elektrizität, S. 66. Elitera-Verlag, Berlin, und *Klinkowstroem:* Knaurs Geschichte der Technik, S. 184.

[2]) Elektrisiermaschinen beruhen auf dem Prinzip, durch Reibung Elektrizität zu erzeugen. Glasscheiben mit Kurbelantrieb wurden in Drehung versetzt und mit Lederkissen gerieben. Die in der Karikatur angedeutete Elektrisiermaschine ist ein späteres Modell, wie es noch im Physikunterricht im Anfang dieses Jahrhunderts verwendet wurde.

Genauso experimentierte aber auch Heinrich Hertz im Jahre 1887, nur daß er statt des Froschschenkels eine winzige Funkenstrecke als Detektor mit einem Drahtbügel als „Rahmenantenne" verwendete und seine Anordnung systematisch auf Resonanz abstimmte.

Aber nicht nur diese funkentelegrafischen Experimente, sondern auch das elektrische Element hat bereits einen Vorläufer. Bei Ausgrabungen im Orient, in der Nähe von Bagdad, fand man in Siedlungen aus der Zeit von etwa 200 Jahre v. Chr. Tonvasen, in die ein Kupferzylinder und ein Eisenstab eingekittet waren. Eindeutig ergab sich, daß es sich dabei um „galvanische" Elemente handelte. Mit Essigsäure als Elektrolyt liefern sie Spannungen von 0,5 V. Mit Batterien aus solchen Zellen hat man wahrscheinlich damals in einem Elektroverfahren unedle Schmuckstücke mit einer feinen Goldschicht überzogen. Römische Publizisten aus der Zeit Cäsars berichten zuverlässig, daß solche nach einem Geheimverfahren vergoldeten Schmuckstücke aus der Gegend des heutigen Irak exportiert wurden. — Die Elektronik-Industrie scheint schon immer exportintensiv gewesen zu sein!

Und schließlich hat die Natur selbst noch viel früher elektrische Batterien erfunden. Der Zitterwels, ein tropischer Fisch mit dem wissenschaftlichen Namen Malapterurus electricus, besitzt in seinem Körper eine lange Reihe biologischer Zellen. Sie liefern elektrische Spannungsstöße bis zu 200 V. Der Fisch wehrt mit diesen elektrischen Schlägen Feinde ab und betäubt die ihm zur Nahrung dienenden Tiere. Ähnliche betäubende Schläge teilt der im Mittelmeer lebende Zitterrochen aus. Das Wort „Narkose" soll auf die Bezeichnung „Torpedo narce" für den Zitterrochen zurückgehen. — Für Zitterrochen und Zitterwelse wurde aus verständlichen Gründen noch kein VDE-Zeichen beantragt.

### *Akkumulatoren*

Die bisher besprochenen elektrischen Elemente nennt man Primärelemente, weil sie sofort Strom liefern. Im Gegensatz dazu stehen Sekundärelemente. Ihnen muß zuerst ein Strom zugeführt werden. Seine elektrische Energie wird dann in chemische Energie umgewandelt und in dieser Form gespeichert. Man bezeichnet dies als „Laden". Erst bei einem zweiten (sekundären) Vorgang, dem Entladen, liefern sie Strom wieder zurück. Von diesem Speichern oder Anhäufen rührt die Bezeichnung Akkumulator, nämlich von accumulatum, lateinisch = das Angehäufte. Als deutsche Bezeichnung ist der Ausdruck „Sammler" üblich. Im Techniker-

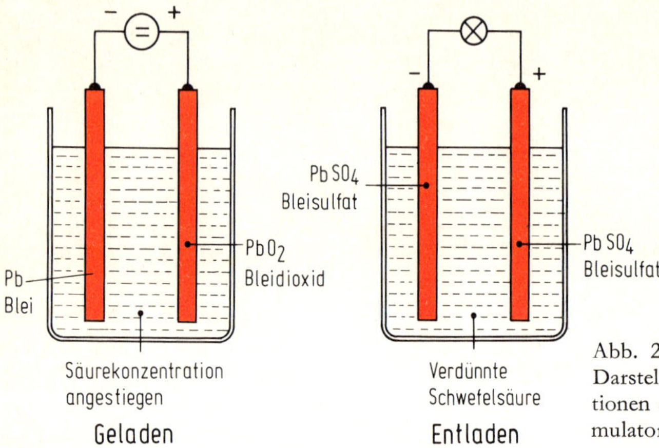


Abb. 24. Schematische Darstellung der Funktionen eines Blei-Akkumulators

jargon sagt man vielfach nur kurz „Akku", aber bitte: man vermeide diesen Ausdruck in schriftlichen Abfassungen.

Am meisten verbreitet ist der Blei-Akkumulator. Als Elektroden besitzt er zwei gitterartige Plattensätze. Die Gittermaschen werden bei der Herstellung mit porösem Bleisulfat $PbSO_4$ gefüllt. Die Elektroden tauchen in mit einem bestimmten Anteil Wasser verdünnte Schwefelsäure. Zum Laden wird der Akkumulator nach *Abb. 24a* an eine Gleichspannungsquelle angeschlossen. Auch hier wird die am negativen Pol liegende Elektrode als Katode, die positiv gepolte als Anode bezeichnet. Durch den beim Laden fließenden Strom wird die Katode in reines graues Blei Pb umgewandelt, die Anode in braunes Bleidioxid $PbO_2$. Bei diesen Umwandlungsvorgängen bildet sich Schwefelsäure $H_2SO_4$ aus den Wassermolekülen des Elektrolyten und den vom Bleisulfat herrührenden Schwefelverbindungen. Durch die entstehende Schwefelsäure wird der Elektrolyt stärker konzentriert und damit schwerer. Der Ladezustand läßt sich daher mit einem Säuredichtemesser überprüfen. Während des Ladens werden also durch den Strom chemische Vorgänge ausgelöst.

Ein auf diese Weise aufgeladener Akkumulator wirkt nun als galvanisches Element, bei dem sich zwei verschiedenartige metallische Elektroden in einer Säure befinden. Dieses Element hat eine Klemmenspannung von rund 2 V. Schließt man nach *Abb. 24b* einen Stromverbraucher an, dann laufen die chemischen Vorgänge umgekehrt ab. Beide Platten werden

$PbO_2$

allmählich in Bleisulfat zurückverwandelt, Wasser wird frei und verdünnt die Säure. Spätestens wenn die Spannung auf 1,8 V zurückgegangen ist, muß der Akkumulator wieder aufgeladen werden.

Das Speichervermögen eines Akkumulators wird als Batteriekapazität bezeichnet und in Amperestunden (Ah) angegeben. Eine Nennkapazität von 20 Ah bedeutet, daß der Akkumulator 20 Stunden lang mit 1 A belastet werden darf.

Der Wirkungsgrad eines solchen Blei-Akkumulators ist recht günstig. Rund 90% der eingespeicherten elektrischen Energie kann nutzbringend wieder entnommen werden. Die größte Verbreitung haben Blei-Akkumulatoren als Autobatterien mit drei Zellen = 6 V Spannung oder sechs Zellen = 12 V Spannung gefunden. Sie dienen dabei im wahrsten Sinne des Wortes als Speicher oder Sammler, denn sie werden beim Fahren ständig von der Lichtmaschine aufgeladen und liefern eine gleichmäßige Spannung für den wichtigsten Verbraucher, nämlich für die Zündanlage des Motors. Der Lichtmaschinenregler sorgt dabei automatisch für einen möglichst gleichbleibend guten Ladezustand der Batterie.

Ein weiterer Akkumulatortyp ist der Nickel-Eisen-Sammler mit Kalilauge als Elektrolyt. Er ist robust gegen Überladungen und Tiefentladungen, die Zelle liefert aber nur 1,2 V.

Für die elektronische Gerätetechnik hat der Nickel-Cadmium-Sammler (NiCd-Sammler) große Bedeutung gewonnen. Bei ihm ist der Elektrolyt zu einer Paste eingedickt, und die Zelle ist dicht gekapselt. Diese Kleinsammler sind lageunabhängig und dienen zur Stromversorgung von professionellen Tonbandgeräten und Funkgeräten sowie anderen transportablen elektronischen Einrichtungen. Mit Hilfe von im Gerät eingebauten Ladevorrichtungen können die Sammler jederzeit und einfach am Lichtnetz wieder aufgeladen werden.

### *Elektrolyse — wichtiges Gebiet der Elektrotechnik*

Aus den wenigen bisher besprochenen elektrolytischen Vorgängen ergibt sich: Bei der Stromleitung im Elektrolyten handelt es sich um die Bewegung ionisierter Materieteile. Besonders leicht lassen sich Stoffe ionisieren, die in der Außenhülle ihres Atoms nur ein bis zwei Elektronen führen. Dazu gehören Wasserstoff und alle Metalle. Durch Abtrennen dieser nur locker gebundenen negativen Elektronen überwiegt die positive Kernladung, die Partikel werden positiv ionisiert und wandern zur negativen Elektrode bzw. zur Katode. Auf diese Weise kann man auf der Katode reine Metalle abscheiden. Das benutzt man zum Überziehen von Kontak-

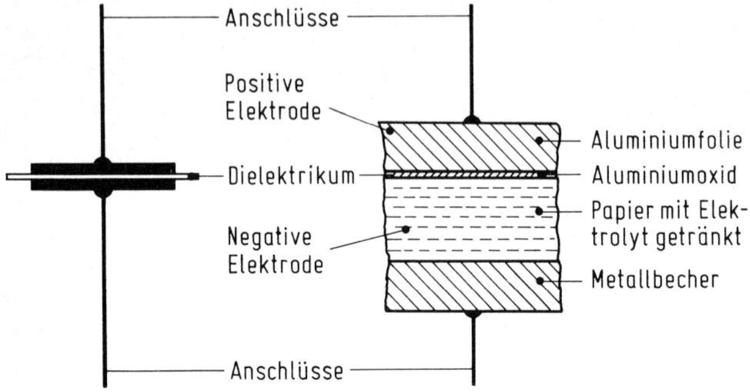


Abb. 25. Schematischer Aufbau eines Elektrolytkondensators (rechts) im Vergleich zu dem eines Papierkondensators (links). Die Papierschicht des Elektrolytkondensators ist keine Isolierschicht, sondern sie stellt die leitende negative Elektrode des Kondensators dar

ten und anderen elektronischen Bauteilen mit Silber oder Gold oder zum Vernickeln von Eisen, Messing und Kupfer, um das Rosten oder Oxydieren oder Korrodieren zu verhindern.

Andererseits kann man gerade durch Elektrolyse solche Oxidschichten künstlich erzeugen. Sauerstoff, der Oxidbildner, Formelzeichen O, wandert im Elektrolyten zum Pluspol und bildet dort auf einer Metallanode eine Metalloxidschicht. Das wird in der elektronischen Bauelemente-Industrie in sehr großem Umfang zum Herstellen von Elektrolytkondensatoren ausgenutzt. Ein solcher Kondensator besteht ebenfalls aus einem isolierenden Dielektrikum und zwei Belägen. Der eine dieser Beläge ist die Aluminiumanode, der zweite wird durch den Elektrolyten dargestellt. Der Elektrolyt ist, ähnlich wie bei einem Trockenelement, von einer filzartigen Papierschicht aufgesogen. Diese Schicht stellt also keine Isolation wie bei einem normalen mit Papier isolierten Kondensator dar. Die aus Metall bestehende Katode, also der Minuspol des Kondensators, ist lediglich eine breitflächige Stromzuführung zu diesem Elektrolyten, nicht etwa die andere Kondensatorbelegung. *Abb. 25* bringt eine Gegenüberstellung zwischen dem Aufbau eines Papierkondensators und eines Elektrolytkondensators.

Beim Elektrolytkondensator besteht das Dielektrikum, also die isolierende Schicht zwischen den beiden „Kondensatorplatten", aus einer Aluminiumoxidschicht ($Al_2O_3$) auf der Oberfläche der Anode. Aluminiumoxid ist ein besonders günstiges Dielektrikum, da bereits sehr dünne Schichten hohe Spannungen vertragen. Für eine Spannung von 30 V, wie sie bei Elektrolytkondensatoren für die Halbleitertechnik gefordert wird, braucht die Schicht nur 0,03 tausendstel Millimeter stark zu sein. Dünne Isolierschichten ergeben aber große Kapazitätswerte, und daher lassen sich Elektrolytkondensatoren mit sehr kleinen Abmessungen, aber großen Kapazitätswerten bauen.

Die Oxidschicht auf der Aluminiumfolie wird einfach durch eine sogenannte Formierspannung erzeugt. Die Schichtdicke wächst mit zunehmender Formierspannung. Größere Schichtdicke bedeutet zwar größere Spannungsfestigkeit, aber einen größeren Abstand zwischen den Belägen und damit naturgemäß eine geringere Kapazität je Flächeneinheit. Kondensatoren für höhere Spannungen haben daher größere Abmessungen. Dies prägt sich deutlich in den Typentabellen der Herstellerfirmen aus. Damit die Eigenschaften von Elektrolytkondensatoren erhalten bleiben, dürfen sie niemals entgegengesetzt gepolt betrieben werden, denn dann wird die Oxidschicht zerstört, und es gibt Kurzschlüsse. Im Betrieb muß deshalb stets eine richtig gepolte Gleichspannung anliegen. Ferner darf das mit dem Elektrolyten getränkte Papier nicht austrocknen. Elektrolytkondensatoren werden zwar feuchtigkeitsdicht gekapselt, doch müssen sie unbedingt vor zu hoher Erwärmung geschützt werden, sonst vergast der Elektrolyt und zerreißt die Umhüllung.

# 4 Magnete, Ströme und Bewegungen

## Dauermagnete und Magnetfelder

Zwar scheint es zunächst so, als ob dies ein traditionelles Kapitel Schulphysik wird, aber schließlich kommt dann doch noch die Elektronik zum Vorschein.

Bereits in grauer Vorzeit entdeckte man, daß Brocken von gewissen Eisenerzen andere kleine Eisenstückchen anzogen und festhielten. Eine Fundstelle für solche Eisenerze war die Stadt Magnesia in Kleinasien. Deshalb bezeichnete man diese eigenartige Naturerscheinung mit Magnetismus. Später kam man darauf, daß frei beweglich aufgehängte längliche Magneteisenstücke sich stets in die Nordsüdrichtung der Erde drehen. Damit war der Kompaß erfunden. Er ermöglichte einen großartigen Aufschwung der Schiffahrt im ausgehenden Mittelalter. Nach den Erdpolen, zu denen die Enden der Magnetnadel eines Kompasses hinzeigen *(Abb. 26)*, nennt man das nach Norden zeigende Ende der Nadel den Nordpol, abgekürzt N, und das andere Ende den Südpol (S).

Magnetische Eigenschaften lassen sich besonders bei gehärteten Eisenstählen erzeugen, indem man sie im einfachsten Fall mit einem bereits vorhandenen Magneten mehrmals in gleicher Richtung bestreicht. Gewiegte Praktiker magnetisieren in dieser Weise ihre stählernen Schraubenzieher, um Eisenschrauben damit festzuhalten und besser in das Gewindeloch einführen zu können.

Magnetisch gemachte Stahlteile nennt man Dauermagnete oder Permanentmagnete. Die einfachste Form wäre ein Stabmagnet nach *Abb. 27a*. Er geistert durch alle Lehrbücher, ist aber in der Praxis selten aufzutreiben.

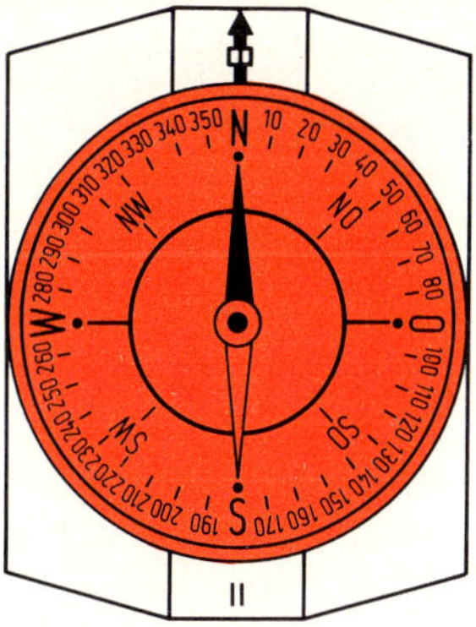


Abb. 26. Kompaß mit Magnetnadel

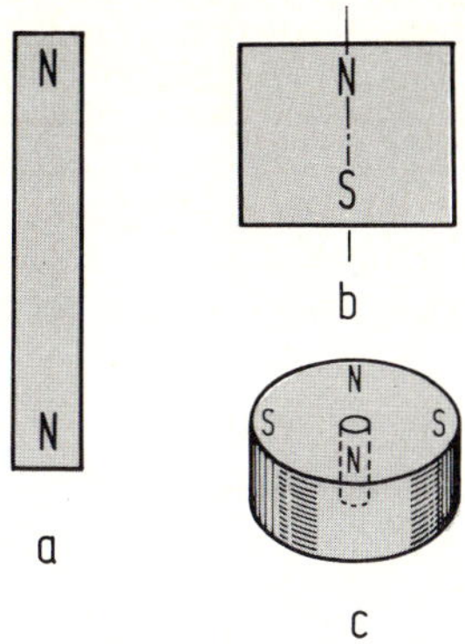


Abb. 27. Permanentmagnete; a = Stabmagnet, b = kurzer breiter Rundmagnet, c = Scheibe mit vier magnetischen Bezirken

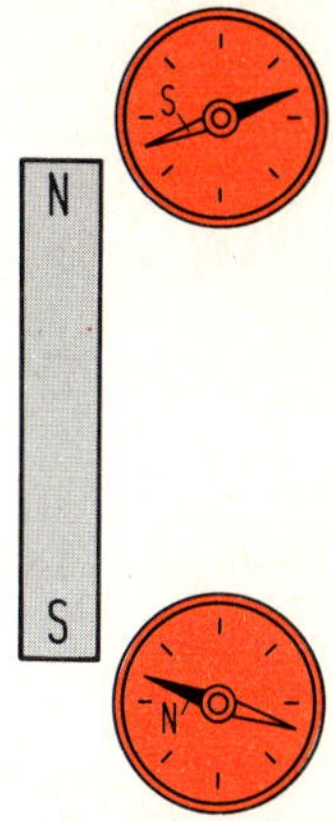


Abb. 28. Ungleichnamige Pole ziehen sich an

In der Technik bekommt man meist nur kurze dicke Magnetstäbe *(Abb. 27b)* oder breite runde Magnetplatten zu Gesicht. Dabei kann es sogar sein, daß eine solche runde Dauermagnetscheibe nach *Abb. 27c* so magnetisiert ist, daß sie mehrere verschiedenartige Magnetpole auf jeder Seite aufweist. Oft ist sie noch mit einem Mittelloch versehen, um sie auf eine drehbare Welle aufschieben zu können.

Aber wie dem auch sei: Bringt man nach *Abb. 28* einen Magnetkompaß in die Nähe eines Stabmagneten, dann zeigt der Südpol der Nadel zum Nordpol des Stabes. Fährt man mit dem Kompaß am Stab entlang, dann schwenkt die Nadel herum und zeigt mit ihrem Nordende zum Südpol des Stabmagneten. Daraus ergibt sich das Gesetz:

Ungleiche Magnetpole ziehen sich an,
gleiche Magnetpole stoßen sich ab.

Dies erklärt auch die normale Funktion des Kompasses. Riesige Eisenmassen im Innern der Erde wirken wie ein gewaltiger Stabmagnet. Seine Pole weichen zwar etwas von den geografischen Polen der Erde ab, doch kann man diesen Fehler berücksichtigen. Da wir das nach Norden zeigende Ende der Magnetnadel als Nordpol bezeichnet haben, liegt also am geografischen Nordpol eigentlich der magnetische Südpol. Wir haben hier also einen ähnlichen Zwiespalt wie beim Gegeneinander von konven-

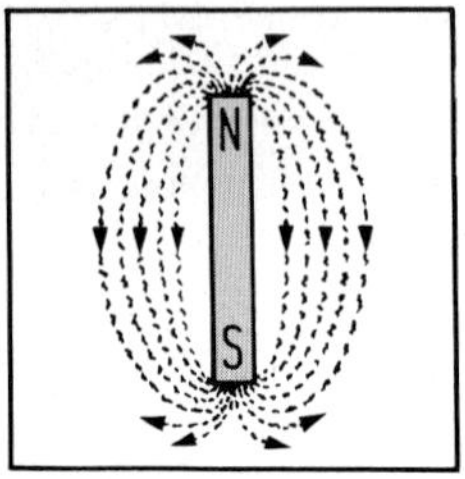


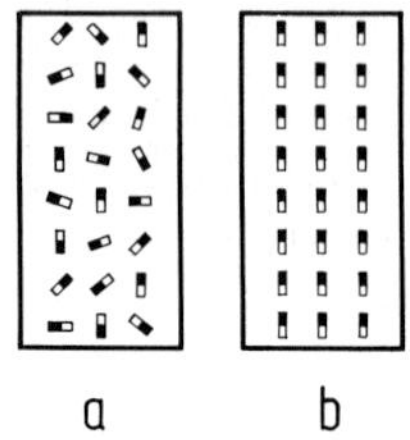


Links: Abb. 29. Verlauf der Kraftlinien bei einem Stabmagneten

Abb. 30. Modellvorstellung von den Molekularmagneten innerhalb eines Eisenstabes; a = die Molekularmagnete sind ungeordnet, der Stab hat keine magnetische Wirkung, b = gleichförmig ausgerichtete Molekularmagnete, sie ergeben ein äußeres Magnetfeld

tioneller Stromrichtung und Elektronenflußrichtung. Trotzdem kommt man ganz gut damit zurecht.

Ein weiteres Experiment:

Legt man nach *Abb. 29* eine Glasscheibe auf einen Stabmagneten, bestreut die Glasplatte gleichmäßig mit Eisenfeilspänen und klopft dabei ständig leicht gegen die Platte, dann ordnen sich die Eisenspäne vom Nordpol zum Südpol zu magnetischen Feldlinien. Um den Magneten herum, nämlich in dem Raum, in dem er Eisenteile oder Eisenspäne anzieht, herrscht ein magnetisches Feld. Es ergibt für Eisenteilchen eine ähnliche Wirkung wie das Schwerekraftfeld der Erde, Abb. 4[1]), oder das elektrische Feld, Abb. 5 und 6[2]), für Elektronen und Ionen.

Nur Dauermagnete besitzen ein konstantes magnetisches Feld. Weiches ausgeglühtes Eisen wird wohl in ein magnetisches Feld hineingezogen und zeigt dann auch magnetische Wirkungen, es läßt sich aber nicht so nachhaltig magnetisieren wie Stahl. Magnetische Wirkungen weisen auch zwei andere Stoffe auf, die im periodischen System der Elemente dem Eisen mit der Ordnungszahl 26 eng benachbart sind, nämlich Kobalt, Ordnungszahl 27, und Nickel, Ordnungszahl 28. Man erinnere sich: Die Ordnungszahl gibt die Zahl der positiven Ladungen eines Atoms bzw. die Zahl der zugehörigen Elektronen des betreffenden Stoffes an.

Nach der lateinischen Bezeichnung Ferrum für Eisen, dem hauptsächlichsten Magnetmetall, spricht man von ferromagnetischen Körpern auch bei Kobalt, Nickel und bei speziellen Magnetwerkstofflegierungen.

Wie stellt man sich nun die Ursache des Magnetismus vor? Auch hierfür hat man, ähnlich wie für die Elektronenbahnen eines Atoms, eine Modell-

[1]) Seite 20
[2]) Seite 20

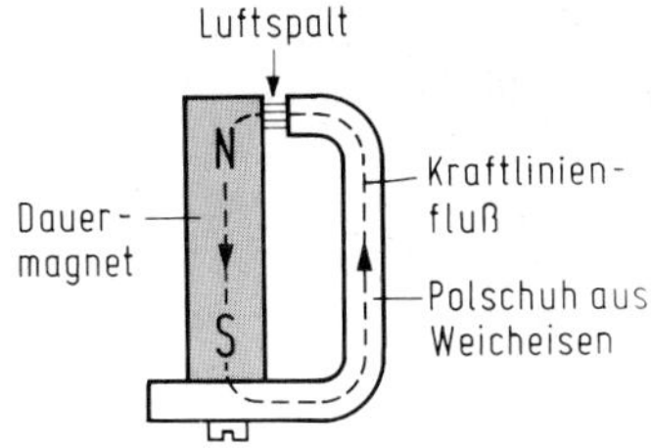


Abb. 31. Magnetische Kraftlinien lassen sich durch Polschuhe aus weichem Eisen sammeln und leiten

vorstellung erarbeitet, mit der sich die Erscheinungen gut erklären lassen. Man denkt sich, daß die Atome oder Moleküle von ferromagnetischen Stoffen selbst kleine stabförmige Dauermagnete sind, also je einen Nordpol und einen Südpol aufweisen. Im nach außen hin unmagnetischem Zustand, z. B. bei reinem Eisen, liegen diese Molekularmagnete nach *Abb. 30a* ungeordnet kreuz und quer durcheinander und haben keine magnetische Wirkung nach außen hin. Wird der Stab durch ein kräftiges äußeres Magnetfeld oder durch Bestreichen mit einem Dauermagneten magnetisiert, dann richten sich diese Molekularmagnete nach *Abb. 30b* gleichförmig aus. Sie sind nun gewissermaßen in Serie geschaltet und bleiben, wenn es sich um ein Dauermagnetmaterial handelt, in dieser Lage, auch wenn das äußere Magnetfeld, mit dem man sie ausgerichtet hat, wieder weggenommen wird. Sind durch ein kräftiges Feld alle Molekularmagnete oder magnetischen Dipole (Zweipole) ausgerichtet, dann wird die maximal mögliche Wirkung erzielt, man sagt, das Material ist magnetisch gesättigt.

Man kann einen solchen magnetisierten Stahlstab auseinanderbrechen, dann erhält man zwei halb so lange Stäbe, von denen jeder wieder einen Nordpol und einen Südpol an den entgegengesetzten Enden aufweist, denn die Molekularmagnete behalten ihre Richtung und somit ihre Wirkung bei.

Bei weichem Eisen fallen die Molekularmagnete wieder durcheinander, wenn das äußere Magnetfeld weggenommen wird. Nur ein kleiner Teil behält die aufgezwungene Richtung weiterhin bei. Das Eisen bleibt ganz schwach magnetisch. Diesen Restmagnetismus bezeichnet man als Remanenz[1]). Diese Remanenz spielt eine wichtige Rolle bei verschiedenen Anwendungen, z. B. bei der selbsterregten Dynamomaschine oder bei Magnetbandaufzeichnungen.

[1]) remanent = zurückbleibend (aus dem Lateinischen).

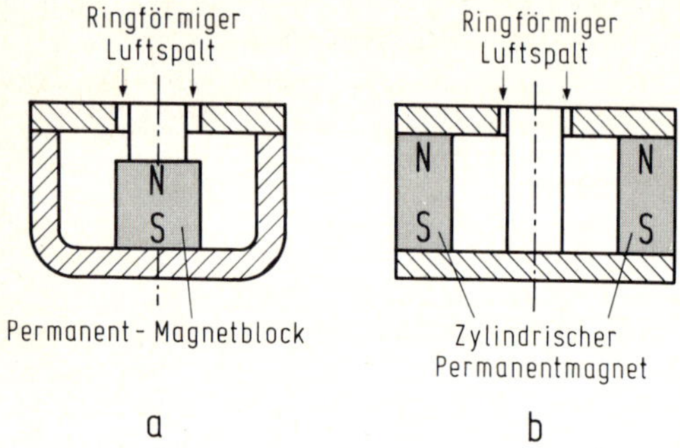


Abb. 32. Magnetsysteme für Lautsprecher; a = mit Magnetkern, b = mit außenliegendem zylindrischem Dauermagneten

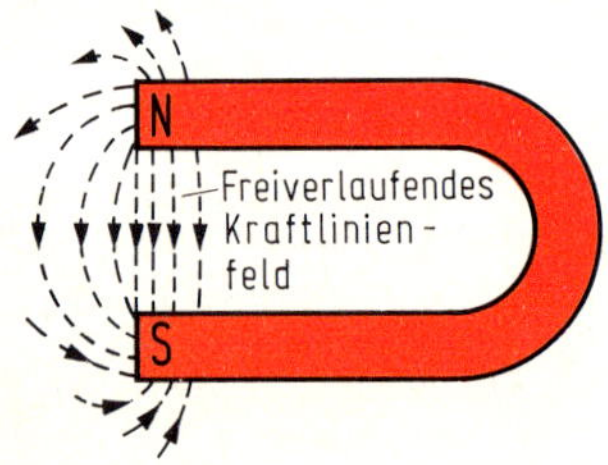


Abb. 33. Kraftlinienverlauf bei einem Hufeisenmagneten

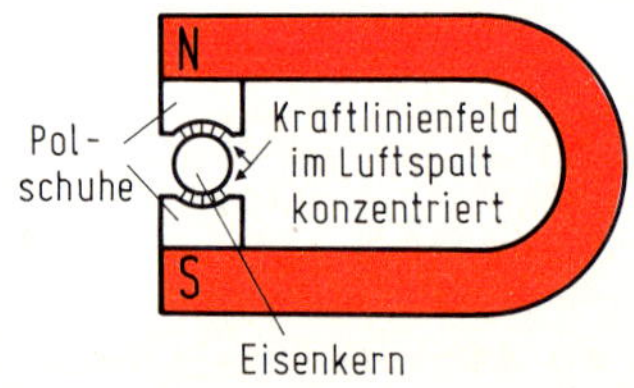


Abb. 34. Durch Polschuhe geleitetes Kraftlinienfeld für ein Drehspulinstrument

Befestigt man ein Weicheisenformteil so an dem einen Pol eines Permanentmagneten, daß die andere Seite dieses mit „Polschuh“ bezeichneten Teils nur durch einen schmalen Luftspalt vom anderen Pol getrennt ist, dann ziehen sich die Kraftlinien in diesen Polschuh hinein, richten dort die Molekularmagnete aus, und man erhält ein kräftiges, gleichförmiges oder homogenes Magnetfeld in dem Luftspalt. *Abb. 31* zeigt das Prinzip einer solchen Anordnung.

Dieses Prinzip wird in millionenfacher Auflage bei den permanentdynamischen Lautsprechersystemen der Unterhaltungselektronik ausgenutzt. Ein kurzer, kräftiger Permanentmagnet wird nach *Abb. 32a* in einem als Polschuh dienenden Weicheisentopf so montiert, daß an einem Ende des Systems ein ringförmiger Luftspalt entsteht, in dem sich dann die an der Membran befestigte zylindrische Schwingspule frei in Achsrichtung bewegen kann. Bei anderen Ausführungen benutzt man einen ringförmigen bzw. zylindrischen Permanentmagneten und bildet den Weicheisentopf wie in *Abb. 32b* aus. Auch damit ergibt sich dann eine große gleichförmige Kraftliniendichte in dem ringförmigen Luftspalt.

Eine weit verbreitete Form des Permanentmagneten ist der Hufeisenmagnet *(Abb. 33)*. Bei diesem gebogenen Stahlmagneten verläuft das Magnetfeld bereits ziemlich konzentriert zwischen den Polen. Für die elektrische Meßtechnik wird der Feldverlauf durch zwei angesetzte Polschuhe und einen runden Weicheisenkern nach *Abb. 34* so gelenkt, daß in dem ebenfalls ringförmigen Luftspalt ein homogener Feldverlauf entsteht. Diese Anordnung findet sich bei allen elektrischen Drehspul-Meßinstrumenten.

## Magnetfelder und elektrische Ströme

Bereits am Anfang des vorigen Jahrhunderts entdeckte der dänische Physiker Hans Christian Oerstedt nach systematischen Versuchen, daß eine Magnetnadel aus ihrer Ruhelage abgelenkt wird, wenn man nach *Abb. 35a* einen kräftigen elektrischen Strom durch einen der Nadel dicht benachbarten Draht schickt. Da Magnetnadeln sich nur durch einen anderen Magneten ablenken lassen, wie in Abb. 28 behandelt wurde, muß also der elektrische Strom um den Leitungsdraht herum ein magnetisches Feld aufgebaut haben.

Man kann dazu nach *Abb. 35b* den Draht auch ringförmig anordnen und die Wirkung noch verstärken, indem man den Draht mehrmals in gleicher Richtung aufwickelt. Ordnet man noch mehr Windungen hintereinander an, dann erhält man eine Spule mit einem magnetischen Kraftlinienverlauf nach *Abb. 36*. Fügt man einen Weicheisenkern nach *Abb. 37* in die Spule ein, dann wird die Wirkung noch wesentlich vergrößert. Die Kraftlinienzahl wächst an, und das Gebilde zeigt bei eingeschaltetem

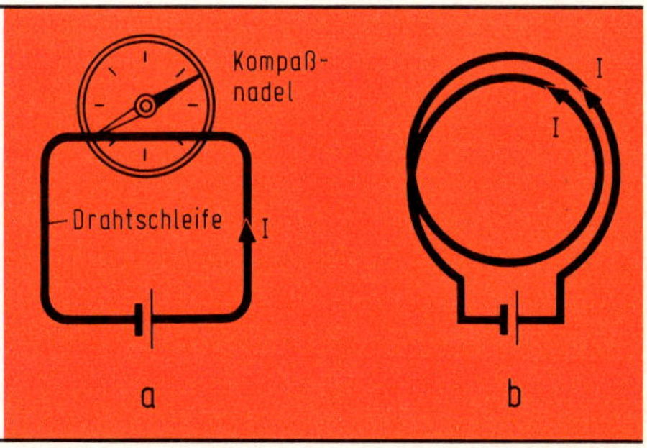


Abb. 35. Stromkreis und Magnetfeld; a = ein genügend starker Strom lenkt eine Magnetnadel ab, b = die Wirkung verstärkt sich, wenn man den Strom mehrmals ausnutzt

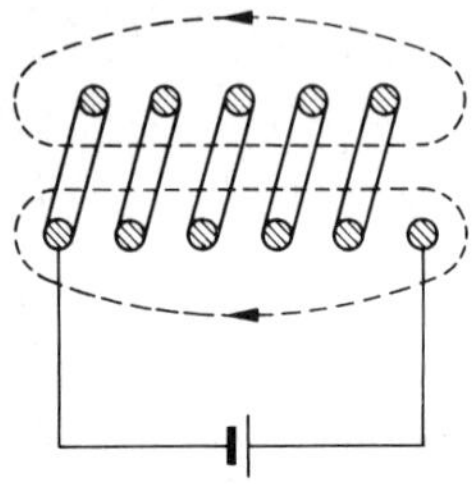

Abb. 36. Magnetische Kraftlinien bei einer stromdurchflossenen „Luftspule“

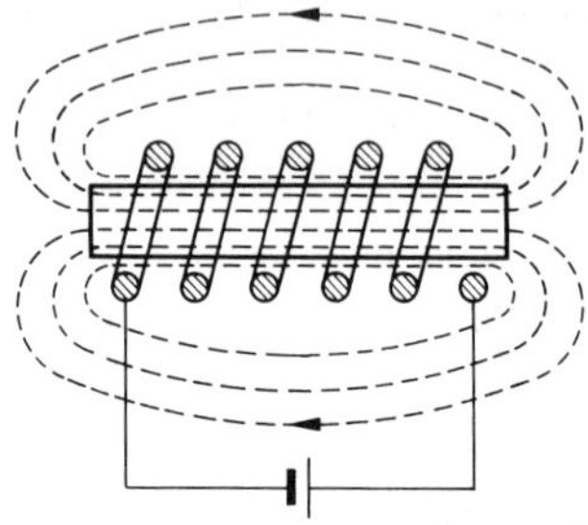

Abb. 37. Ein Eisenkern in der Spule ergibt einen Elektromagneten

Strom alle Eigenschaften eines kräftigen Stabmagneten. Man bezeichnet deshalb die Anordnung als Elektromagnet.

Die exakte Physik leitet aus der Stromrichtung in der Spule Gesetze für die Lage des Nordpols und des Südpols bei solchen Elektromagneten ab. Wir wollen uns damit nicht belasten, sonst kommen wir zu langsam

voran. Sollte es wirklich in der Praxis einmal notwendig sein, die Polarität zu wissen, dann prüft man dies viel schneller mit einem Taschenkompaß und polt die Stromrichtung um, wenn der gewünschte Magnetpol nicht am richtigen Ende liegt.

Elektromagnete werden in den vielfältigsten Formen und Größen in der Leistungselektronik, Nachrichtentechnik und Datenverarbeitung angewendet. Durch schlagartiges Einschalten kräftiger Elektromagnete werden Hochspannungsschalter in Elektrizitätswerken betätigt. In Fernschreibmaschinen und Zahlendruckern betätigen kleine Elektromagnete die einzelnen Typenhebel und Zifferndruckstangen. Sogar bei großen Datenverarbeitungsanlagen mit viel Elektronik werden daher zum Schluß die Ergebnisse mit Hilfe von guten alten Elektromagneten ausgedruckt.

*Relais*

Wer durch Frankreich reist, findet oft am Straßenrand alte Gasthöfe mit der Bezeichnung „Relais de ...“. Meist befindet sich hinter dem Gebäude ein Hof mit ehemaligen Ställen. Von der Straße führt eine Tordurchfahrt dorthin. Ein solches Relais war in den alten Zeiten der Pferdepost die Zwischenstation, bei der die ermüdeten Postkutschengäule gegen frische aus dem Stall ausgetauscht wurden.

Als man im vergangenen Jahrhundert die ersten großen Telegrafenleitungen baute, da mußte man ebenfalls in Zwischenstationen die allzu matt gewordenen Morsezeichen wieder auffrischen. Man schickte die Signalströme über die Wicklung eines Elektromagneten. Dieser zog einen leicht beweglichen Eisenanker an, der seinerseits einen Kontakt betätigte. Mit diesem Kontakt und einer frischen Batterie konnte über den nächsten Streckenabschnitt weitertelegrafiert werden. Das erste elektrische Verstärkersystem, das Telegrafen-Relais, war erfunden. Wie in der Post-

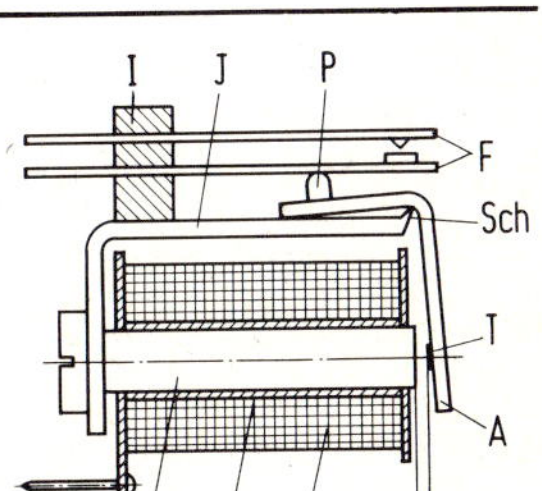


Abb. 38. Schema eines Klappanker-Relais

A = Anker
F = Kontaktfedern
I = Isolierstücke
J = Joch
K = Kern
P = Pimpel
S = Spulenkörper
Sch = Schneide
T = Trennstift
W = Wicklung

Abb. 39. Kleinrelais Typ AZ 421 mit Schutzkappe (Zettler GmbH)

kutschenzeit diente es als Zwischenstation auf langen Strecken. Und nun übertrug sich der Ausdruck Relais auf alle Bauelemente, die durch Ein- und Ausschalten von Elektromagneten Schaltkontakte betätigten und dadurch weitere Stromkreise schlossen oder öffneten. Mit der Pferdepost hatten diese Relais nichts mehr zu tun . . .

*Abb. 38* zeigt den Aufbau des Schneidanker- oder Klappankerrelais. Es besteht aus dem Weicheisenkern K mit dem Spulenkörper S und der Magnetwicklung W. Der Magnetfluß wird durch ein Eisenjoch J U-förmig herumgelenkt. Ein Anker A schließt den magnetischen Kreis bis auf einen mittleren Luftspalt L. Der Anker ist auf einer Schneide Sch gelagert. Er wird durch eine in Abb. 38 zur Vereinfachung nicht dargestellte Federgabel gehalten und im Ruhezustand durch die Federkraft der Kontaktfeder F vom Kern K weggedrückt. Beim Erregen der Magnetspule wird der Anker angezogen. Isolierstücke P drücken gegen die Federn F und betätigen die Kontakte. Damit beim Abschalten des Erregerstromes der Anker nicht infolge eines kleinen restlichen oder „remanenten" Magnetismus[1]) am Kern kleben bleibt, ist dort ein nichtmagnetischer Trennstift T

[1]) Vgl. Remanenz, Seite 53.

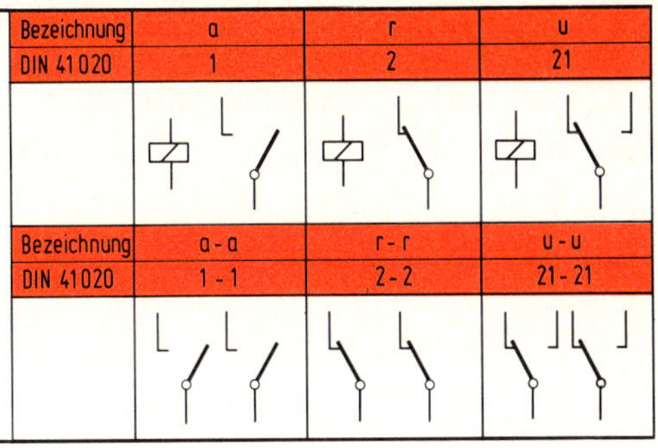


Abb. 40. Bezeichnungen und Symbole für Relaiskontakte. Nach der DIN-Norm werden Ziffern anstelle von Buchstaben verwendet, um die Wirkung der Kontakte zu kennzeichnen

vorgesehen. Er bewirkt, daß im angezogenen Zustand ein kleiner Restluftspalt bleibt, damit das Relais mit Sicherheit wieder abfällt.

*Abb. 39* stellt ein Kleinrelais mit hochbelastbaren Kontakten dar. Man erkennt die Verwandtschaft zu Abb. 38. Die Anschlüsse sind so gestaltet, daß das Relais in die Fassung links eingesteckt und leicht ausgewechselt werden kann. Andere Relais sind flach und mit untenliegenden Anschlüssen gebaut. Sie können in Schaltplatten eingelötet werden.

Als Schaltsymbol für Relais dient ein Rechteck mit einem Schrägstrich. Daneben werden die zu betätigenden Kontaktsätze dargestellt. Einen Kontakt, der beim Anziehen des Relais schließt, nennt man Arbeitskontakt a. Öffnet der Kontakt beim Anziehen des Ankers, spricht man von einem Ruhekontakt r. Außerdem gibt es noch Wechsel- oder Umschaltkontakte u. Ein Relais kann mehrere solcher Kontakte schalten, *Abb. 40* gibt eine Übersicht.

Elektromechanische Relais sind auch in der elektronischen Technik keinesfalls überflüssig geworden. Sie haben zum Beispiel den Vorteil, daß Steuerwicklung und Schaltkontakte galvanisch vollständig voneinander getrennt sind. Die Kreise lassen sich hochspannungsmäßig gegeneinander isolieren. Mit kleinen Leistungen in der Magnetspule können große Ströme geschaltet werden. Der Kontaktübergangswiderstand ist in den meisten Fällen vollständig zu vernachlässigen. Mehrfach-Kontaktsätze, Umschaltkontakte, Selbsthalteschaltungen, Ein- und Abschaltverzögerungen bieten keinerlei Schwierigkeiten. Daß Relais nicht auf so hohe Schalthäufigkeiten oder schnelle Schaltfolgen kommen wie zum Beispiel Transistoren, spielt in der industriellen Technik keine ausschlaggebende Rolle. In den meisten Automatikanlagen arbeiten Relais ohnehin schneller als die mechanisch zu betätigenden Elemente beim Übergang von elektrischen Schaltungen zu mechanischen, pneumatischen oder hydraulischen Stellgliedern. Der Relaisverbrauch ist daher mit dem Aufkommen der Transistorschalttechnik keinesfalls zurückgegangen, sondern er hat sogar erheblich zugenommen.

Relais und ihre Kontakte kennen nur zwei Zustände: Stromkreis eingeschaltet oder ausgeschaltet. Das entspricht der modernen logischen Schaltungstechnik, der Binärtechnik[1]). Man kann bereits mit Relais elektrische Rechenanlagen oder Datenverarbeitungsanlagen aufbauen. Einen solchen Relaisrechner entwickelte Konrad Zuse bereits vor 1939, als noch niemand an „Computer" dachte. Zuse mußte dann allerdings zum Wehrdienst für das Großdeutsche Reich einrücken, und sein Modell wurde Museumsstück. Dagegen diente eine von Professor Aiken in den USA entwickelte elektromechanische Rechenanlage dort für wichtige Aufgaben während des Krieges.

*Induktion und Elektrodynamik*

Mit dem Thema Magnetbetätigung durch elektrischen Strom ist das Gebiet noch nicht abgeschlossen, sondern es leitet hinüber zu dem noch weitaus wichtigeren Kapitel über elektromagnetische Induktion und Elektrodynamik. Besonders die Unterhaltungselektronik verwendet in großem Umfang derartige Einrichtungen, wie elektrodynamische Tonabnehmer und elektrodynamische Lautsprecher. Die elektromagnetische Induktion spielt bei allen mit Spulen und Transformatoren arbeitenden Einrichtungen eine wichtige Rolle.

Jedes Magnetfeld, sei es von einem Permanentmagneten, sei es von einem Elektromagneten, übt eine Kraftwirkung aus. Daraus ergibt sich die Eigenschaft, daß Eisenteilchen eben von diesem magnetischen Kraftfeld angezogen, also in Bewegung gesetzt werden. Wirken zwei Magnete aufeinander ein, dann spielt außerdem die Polarität eine Rolle. Dabei ziehen sich stets die ungleichnamigen Pole an, wie in Abb. 28 auf Seite 51 dargestellt worden ist. Die gleiche Wirkung muß eintreten, wenn man den einen der beiden Permanentmagnete durch einen Elektromagneten ersetzt. Würde man ihn beweglich anordnen und z. B. nach *Abb. 41a* zunächst ohne Strom schräg zum Dauermagneten stellen, dann bewegt sich beim Einschalten des Stromes *(Abb. 41b)* sein Südpol zum Nordpol des Permanentmagneten hin. Man kann das auf die vereinfachte Formel bringen:

*Strom + Magnetfeld ergeben eine Bewegung*

---

[1]) bini (lateinisch) = je zwei, ein Paar.

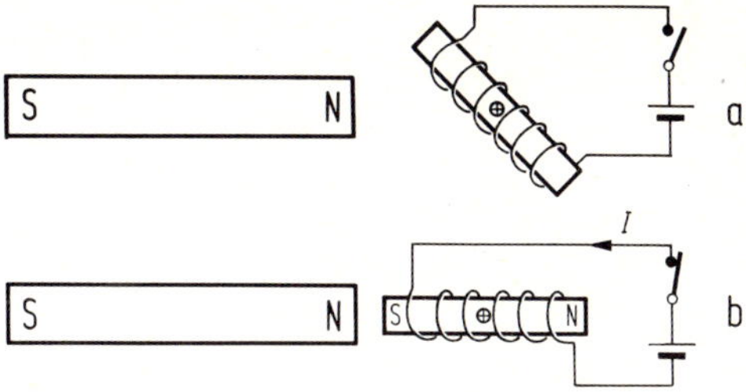


Abb. 41. Beim Einschalten des Stromes bewegt sich der Elektromagnet zu dem Stabmagneten hin

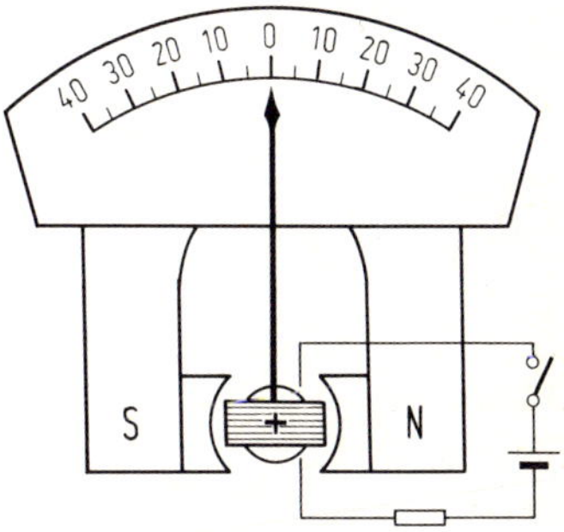


Abb. 42. Prinzip des Drehspulmeßwerkes. Zur besseren Übersicht wurde ein Instrument mit Mittelstellung des Zeigers dargestellt

Die augenfälligste Anwendung dieses Satzes findet sich beim elektrischen Drehspul-Meßinstrument. Dessen Magnetfeld bzw. dessen Kraftlinienverlauf wurde bereits in Abb. 34 auf Seite 54 gezeigt. Die Drehspule besteht aus feinem Kupferdraht auf einem sehr leichten Aluminiumrähmchen. Sie ist nach *Abb. 42* so angeordnet, daß sie in Verbindung mit dem Weicheisenkern als Elektromagnet wirkt, wenn Strom hindurchfließt. Bildet sich beim Einschalten des Stromes in Abb. 42 am oberen Spulenende ein Südpol, dann bewegt sich dieser Pol und damit die Spule selbst zum Nordpol des Dauermagneten hin, und der an der Spule befestigte Zeiger schlägt nach rechts aus.

Die Größe des Zeigerausschlages entspricht jeweils genau dem Wert des Stromes und alle Zwischenstufen werden erfaßt. Man sagt, der Ausschlag ist analog dem Stromwert oder das Drehspul-Meßinstrument ist ein Analog-Anzeigegerät. Analog, aus dem lateinischen, bedeutet „entsprechend“ oder „ähnlich“. Bei dieser Ausnutzung des elektromagnetischen Effektes gibt es also nicht nur zwei Schaltzustände Ein oder Aus wie beim Relais. Mit Analogtechnik wird das gesamte Gebiet der Elektronik bezeichnet, bei dem sich stetig ändernde Ströme und Spannungen in

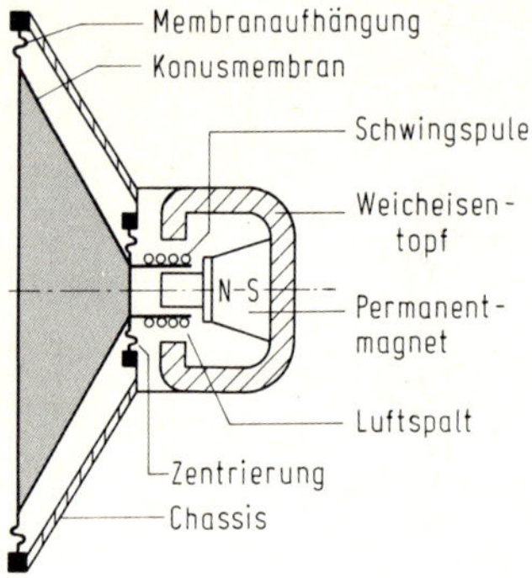


Abb. 43. Schnitt durch einen elektrodynamischen Lautsprecher

genau entsprechenden Abstufungen übertragen, verarbeitet und wirksam gemacht werden.

Eine weitere sehr bekannte Anwendung des Prinzips Strom + Magnetfeld = Bewegung sowie der Analogtechnik ist der elektrodynamische Lautsprecher. Bei ihm stellt nach *Abb. 43* die Schwingspule mit ihrem Eisenkern einen Elektromagneten dar, der im Kraftlinienfeld des Permanentmagneten angeordnet ist. Fließt Strom durch die Wicklung, dann entsteht je nach der Stromrichtung ein Nordpol oder ein Südpol an der rechten Seite der Spule. Sie schwingt also hin und her und bewegt dadurch die Membran.

Stromerzeugung durch Bewegung einer Lautsprechermembran ist möglich, aber nicht sehr rationell

Eine anschauliche Anwendung dieses Prinzips kennt der Ela-Techniker und der Hi-Fi-Freund. Bei Stereoanlagen kommt es darauf an, daß beide Lautsprecher gleichphasig arbeiten, daß also beim Fließen eines Stromes in bestimmter Richtung die Membranen nach der gleichen Seite gezogen werden. Um dies zu prüfen, tastet man kurz mit einer 1,5-V-Batterie die Schwingspule an. Man sieht dann ganz deutlich, bei welcher Batteriepolung sich die Membran nach außen oder nach innen bewegt.

Dieses Experiment läßt sich umkehren und führt zu einer weiteren wichtigen Erkenntnis, nämlich:

*Spulenbewegung in einem Magnetfeld ergibt Strom*

Schließt man an die Enden einer Lautsprecherschwingspule ein empfindliches Milliamperemeter an und tupft mehr oder weniger kräftig auf die Mitte der Lautsprechermembran, so daß sich die Schwingspule hin und her bewegt, dann entstehen in der Spule Stromstöße. Der Zeiger des Milliamperemeters schlägt aus! Man mache diesen Versuch, er ist frappierend.

Ob sich damit die Energiekrise mildern läßt, ist allerdings fraglich. Wer wollte wohl ein eigenes Kraftwerk betreiben, indem er ständig auf der Lautsprechermembran herumtrommelt und den entstehenden Strom ausnutzt. Aber der Satz

*Spulenbewegung im Magnetfeld ergibt Strom*

ist die Grundlage aller klassischen Elektrizitätserzeuger, vom kleinen Fahrraddynamo an bis zum Großkraftwerk.

Doch noch ein kurzer Rückblick auf die vorige These: Strom + Magnetfeld = Bewegung. Nach Abb. 35a zeigt bereits ein einfacher geradeaus gespannter Leitungsdraht magnetische Effekte. Sein Magnetfeld verläuft nach *Abb. 44* in konzentrischen Kreisen um den Draht herum. Im Bild ist allerdings nur eine Scheibe aus diesen die gesamte Drahtlänge umge-

Abb. 44. Magnetische Feldlinien um einen Leitungsdraht

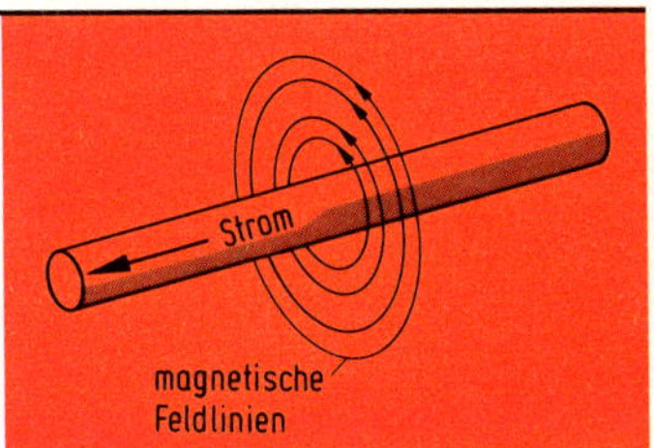

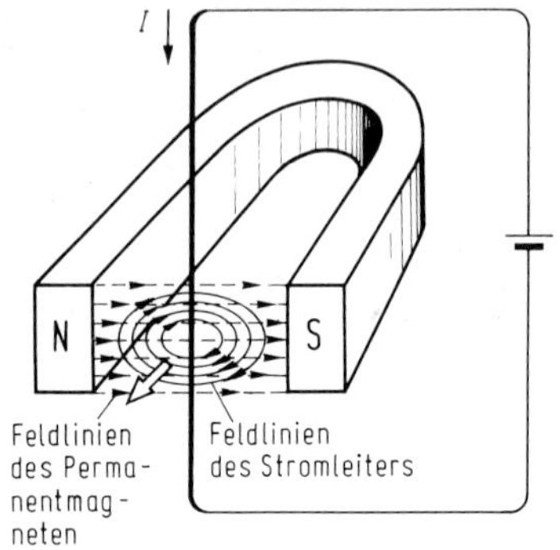


Abb. 45. Ein stromdurchflossener Leitungsdraht wird in einem homogenen Magnetfeld ausgelenkt

benden Feldlinien dargestellt. Man führt die magnetische Wirkung darauf zurück, daß die den Stromfluß bewirkenden Elektronen rotieren. Durch diesen Spin werden sie zu winzigen Magneten, die in ihrer Gesamtheit das magnetische Feld um den Draht ergeben.

Spannt man nach *Abb. 45* einen stromdurchflossenen Draht im homogenen Feld eines Dauermagneten aus, dann wirken wiederum die beiden Felder aufeinander ein, und der Draht selbst wird bewegt. Diese Ablenkung oder Auslenkung erfolgt senkrecht zu den permanenten Feldlinien und senkrecht zum Stromfluß. Je nach der Stromrichtung wird der Draht in Abb. 42 nach vorn ausgelenkt, wie durch den Pfeil gekennzeichnet, oder nach hinten. Im Elektrohandwerk kennt man hierfür die sogenannte Dreifingerregel. Spreizt man Daumen, Zeigefinger und Mittelfinger so auseinander, daß sie etwa rechte Winkel bilden, also so wie die Seitenkanten eines Würfels an der Ecke verlaufen, dann kann man, wenn man zwei Fingern die Richtung der Magnetfelder zuordnet, aus der Richtung des dritten Fingers die Bewegung ablesen. Uns interessiert hier jedoch nur die Grundtatsache.

Der gleiche Effekt, nämlich die Ablenkung eines Leiters im Magnetfeld, ergibt sich, wenn man den Elektronenstrom nicht in einem festen Leiter, also im Kupferdraht fließen läßt, sondern als Elektronenstrahl im luftleer gepumpten Glaskolben einer Fernsehbildröhre. Das Magnetfeld wird in diesem Fall durch einen Elektromagneten, nämlich durch die Ablenkspulensätze auf dem Röhrenhals gebildet.

Dieses Magnetfeld ändert sich nach Stärke und Richtung bei jedem Zeilenablauf, so daß der Elektronenstrahl vom rechten bis zum linken

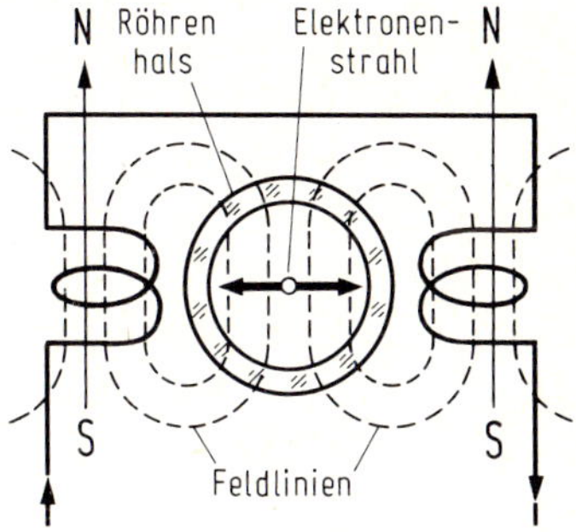


Abb. 46. Ablenkung des Elektronenstrahls in einer Fernsehbildröhre

Bildrand geführt bzw. abgelenkt wird. Magnetfeld und Elektronenstrom bewirken also auch hier eine Bewegung, nämlich die des Elektronenstrahles *(Abb. 46)*.

*Im Magnetfeld steckt Energie*

Aus allen diesen Überlegungen ergibt sich immer wieder, daß im Magnetfeld eine Energie steckt, deren Kraft die Bewegungen bewirkt. Beim Einschalten eines Elektromagneten muß dieses Kraftfeld jeweils durch den fließenden Strom erst aufgebaut werden. Das erfordert eine gewisse Zeit, besonders wenn der Elektromagnet aus einer Spule mit vielen Windungen und einem hochwirksamen Eisenkern besteht. Ist das Feld aufgebaut und schaltet man dann den Strom aus, dann bricht auch das Magnetfeld wieder zusammen. Die darin steckende magnetische Energie wird frei und wieder in eine elektrische Spannung zurückverwandelt. Man sagt: Das sich ändernde Magnetfeld *induziert* eine Spannung in der Wicklung. Für die Höhe dieser Spannung hat man ein Gesetz aufgestellt. Es lautet:

$$e = -L \cdot \frac{di}{dt}$$

Darin ist e die Spannung in Volt. L bezeichnet die Eigenschaften der Spule. Je mehr Windungen sie hat, desto größer ist der Wert L. Die Buchstaben d stehen für *D*ifferenz. di ist die Stromdifferenz oder Stromänderung, die während der kurzen Zeitdifferenz dt auftritt, also der Zeit, die das Ausschalten des Stromes nur dauert. Da hierbei vom vollen Stromwert auf Null herunter geschaltet wird, ist diese Stromänderung sehr groß. Dagegen ist der Wert dt, also, vereinfacht, die Ausschaltzeit, sehr gering. Das ergibt einen recht großen Gesamtwert für den Bruch

Kleine Ursachen — große Wirkungen

di/dt und damit auch einen hohen Spannungsstoß e beim Abschalten. Diese Spannung ist mitunter weit höher als die ursprüngliche Spannung, die zum Aufbau des Magnetfeldes diente. Beim Aufgehen des Schaltkontaktes zieht man dann am Schalter einen Funken, der viel länger ist, als es der Speisespannung entspricht. Diese Funken beim Auftrennen eines Spulenstromkreises können zu erheblichen Empfangsstörungen bei Rundfunk- und Fernsehempfängern führen und müssen durch geeignete Schaltmaßnahmen verhindert werden.

Wie kann man sich nun diese zunächst schwer verständliche Erscheinung klarmachen, daß durch plötzliches Freiwerden der im Magnetfeld enthaltenen Energie eine Spannung entsteht, die weit höher ist als die ursprünglich zum Feldaufbau verwendete Speisespannung?

Dazu folgende Analogie: Man stelle sich eine schwere nach beiden Seiten aufgehende Flügeltür vor. Diese Tür wird von einem kleinen Jungen (kleine Spannung) mühselig aufgemacht, indem er sich dagegenstemmt und sie langsam vor sich heraufschiebt. Er speichert dadurch seine bescheidene Kraft gewissermaßen in diese Flügeltür hinein. Sie besitzt nun ein „Kraftfeld".

Läßt das Kind nun die offene Tür plötzlich los (d. h. der bisher wirksame Kraftstrom wird plötzlich abgeschaltet), dann schwingt die Tür mit großer Schnelligkeit und Gewalt zurück, schwingt sogar über die Ruhelage hinaus und knallt vielleicht dem folgenden Passanten, einem großen Kerl, so vor die Stirn, daß er buchstäblich Funken spritzen sieht. Je größer die Masse der Tür ist, desto stärker ist der Effekt. Der kleine Junge allein hätte nie dem großen Kerl einen solchen Schlag versetzen können. Das ist die Gleichung:

$$e = -L \cdot \frac{di}{dt}$$

e ist die große „Spannung", die durch das plötzliche Loslassen der Tür innerhalb der kurzen Zeitdifferenz dt entsteht. L, der Spulenwert im Falle des Stromkreises, entspricht der Masse der Tür. Je höher L bzw. je schwerer die Tür ist, desto größer ist der Effekt bzw. die entstehende Induktionsspannung. Sogar das Minuszeichen stimmt, denn die Tür schwingt dabei über ihre Ruhelage hinaus nach der anderen Seite aus.

Übrigens lassen sich noch andere mechanische Vergleiche für die zunächst so verblüffende elektrische Formel finden, daß eine plötzlich freigesetzte Energie eine „sehr hohe Spannung" ergibt. Im späten Mittelalter kam die Armbrust als Schußwaffe auf. Bei ihr wurde mit einem Kurbelgetriebe der äußerst kräftige Bogen gespannt, den der Schütze sonst kaum hätte bewegen können. Diese langsam über das Drehen der Kurbel eingespeicherte Energie wurde nun plötzlich, also in ganz kurzer Zeit dt durch Betätigen des Abzugshahnes freigesetzt. Der Schußbolzen erlangte dadurch eine so hohe Geschwindigkeit und Reichweite (hohe Abschaltspannung), daß er sogar die Ritterrüstungen der damaligen Zeit durchschlagen konnte. Manche Leute glaubten damals hoffnungsvoll, daß durch eine so weitreichende panzerbrechende Waffe Kriege künftig unmöglich würden. Sie hatten sich geirrt . . .

Doch nun zurück zur Elektronik und nochmals zur Fernsehbildröhre. Man schickt bei ihr durch die Ablenkspulen sich relativ langsam ändernde Ströme. Sie bauen die Magnetfelder auf, die den Elektronenstrahl ablenken und damit den Leuchtfleck zeilenweise über den Bildschirm führen. Am Ende der Zeile muß aber der Strom in einer sehr kurzen Zeit d*t* umgeschaltet werden, um den Elektronenstrahl schnellstens wieder auf den Anfang der nächsten Zeile zurückzubringen. Bei dem dazu notwendigen elektronischen Abschaltvorgang treten ebenfalls Induktionsspannungen, und zwar in der Größenordnung von einigen tausend Volt auf, obgleich sonst im Gerät weit niedrigere Betriebsspannungen herrschen. Hier sind aber diese hohen Rücklaufspannungen sogar recht willkommen, man erzeugt daraus nämlich die zum Betrieb der Bildröhre notwendige Anodenspannung von 15...25 kV.

Auch die Zündfunkenerzeugung beim Automobilmotor beruht auf solchen Abschalteffekten durch den Unterbrecherkontakt!

*Rotierende Spule — wechselnde Spannung*

„Spulenbewegung im Magnetfeld gibt Strom", hatten wir als Grundsatz erkannt. Bei den Versuchen mit der hin- und herbewegten Lautsprecherspule kann man zwei Erscheinungen beobachten:

1. Drückt man langsam auf die Membran, dann ergibt sich nur ein kleiner Stromstoß. Tupft man sehr schnell darauf, dann ist der Stromstoß beträchtlich größer.

2. Beim Hineindrücken wird ein Stromstoß in der einen Richtung und beim Loslassen der Membran ein Stromstoß in der anderen Richtung erzeugt.

Aus der Beobachtung Nummer 1 läßt sich leicht erkennen: Die entstehende Spannung ist um so größer, je kürzer die Zeit oder die Zeitdifferenz dt ist, in der die Lage der Spule geändert wird. Das bedeutet eine Verwandtschaft zu dem bereits gefundenen Gesetz

$$e = -L \cdot \frac{di}{dt}$$

Dies ergibt eine hohe Spannung e, *wenn der Strom* i *in einer sehr kurzen Zeit* dt *geändert wird.*

Beim Bewegen der Spule im Magnetfeld ergibt sich eine hohe Spannung e, *wenn die Lage der Spule in einer sehr kurzen Zeit* dt *geändert wird.* Die Lage der Spule im Magnetfeld ändern heißt aber, daß die Spule durch magnetische Feldlinien hindurchgeführt wird. Man sagt, sie schneidet die Feldlinien. Statt Spulenbewegung kann man also auch sagen: Die Feldlinienänderung oder die Magnetflußänderung ergibt eine Spannung an der Spule.

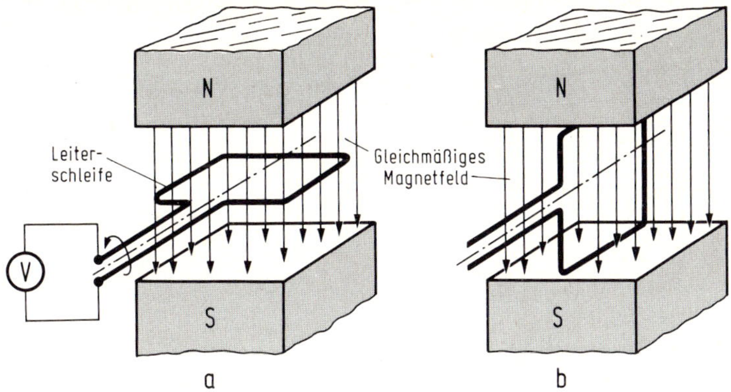


Abb. 47. Drehen einer Leiterschleife in einem gleichmäßigen Magnetfeld

Doch nun zu der zweiten Erscheinung. Beim Hin- und Herbewegen der Spule ergeben sich jeweils Stromstöße in verschiedener Richtung. Das ist die natürliche Umkehrung des in Abb. 45 auf Seite 64 besprochenen Vorganges. Wechsel der Stromrichtung im Leiter ergab dort Auslenkung in der einen oder anderen Richtung. Hier ergibt die Spulenauslenkung in der einen oder anderen Richtung Ströme in unterschiedlicher Richtung.

Will man technische Ströme durch Bewegen von Spulen in Magnetfeldern gewinnen, dann ist es vorteilhaft, nicht wie beim Lautsprecher-Experiment die Spule axial hin- und herzuschieben, sondern sie im Magnetfeld rotieren zu lassen. *Abb. 47* zeigt das Prinzip schematisch für eine Spule mit einer einzigen Windung. Man stelle sich vor, sie würde mit einer Kurbel gedreht. Die Spulenenden führen zu Schleifkontakten, an denen die entstehende Spannung gemessen werden kann. Je nach der Winkelstellung der Spule geht, wie gerade in Abb. 47a dargestellt, eine große Zahl von magnetischen Kraftlinien durch die Windung hindurch, oder aber, wie in Teilbild 47b, es verlaufen keine Kraftlinien durch den Spulenquerschnitt.

Man bezeichnet den Magnetfluß, also die Summe der Kraftlinien eines Magnetfeldes, mit dem großen griechischen Buchstaben $\Phi$ (gesprochen Phi). Beim Rotieren der Spule ändert sich demnach ständig die Kraftlinienzahl im Spulenquerschnitt. Es tritt eine Kraftlinienänderung oder, zwischen zwei eng benachbarten Winkelstellungen, eine Flußänderung $d\Phi$ auf, und zwar in der Zeitdifferenz $dt$, die man braucht, um die Spule um diesen kleinen Winkel zu bewegen. Physikalisch ergibt sich dafür die Gleichung

$$e = -N \cdot \frac{d\Phi}{dt}$$

Darin ist N die Windungszahl der Spule, und man erkennt gut die Verwandtschaft zu der Formel

$$e = -L \cdot \frac{di}{dt}$$

Ändert man den Magnetfluß um $d\Phi$ (nämlich durch Bewegen der Spule), dann gibt's eine Spannung; ändert man bei einer stromdurchflossenen Spule die Stromstärke um einen Wert $dt$ (oder schaltet man den Strom gänzlich ab), dann entsteht ebenfalls eine Spannung in dieser Spulenwicklung. In beiden Fällen hängt die Höhe der Spannung von der

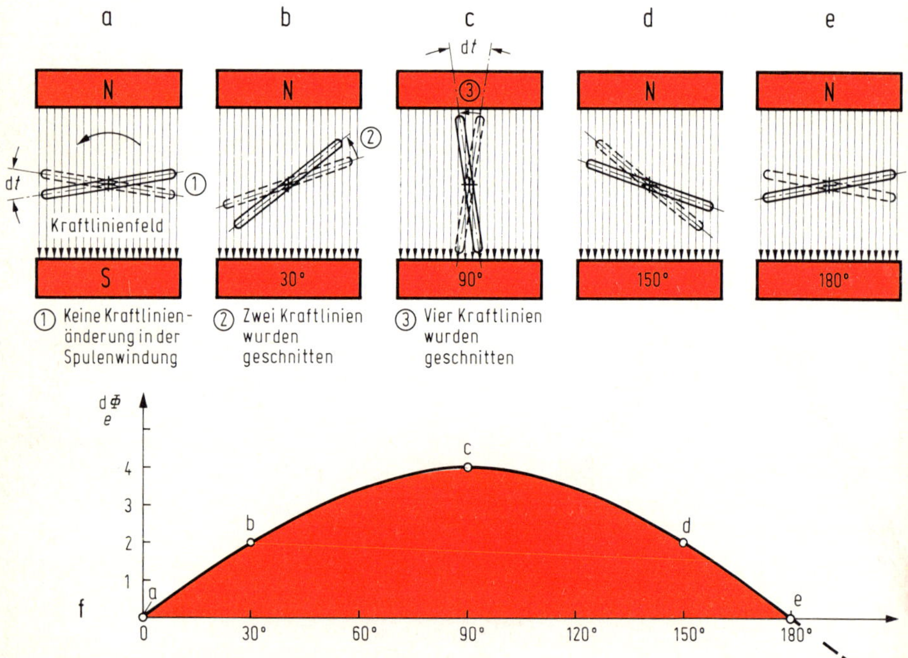


Abb. 48. Entstehen der verschieden hohen Momentanspannungen für die kleine Winkeländerung dt in den verschiedenen Stellungen der Leiterschleife

Zeit dt und von den Eigenschaften der Spule ab. Bei der Windungszahlangabe N ist dies ganz klar. Je mehr Windungen — desto höher die Spannung, denn die in den Windungen erzeugten Teilspannungen liegen in Reihe und addieren sich.

Anschaulicher als die Magnetflußänderung $d\Phi$ bei der rotierenden Spule ist aber die Zahl der jeweils geschnittenen Kraftlinien. Hierzu *Abb. 48.* In den Teilbildern sind verschiedene Stellungen der Spulenwindung von Abb. 47 im Magnetfeld dargestellt. Die Wicklung dreht sich dabei mit gleichbleibender Geschwindigkeit entgegen dem Uhrzeigersinn.

In Abb. 48a steht die Spule annähernd senkrecht zu den magnetischen Kraftlinien und ist gerade um einen kleinen Winkel gedreht worden. Anstelle des Winkelmaßes ist die Zeitdifferenz dt eingetragen, in der diese kleine Bewegung erfolgte. Man erkennt, daß während dieser Zeit die in die Zeichenebene hineinführenden Drahtstücke der Spule keine Kraftlinie „geschnitten" haben, sondern auf ein und derselben Kraftlinie entlanggeglitten sind. Es ergibt sich somit keine Magnetfeldänderung $d\Phi$, also konnte auch keine Spannung entstehen.

In Abb. 48b ist die Spule um rund 30° weitergewandert. Bei derselben kleinen Winkel- bzw. Zeitdifferenz dt in dieser Gegend schneiden die äußeren Drahtstücke der Spule jeweils zwei Kraftlinien. Diese Flußänderung $d\Phi = 2$ möge eine Spannung $e = 2$ mV bewirken.

Dreht man die Spule nach Abb. 48c um rund 90° vom Ausgangspunkt aus weiter, dann schneidet sie bei der kleinen Änderung dt sogar vier Kraftlinien und ergibt eine Spannung $e = 4$ mV.

Beim Weiterdrehen bis auf 150° bzw. 180° nach Abb. 48d und 48e nimmt die Zahl der geschnittenen Kraftlinien dann wieder auf 2 und 0 ab.

Trägt man die gefundenen Punkte in ein Winkel- oder Zeitdiagramm ein, dann erhält man einen Kurvenverlauf nach Abb. 48f. Würde man die Spule im gleichen Sinn weiterdrehen, dann ergäbe sich ein ähnliches Kurvenstück im negativen Gebiet. Die erzeugte Spannung polt sich um, weil das vorher am Nordpol vorbeigedrehte Drahtstück nun am Südpol entlanggeführt wird.

Ein solcher Kurvenverlauf folgt einer mathematischen Funktion; sie wird Sinuskurve genannt. *Abb. 49* zeigt das Entstehen einer solchen Kurve nach den Gesetzen der Mathematik. In einem Kreis mit dem Radius $r = 1$ läßt man einen Zeiger gleichmäßig herumwandern. Das Lot $\alpha$ von der Spitze dieses Zeigers auf die Grundlinie gehört also stets

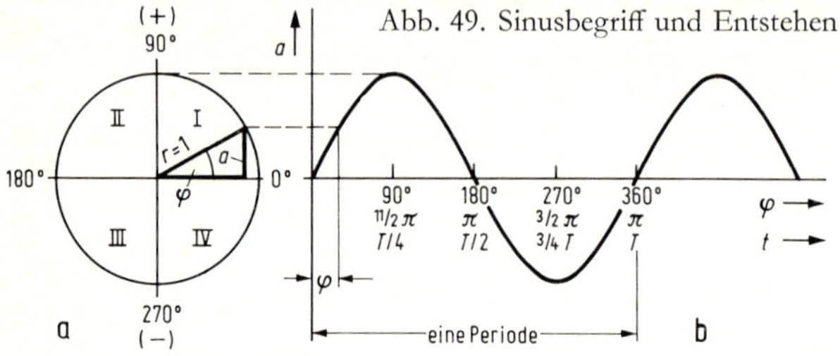


Abb. 49. Sinusbegriff und Entstehen der Sinusschwingung

zu einem ganz bestimmten Winkel $\varphi$[1]). Der Mathematiker sagt, es entspricht dem Sinus des Winkels. Überträgt man die Werte für $\alpha$ aus dem Kreisdiagramm Abb. 49 in das Liniendiagramm Abb. 49b und verbindet die Punkte, dann ergibt sich die charakteristische Sinuskurve[2]). Eine Umdrehung von 360° oder um $2\,\pi$ ergibt eine volle Sinusschwingung oder eine Periode. Die Zahl der Perioden je Sekunde entspricht der Frequenz einer solchen Wechselspannung:

$$f = \frac{\text{Zahl der Schwingungen}}{\text{Sekunde}}$$

Maßeinheit $\frac{1}{s}$, Bezeichnung Hertz (Hz)

Während einer Umdrehung legt die Zeigerspitze im Kreisdiagramm den Weg $2\,\pi$ zurück. Innerhalb einer Sekunde dreht sie sich f-mal, und der gesamte Drehwinkel beträgt dann $2\,\pi\,f$. Diesen Wert nennt man die Winkelgeschwindigkeit oder Kreisfrequenz $\omega$ (omega):

$$\omega = 2\,\pi\,f$$

Die Zeit für eine Schwingungsperiode ist die Periodendauer T. In einer Sekunde werden f Perioden durchlaufen, d. h.

$$T \cdot f = 1\,s \qquad f = \frac{1}{T} \qquad T = \frac{1}{f}$$

Mit Rücksicht auf andere Schwingungsformen (Rechteckschwingungen, Impulsreihen, Sägezahnschwingungen) wird die waagerechte Achse in diesem Liniendiagramm vorzugsweise mit t = Zeit bezeichnet, weil dies auch für nichtsinusförmige Schwingungen paßt.

[1]) Kleiner griechischer Buchstabe $\varphi$, ebenfalls gesprochen phi.

[2]) Sinus (lateinisch) = Rundung, Krümmung, Busen, Bucht.

Die mathematischen Gesetzmäßigkeiten der Sinuskurve wurden viele hundert Jahre früher formuliert, lange bevor man die Zusammenhänge zwischen Magnetfeld, Bewegung und Strom überhaupt nur ahnen konnte. Dies zeigt, daß Elektrotechnik und Elektronik kein so spezielles Gebiet der Naturwissenschaft darstellen, sondern daß sich alles in einen großen harmonischen Rahmen einfügen läßt.

Eine sinusförmig verlaufende Spannung ergibt in ihren Scheitelwerten die größte Leistung. Geht die Kurve durch Null, dann ist auch die Leistung Null. Von den möglichen Phasenverschiebungen zwischen Strom und Spannung sei hier zunächst noch abgesehen. Genau die gleichen physikalischen Gesetze gelten aber auch für andere Drehbewegungen. Bei einem Einzylinder-Benzinmotor liefert die Kurbelwelle die größte Leistung, wenn der Kolben seinen Arbeitshub macht und etwa den halben Weg (= 90° Kurbelwellenwinkel) zurückgelegt hat. Am oberen und unteren Totpunkt kehrt sich die Kolbenbewegung um (Sinuskurve geht 0° bzw. 180°), die Leistung ist Null.

Selbst eine so simple Kraftmaschine wie das Fahrrad kann man auf die Mathematik der Sinuskurve zurückführen. Stehen die Tretkurbeln genau oben und unten, dann bedeutet dies die Winkel 0° und 180° einer Sinuskurve. Ohne Schwung bekommt man so die Karre nicht in Gang, wenn man sich auf das Pedal stellt. Dreht man aber die Pedale so, daß die Pedalkurbeln parallel zum Erdboden stehen, also um 90° gegenüber der vorher erwähnten Stellung gedreht, und tritt dann auf das abwärts drehende Pedal, dann ergibt sich die größte Leistung!

Beim Kurbelwinkel 90° am Fahrrad ergibt sich die größte Antriebsleistung. In den Kurbelstellungen 0° und 180° ist die Leistung Null

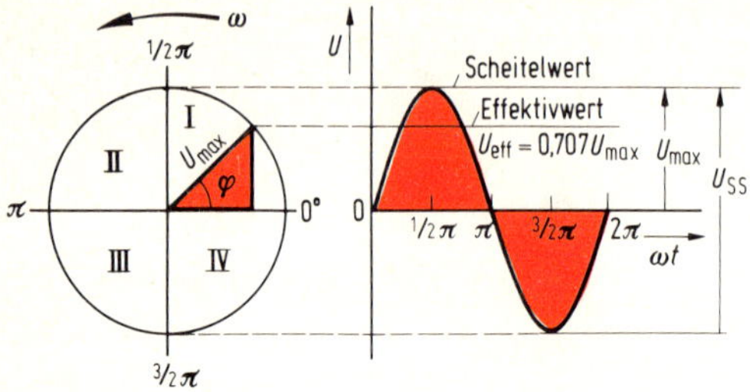


Abb. 50. Kenngrößen der Sinuskurve

Doch zurück zur Elektrotechnik. Die Abb. 48 und 49 zeigen das Entstehen einer Wechselspannung durch Rotieren einer Spule in einem Magnetfeld. Dieses Prinzip der Stromerzeugung ist die Grundlage der Elektrizitätswirtschaft. Selbst in kleinen Bereichen wird es ausgenutzt. Jeder Fahrraddynamo und jede Lichtmaschine im Auto beruhen auf diesem Prinzip.

Um einige Begriffe kommt man nicht herum, wenn man mit sinusförmigen Wechselspannungen zu tun hat. Hierzu *Abb. 50.*

1. Maximalwert, *Scheitelwert* oder Amplitude; Formelzeichen: $U_{max}$, $I_{max}$ (auch U, I, û, î).

2. *Effektivwert.* Er charakterisiert die mittlere Wirkung einer Wechselspannung oder eines Wechselstroms, z. B. beim Erwärmen eines stromdurchflossenen Widerstandes:

$$I_{eff} = \frac{I_{max}}{\sqrt{2}} = 0{,}707\, I_{max} \qquad ^{1)}$$

Meist läßt man den Index „eff" weg und schreibt z. B. für die Lichtnetzspannung:

$$U = \frac{U_{max}}{\sqrt{2}} = 220\ \text{V}$$

Der Scheitelwert beträgt dann

$$U_{max} = U\sqrt{2} = 220\ \text{V} \cdot \sqrt{2} = 311\ \text{V}$$

[1]) $\sqrt{2}$, gesprochen „Wurzel aus zwei" ist ein mathematischer Begriff. Zahlenmäßig gilt: $\sqrt{2} = 1{,}41 \quad \frac{1}{\sqrt{2}} = 0{,}707$

Abb. 51. Hochtransformieren einer Wechselspannung

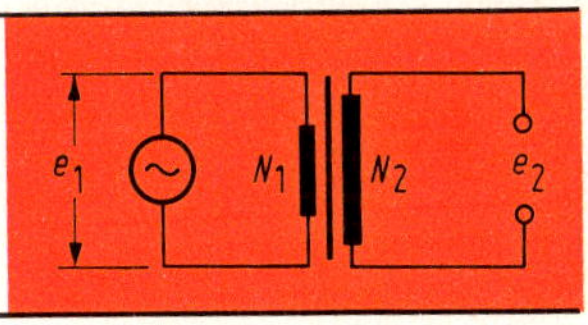


3. *Augenblickswert* oder Momentanwert zu den einzelnen Zeitpunkten der Sinuskurve; Formelzeichen: u, i oder auch $u_\sim$, $i_\sim$. Vielfach benutzt man aber auch nur u und i für Wechselspannungswerte und U, I für Gleichspannungswerte, besonders wenn in einem System beide Spannungsarten vorkommen.

4. *Spitze-zu-Spitze-Wert.* Dies ist der Abstand zwischen positivem und negativem Scheitelwert. Er wird gekennzeichnet durch die Indexbuchstaben ss, z. B. $U_{ss}$ in Bild, oder auch durch pp, z. B. $i_{pp}$ in der englischen Fachliteratur (pp = Abkürzung von peak — peak = Spitze zu Spitze).

*Wechselspannungen lassen sich transformieren*

Legt man nach *Abb. 51* eine vorhandene Wechselspannung an eine Spule mit Eisenkern, also an einen Elektromagneten, dann entsteht dort ein magnetisches Wechselfeld. Eine zweite Wicklung oder Sekundärwicklung auf diesem Spulenkern liegt nun ständig in diesem sich ändernden magnetischen Feld. Die Feldänderungen $d\Phi$ erzeugen daher in dieser zweiten Wicklung wieder eine Spannung. Dafür gilt:

$$e_2 = N_2 \cdot \frac{d\Phi}{dt}$$

Macht man die Windungszahl $N_2$ doppelt so groß wie die der Eingangsspule oder Primärspule mit der Windungszahl $N_1$, dann wird auch die Spannung doppelt so hoch. Auch für diese Tatsachen lassen sich manche Vergleiche aus der Mechanik und Physik anführen, z. B. zweiarmige Hebel oder Zahnradgetriebe.

# Wirbelströme

Bei einem Transformator werden nicht nur in der Sekundärwicklung Spannungen induziert, sondern auch im Eisenkern des Transformators selbst. In einem Kern aus massivem Metall würden diese Spannungen ringförmige Wechselströme oder Wirbelströme verursachen. Da ein massiver Kern nur einen geringen Widerstandswert aufweist, wären die Ströme sehr groß. Sie würden das Eisen stark erwärmen und große Verluste verursachen.

Deshalb baut man den Eisenkern von Netz- und Tonfrequenztransformatoren aus dünnen, durch Papier-, Lack- und Oxidschichten voneinander isolierten Blechen auf. Dadurch werden die Wirbelstrombahnen weitgehend unterbunden, und die Verluste werden herabgesetzt. Außerdem legiert man die Bleche mit Silizium. Dies erhöht ihren Widerstandswert und verringert weiterhin die Verluste durch Wirbelströme.

Die Energieverluste wachsen mit der Frequenz der zu transformierenden Wechselspannung, denn in jeder Halbwelle werden im Magnetkern erneut Ströme erzeugt. Je höher die Frequenz ist, desto feiner muß der Kern unterteilt werden, damit sich keine größeren energiefressenden Stromwirbel ausbilden können. Für die Spulen und Hochfrequenztransformatoren in der Nachrichtentechnik sowie in Rundfunk- und Fernsehempfängern verwendet man deshalb entweder *Massekerne* aus feinstem pulverförmigem Eisen, bei denen die einzelnen Partikel durch einen Kunstharzlack voneinander isoliert sind, oder *Ferritkerne*. Diese bestehen aus feinpulverisierten, zusammengesinterten, nichtleitenden Eisenoxidverbindungen. Ferritkerne werden auch für Tonköpfe von Tonbandgeräten, für Ferritantennen sowie in Form kleiner Ferritringe für Magnetkernspeicher in elektronischen Datenverarbeitungsanlagen verwendet.

Wirbelströme dienen aber auch zu nützlichen Zwecken, nämlich zur induktiven Erwärmung von Metallen in Induktionsöfen. Man erzeugt im Innern des Ofens ein sehr starkes magnetisches Wechselfeld. In dem in den Ofen eingebrachten Metall entstehen dann so starke Wirbelströme und es entwickelt sich eine so hohe Wärme, daß das Metall bis zum Glühen oder Schmelzen aufgeheizt werden kann.

Ferner arbeiten fast alle Elektrizitätszähler nach einem Wirbelstromprinzip. Lichtnetzspannung und der dem Lichtnetz entnommene Verbraucherstrom erzeugen über Spulenwicklungen, also über Elektromagnete, Wirbelströme in einer leicht drehbaren Aluminiumscheibe. Strom und Magnetfeld ergeben Bewegung, die Scheibe dreht sich, und zwar um so schneller, je mehr Strom verbraucht wird. Durch einen Blick auf die üblichen Haushalts-Elektrizitätszähler kann man sich leicht davon überzeugen.

## Vom Zündfunken zum Magnetband

Eine den nachdenklichen Beobachter immer wieder verblüffende Erscheinung ist die bereits erwähnte Zündanlage im Kraftwagen. Aus einer 12-V-Batterie erzeugt sie Zündfunken von 25000 V, nur durch geschickte Ausnutzung der Induktionsgesetze.

*Abb. 52* zeigt das Prinzip. Der von der Nockenwelle des Motors gesteuerte Unterbrecherkontakt reißt — bei einem Vierzylindermotor — bei jeder Umdrehung viermal den Primärstromkreis auf. Allein dadurch entsteht infolge der auftretenden Stromänderung di nach der Gleichung

$$e = -L \cdot \frac{di}{dt}$$

eine hohe Spannung in der Primärwicklung $N_1$ der Zündspule. Diese Spannung bewirkt ein magnetisches Wechselfeld. Die Sekundärwicklung hat eine bedeutend höhere Windungszahl. Durch Hochtransformieren entstehen nun in dieser Sekundärwicklung entsprechend der Beziehung

$$e_2 = -N_2 \cdot \frac{d\Phi}{dt}$$

Spannungsimpulse von jeweils 25000 V. Der ebenfalls nockenwellengesteuerte Zündverteiler legt der Reihe nach je einen solchen Spannungsimpuls an die Zündkerzen in den Zylindern.

Abb. 52. Zündanlage

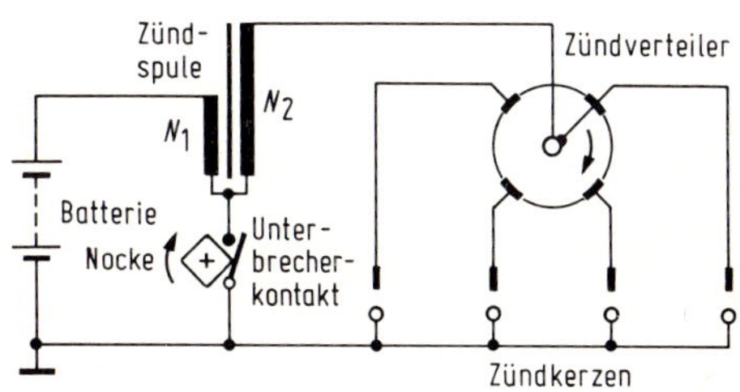

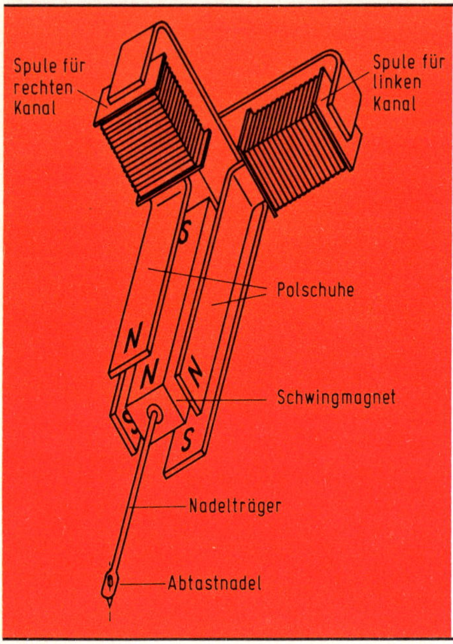


Abb. 53. Dynamischer Stereo-Tonabnehmer

Das sieht zwar alles nach reiner Elektromechanik aus, aber der recht stark beanspruchte Unterbrecherkontakt wird in der neueren Technik immer mehr durch elektronische Schalter wie Transistoren oder Thyristoren ersetzt. Deswegen sollte man die Funktion der Schaltung kennen.

In der Unterhaltungselektronik werden die Beziehungen zwischen Magnetfeld, mechanischer Bewegung und elektrischem Strom in vielfältiger Weise ausgenutzt. Den Lautsprecher haben wir bereits mehrmals erwähnt und ihn als reinen Stromerzeuger mißbraucht. Sein eigentlicher Zweck ist natürlich, elektrische Wechselströme in mechanische Membranbewegungen umzuwandeln, die dann wiederum Schallwellen erzeugen.

Umformer von mechanischer Bewegung in elektrische Spannungen sind das dynamische Mikrofon und der dynamische Tonabnehmer. Beim Stereo-Tonabnehmer *(Abb. 53)* sind die Verhältnisse besonders verzwickt. Er soll nämlich zwei verschiedene Spannungen für den rechten und für den linken Kanal liefern. Der Nadelträger sitzt in der Verlängerung eines am anderen Ende elastisch befestigten Permanentmagneten. Das vierpolige Magnetsystem besitzt zwei getrennte Spulenwicklungen. Je nachdem, ob der Nadelträger nach oben und unten oder von rechts nach

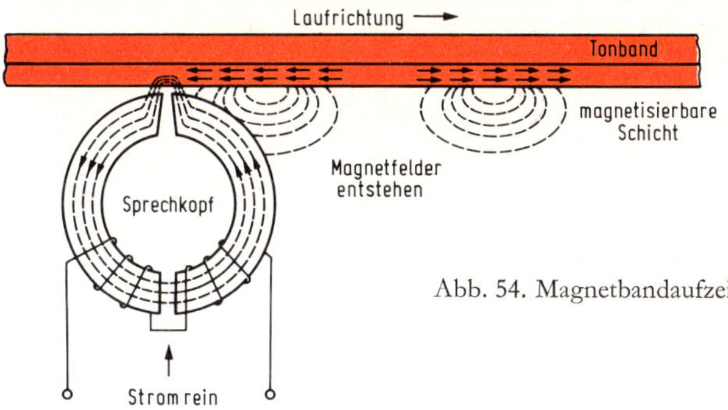


Abb. 54. Magnetbandaufzeichnung

links ausgelenkt wird, schwingt der Anker in der einen oder anderen Richtung und erzeugt in der zugehörigen Spulenwicklung die entsprechende Tonfrequenzspannung, d. h.:

**Magnetfeldänderung liefert Spannung.**

Bei Magnettongeräten werden beim Aufzeichnen nach *Abb. 54* die Tonfrequenzströme dem Sprechkopf, einem ringförmigen Elektromagneten mit einem offenen „Luftspalt", zugeführt. Vor diesem Luftspalt, aus dem die magnetischen Kraftlinien austreten, bewegt sich das Magnetband, ein Kunststoff-Folienband mit mikrofeinen magnetisierbaren ferroelektrischen Oxidverbindungen. Die austretenden Feldlinien magnetisieren diese Schicht. Jede einzelne Partikel wirkt dann wie ein winziger Permanentmagnet, dessen Feldstärke und dessen Polung ein Abbild der Steuerspannung ist, d. h.:

**Strom magnetisiert Ferroelektrikum.**

Beim Abtasten wird das magnetisierte Band nach *Abb. 55* am ähnlich aufgebauten Hörkopf vorbeigeführt. Die aus dem Band austretenden magnetischen Feldlinien werden vom Eisenkern des Kopfes aufgenommen. Die Magnetfelder bewirken nach dem Induktionsgesetz tonfrequente Spannungen in der Spule, d. h.: Magnetfelder liefern Spannung.

*Elektrodynamischer Beschleunigungsmesser*

Doch nun noch ein Beispiel aus der industriellen Elektronik. *Abb. 56* stellt das Prinzip eines elektrodynamischen Beschleunigungsmessers dar. Der Aufbau ähnelt dem Schwingsystem eines elektrodynamischen Laut-

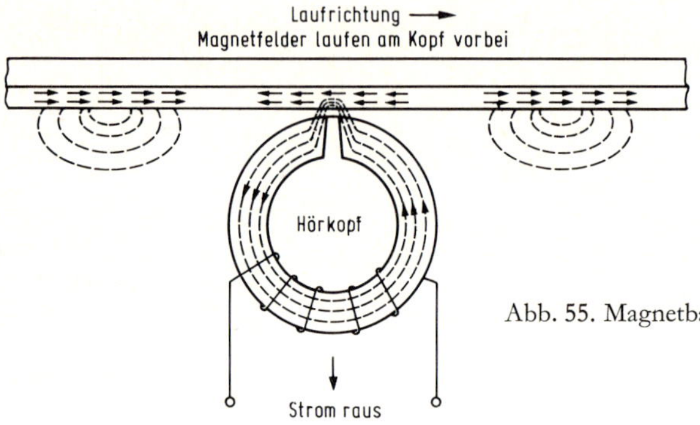


Abb. 55. Magnetbandabtastung

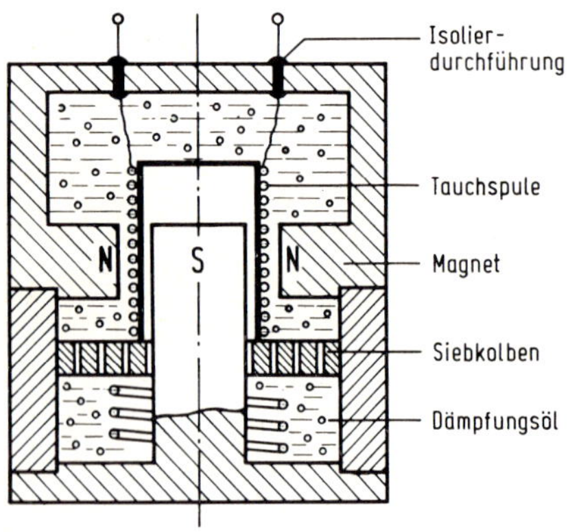


Abb. 56. Elektrodynamischer Beschleunigungsmesser

sprechers, aber hier wird nicht Strom in Bewegung, sondern Bewegung in Strom umgesetzt. Der untere Teil des Systems besteht aus einem permanenten Topfmagneten. Der Kern ist mit S = Südpol und die ringförmige Gegenplatte mit N = Nordpol gekennzeichnet. Im Luftspalt kann eine Tauchspule schwingen. Sie wird jedoch nicht durch eine Membran, sondern durch die unten sichtbare Schraubenfeder in ihrer Ruhestellung gehalten. An der Spule ist außerdem ein durchlochter Kolben (Siebkolben) befestigt. Das gesamte System ist mit Öl gefüllt, um die Bewegungen der Spule zu dämpfen.

Die Anordnung dient als Beschleunigungsmesser. Wird das System in Achsrichtung bewegt, z. B. beim Anfahren oder Abbremsen eines Wagens, dann bleibt die Tauchspule mit dem Siebkolben infolge ihrer Trägheit

Abb. 57. Prinzip des magnetischen Durchflußmessers; $U_S$ = Speisespannung des Elektromagneten, $U_M$ = im Meßquerschnitt bei „bewegtem Leiter“ induzierte Spannung

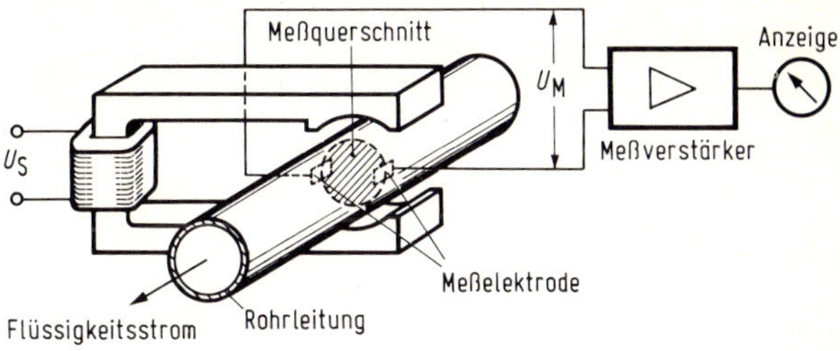


zunächst etwas zurück. Sie bewegt sich also gegenüber dem Magnetfeld. Magnetfeld plus Bewegung ergibt aber eine Spannung. Der Weg des Kolbens ist proportional der Beschleunigung. Dadurch stellt die erzeugte Spannung ein Maß für das schnelle Anfahren oder kräftige Abbremsen dar.

Beim Bewegen der Spule muß das Dämpfungsöl durch die Löcher gepreßt werden. Es dämpft die Bewegung um so mehr, je größer die Geschwindigkeit ist. Dies ist für das Messen von Beschleunigungen physikalisch notwendig, soll hier jedoch nicht weiter erörtert werden. Elementar kann man sich vorstellen, daß durch die Dämpfung das Überschwingen und Pendeln der Tauchspule nach ruckartigem Anfahren oder schnellem Bremsen vermieden werden soll.

*Magnetischer Durchflußmesser*

Eine neuere, sehr bemerkenswerte Anwendung des Induktionsgesetzes stellt der magnetische Durchflußmesser dar. Er dient dazu, durch ein Rohr strömende Flüssigkeitsmengen rein elektronisch zu messen. *Abb. 57* erläutert das Prinzip. Die Rohrleitung besteht an der Meßstelle aus Isoliermaterial. Ein Elektromagnet erzeugt ein kräftiges Magnetfeld im Rohrquerschnitt. An der Innenwand des Rohres sind zwei gegenüberliegende Meßelektroden angeordnet. Sie führen zu einem elektronischen Verstärker und einem Anzeigesystem.

Strömt nun eine leitende Flüssigkeit durch das Rohr, dann hat dies die gleiche Wirkung, als wenn ein Leitungsdraht durch das Magnetfeld hindurchgeführt würde. Die Anordnung stellt eine Umkehrung des Prinzips von Abb. 42 dar. Da die Verbindungslinie der Abtastelektroden sowohl senkrecht zu den Kraftlinien als auch senkrecht zum sich bewegenden Leiter, nämlich dem Flüssigkeitsstrom, verläuft, entsteht zwischen den Elektroden eine Spannung. Sie ist um so höher, je schneller die Bewegung ist, also je mehr Flüssigkeit in einer bestimmten Zeit durch das Rohr fließt. Das Anzeigesystem kann daher in Durchflußmengen geeicht werden.

Ein solcher magnetischer Durchflußmesser hat gegenüber mechanischen Meßeinrichtungen, wie z. B. einem Flügelrad, den Vorteil, daß der Rohrquerschnitt nicht verengt wird. Ferner können damit ohne Schwierigkeiten auch aggressive Flüssigkeiten, z. B. Säuren, gemessen werden oder Flüssigkeiten, die feste Beimengungen enthalten.

Damit sei das Kapitel Magnetfeld, Bewegung und elektrischer Strom abgeschlossen. Es sollte zeigen, daß die klassischen Elektrizitätsgesetze in großem Umfang auch in der neuzeitlichen Elektronik zur Geltung kommen.

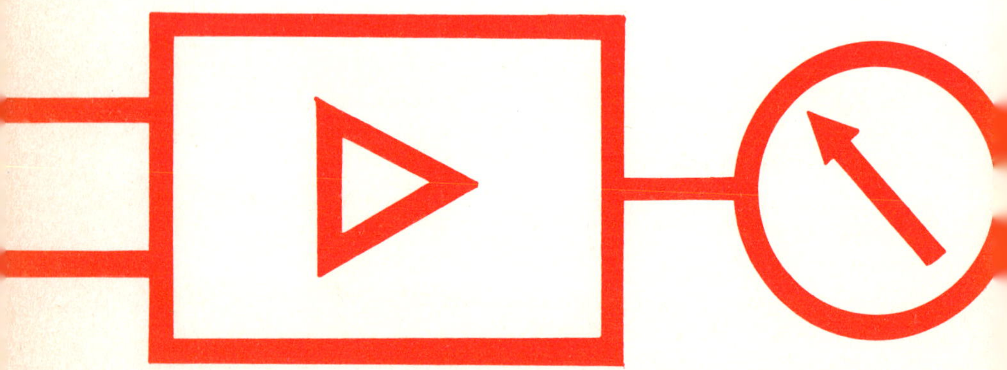

# 5 Gleichstrom und Ohmsches Gesetz

## Strom und Stromdichte

*Abb. 58* zeigt einen im wahrsten Sinne des Wortes „einleuchtenden“ Stromkreis, wie er bei Taschenlampen und Autoscheinwerfern zu finden ist. Die Glühlampe La ist über einen Schalter S an die Batterie mit der Spannung U angeschlossen. Wird der Schalter S eingeschaltet, dann fließt ein Strom I, und die Lampe leuchtet. Betrachten wir zunächst nur den dabei in den Zuleitungsdrähten fließenden Strom I.

Ein durch metallische Leiter fließender elektrischer Strom bedeutet, wie bei Abb. 20 auf Seite 35 erwähnt, daß frei bewegliche negative Elektronen zum positiven Pol der Stromquelle wandern. Die Größe dieses Stromes hängt von der Zahl der Elektronen ab, die pro Sekunde durch den Drahtquerschnitt fließen. Als Einheit des Stromes wählt man das Ampere, benannt nach dem französischen Physiker André Maria Ampère, 1775—1836. Für das Ampere[1]) besteht eine international genormte Defi-

[1]) Bei uns nach dem Gesetz für Maße und Gewichte ohne Akzentstrich auf dem e! Auch das im Französischen übliche „s“ am Ende für die Mehrzahl-Form bleibt weg — drei Ampere (nicht drei Ampères).

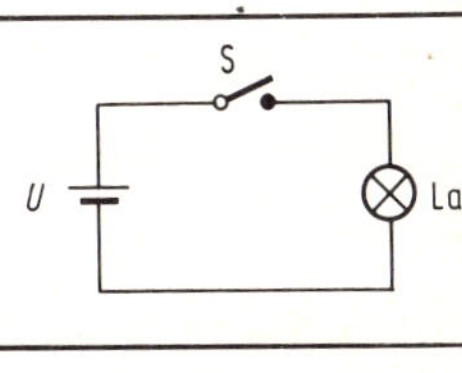


Abb. 58. Ein einfacher Lampenstromkreis

nition, die auf einer bestimmten elektrochemischen Wirkung des Stromes beruht. Wir begnügen uns mit einer anderen, nicht chemischen, sondern elektronischen Deutung: Bei einem Strom von 1 Ampere (1 A) fließen rund 6300000 Billionen Elektronen je Sekunde durch den Leitungsdraht. Die *Tabelle* gibt eine Übersicht über die abgeleiteten Größen der Einheit Ampere sowie Beispiele für technische Stromwerte.

| Die Stromeinheit und ihre Unterteilung | Ungefähre technische Stromwerte | |
|---|---|---|
| Ampere 1 A | 0,1...50 A | Glühlampen, elektrische Maschinen |
| Milliampere 1 mA $= {}^1/_{1000}\ \text{A} = 1 \cdot 10^{-3}\ \text{A}$ | 1...1000 mA | Transistorschaltungen |
| Mikroampere 1 μA $= {}^1/_{1\,000\,000}\ \text{A} = 1 \cdot 10^{-6}\ \text{A}$ | 1...1000 μA | Steuerströme für Transistoren |
| Nanoampere 1 nA $= 1 \cdot 10^{-9}\ \text{A}$ | 1...1000 nA | Ströme innerhalb der ersten Stufen von hochintegrierten Schaltungen; Isolationsströme |

Es ist leicht einzusehen, daß ein sehr dünner Draht einer so riesigen Zahl von Elektronen einen höheren Widerstand entgegensetzt als ein Draht mit weit größerem Querschnitt. Durch ein breites Flußbett kann auch eine größere Wassermenge fließen als durch eine enge Röhre. In dem dünnen Draht zwängt sich der Elektronenstrom mühsam durch die Lücken zwischen den Atomen. Die Reibung ist groß, so als ob viele Menschen durch einen engen Gang hindurch müssen. Reibung erzeugt Wärme und damit Verluste. Um sie zu vermeiden, muß man dem Strom einen genügend weiten Leitungsquerschnitt geben.

Um die Verhältnisse zahlenmäßig zu erfassen, hat man den Begriff *Stromdichte* S eingeführt. Damit wird angegeben, wieviel Ampere durch einen Quadratmillimeter Leiterquerschnitt fließen:

$$S = \text{A}/\text{mm}^2 \qquad [1]$$

Zu hohe Stromdichte erwärmt den Draht, und das bringt Nachteile. Einzeln oder paarweise geführte Leitungen, selbst wenn sie isoliert sind,

[1]) Für Formelfanatiker: Die sog. Definitionsgleichung lautet $S = \frac{I}{A}$. Darin bedeutet A das Formelzeichen für Fläche (wird aber auch für Arbeit benutzt). Das bringt jedoch beim Anfänger die Gefahr der Verwechslung mit A = Abkürzung für Ampere. Deswegen sei hier die Kurzform für S in Ampere/mm² bevorzugt. Sie ist zudem jedem praktisch tätigen Elektrotechniker geläufig.

kühlen sich naturgemäß besser ab, als wenn der Leitungsdraht Windung an Windung auf einen Spulen- oder Transformatorkern gewickelt ist. Deswegen kann man für Kupferleitungen Stromdichten bis 10 $A/mm^2$ zulassen, für Spulenwickel aber nur etwa 2,5 $A/mm^2$. Für Netzleitungen, die z. B. mit 6 A abgesichert sind, muß man daher Drahtquerschnitte von mindestens 0,6 $mm^2$ vorsehen, damit

$$S_{max} = \frac{6\,A}{0{,}6\,mm^2} = 10\,A/mm^2$$

sein kann. 0,6 $mm^2$ entspricht einem Drahtdurchmesser von 0,8 mm[1]).

Für elektronische Geräte verwendet man im allgemeinen Leitungszüge in gedruckter Form. Die Ströme fließen hierbei durch dünne Kupferfolien von z. B. 35 $\mu m$ = 0,035 mm Dicke. Ist die Leiterbahn 3 mm breit, dann ergibt sich ein Querschnitt von $0{,}035 \cdot 3 = 0{,}105\,mm^2$, also etwa $^1/_{10}$ $mm^2$. Ihm darf man bei einer zulässigen Stromdichte $S = 4\,A/mm^2$ auch nur $^1/_{10}$ des Stromes, also nur 0,4 A, zumuten. Das sind zwar immer noch 2500000 Billionen Elektronen je Sekunde, es liegt aber im allgemeinen innerhalb der Grenzen, die bei Transistorgeräten auftreten. Übrigens kann der Konstrukteur leicht Leiterzüge, die größere Ströme führen müssen, breiter anlegen.

Innerhalb integrierter Schaltungsbausteine, bei denen nur Ströme im Nanoamperegebiet auftreten, kann man die Verbindungsleitungen aus haarfein aufgedampften Aluminiumbahnen herstellen.

Aber nun genug von den Stromzuführungen. Bemerkt sei lediglich noch, daß man in der angewandten Technik und besonders bei Gleichspannung und Niederfrequenz den durch den Leiter fließenden Elektronenstrom als Träger der elektrischen Energie auffassen kann, denn sonst hätte der handfeste Begriff *Stromdichte* keinen Sinn. Die verwickelten theoretisch-physikalischen Funktionen des den stromführenden Leiter umgebenden Magnetfeldes können dabei außer acht gelassen werden.

---

[1]) Dies gilt nicht für Elektroinstallationen, also außerhalb von Geräten (vgl. VDE 0100).

# Widerstände im Stromkreis

In Abb. 54 liegt ein Lämpchen als „Verbraucher" im Stromkreis. Der Glühfaden bietet dem Strom einen höheren Widerstand als die Kupferdrahtzuleitungen. Der Faden erwärmt sich daher so stark, daß er zum Glühen kommt und aufleuchtet. Für allgemeine Betrachtungen ersetzt man dieses Lämpchen nach *Abb. 59* besser durch ein Widerstandssymbol R. Allerdings ist der Ausdruck „Widerstand" im Sinne von „hinderlich" in der Elektrotechnik und Elektronik nicht immer zutreffend. Glühlampe und Heizwicklungen einer Kochplatte sind durchaus nicht hinderlich, sondern sehr nützlich. Sie stellen eigentlich Umformer von elektrischer Energie in Licht oder Wärme dar. Man spricht in solchen Fällen besser vom Verbraucherwiderstand oder Arbeitswiderstand. Auch der Ausdruck Lastwiderstand $R_L$ ist üblich. Bei einem Verstärker für elektronische Signale ist der Verstärkungsgrad im allgemeinen um so besser, je größer dieser Ausgangs- oder Lastwiderstand $R_L$ ist. Ein hoher Widerstandswert ist also hier nicht hinderlich, sondern sogar erwünscht.

Im Stromversorgungsteil von elektronischen Geräten verwendet man Widerstände zum Einstellen auf die benötigten unterschiedlichen Betriebsspannungen. Hier dienen sie dann als echte Hindernisse, um Ströme zu verringern und Spannungen herabzusetzen. Widerstände in Verbindung mit Kondensatoren werden als RC-Glieder bezeichnet und bilden ein später zu behandelndes, umfangreiches Sonderkapitel der Schaltungstechnik.

Die Einheit des Widerstandes ist das Ohm, Kurzzeichen hierfür der große griechische Buchstabe Ω (Omega):

$$
\begin{aligned}
1\,\Omega &= 1000 \text{ Milliohm } (m\Omega)\\
1000\,\Omega &= 1 \text{ Kiloohm } (k\Omega)\\
1\,000\,000\,\Omega &= 1 \text{ Megohm } (M\Omega)
\end{aligned}
$$
[1]

[1]) Megohm in der üblichen Technikersprache. Neuerdings findet sich in der Literatur auch der an sich korrektere Ausdruck Megaohm.

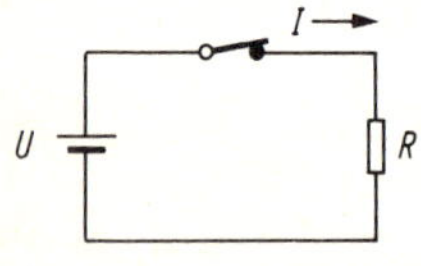


Abb. 59. Zur Grundform des Ohmschen Gesetzes

Je kleiner der Widerstandswert R in einem Stromkreis nach Abb. 55 ist, desto mehr Elektronen kann die Spannungsquelle gleichzeitig hindurchjagen, desto größer ist der fließende Strom. Dabei ergibt sich ein sehr klarer Zusammenhang, den der deutsche Physiker Georg Simon Ohm bereits im Jahre 1826 entdeckte. Dieses Ohmsche Gesetz lautet:

$$\text{Stromstärke} = \frac{\text{Spannung}}{\text{Widerstand}}$$

$$I = \frac{U}{R} \qquad \text{I in A, U in V, R in } \Omega$$

Das Ohmsche Gesetz ist allerdings keine spezielle Angelegenheit der Elektrotechnik, sondern es entspricht allgemeingültigen physikalischen Prinzipien. So kann man die treibende Spannung U mit dem Druck in einer Wasserleitung vergleichen. Der Wasserhahn bedeutet dabei einen einstellbaren veränderlichen Widerstand. Dreht man ihn stark auf, dann wird der Widerstandswert geringer, und ein größerer Wasserstrom fließt.

Im Verkehrsstrom einer Straße bedeutet ein Engpaß durch eine Baustelle einen höheren Widerstand — der Fahrzeugstrom wird verringert.

In der Wärmetechnik entspricht eine höhere Temperatur einer höheren „Wärmespannung". Erhöht man die Wassertemperatur in einer Heizungsanlage, dann liefert die höhere Wärmespannung des Heizkörpers einen höheren Wärmestrom in den Raum. Die Zimmertemperatur steigt schneller und höher an. Zur besseren Wärmeleitung zum Heizkörper in den Raum gibt man dem Heizkörper einen geringen „Wärmewiderstand". Man bildet ihn als Rippenheizkörper aus, um seine Oberfläche zu ver-

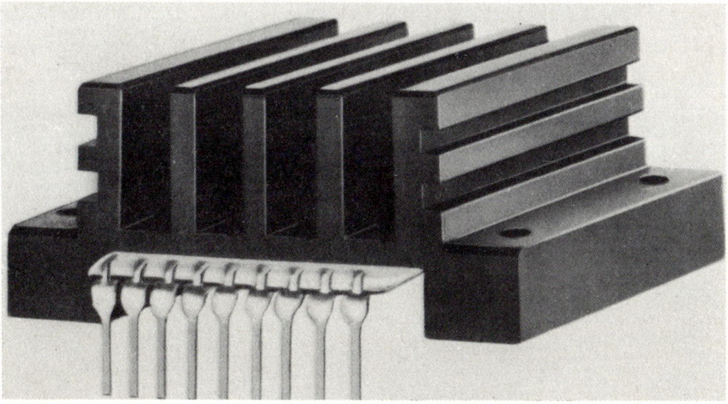

Abb. 60. Ein elektronischer Leistungsbaustein mit Kühlkörper (Elesta AG)

Das Gesetz, daß ein Widerstand den Stromfluß herabsetzt, gilt überall im Leben

größern, damit der abfließende Wärmestrom einen großen Querschnitt zur Verfügung hat.

Ähnliche Aufgaben, einen großen Wärmestrom über einen niedrigen Wärmewiderstand an die umgebende Raumluft abzuleiten, ergeben sich in der Elektronik. Transistoren und Thyristoren, die hohe elektrische Leistungen verarbeiten, erzeugen dabei leider auch nicht unbeträchtliche Wärmemengen. Diese Wärme muß abgeleitet werden, weil sie sich sonst sehr schädlich für die Halbleiterbauelemente auswirkt. Man versieht diese deshalb mit rippenartig ausgebildeten Kühlkörpern, die den Wärmestrom an die Umgebung ableiten. *Abb. 60* zeigt das Beispiel eines solchen elektronischen Leistungsbausteins mit direkt verbundenem Kühlkörper. Man drückt dabei das Abstrahlverhalten regelrecht als „Wärmewiderstand" in Zahlenwerten aus, und die Datenblätter für Leistungstransistoren enthalten diesbezügliche Angaben.

Die Umstellungen des Ohmschen Gesetzes lauten:

$$U = I \cdot R \quad \text{und} \quad R = \frac{U}{I}$$

Dabei kann man die Form $U = I \cdot R$ fast als das Einmaleins der Elektrotechnik und Elektronik bezeichnen. So ergeben sich beispielsweise für die Spannungen $U = 6$ V und $U = 12$ V in Verbindung mit den Widerstandswerten $R = 3\ \Omega$, $6\ \Omega$ oder $12\ \Omega$ folgende Zahlengleichungen:

| U = I · R | U = I · R |
|---|---|
| 6 = 2,0 · 3 | 12 = 4 · 3 |
| 6 = 1,0 · 6 | 12 = 2 · 6 |
| 6 = 0,5 · 12 | 12 = 1 · 12 |

Trägt man diese Werte für U und I in ein Diagramm ein und verbindet jeweils die Punkte für die gleichen Widerstandswerte, dann erhält man *Abb. 61*. Man bezeichnet die ansteigenden Linien als Widerstandsgeraden oder Widerstandskennlinien und die gesamte Darstellung als Kennlinienfeld. Solche Kennlinienfelder werden in der Elektronik oft verwendet, um die Abhängigkeit der Stromstärke von der Spannung und vom jeweiligen Wert eines Bauelementes, hier eines Widerstandes, aufzuzeigen. Nicht immer verlaufen dabei die Kennlinien so schön linear wie in Abb. 61. Dort kann man jedenfalls sehr klar erkennen: Wenn man für einen bestimmten Widerstandswert die angelegte Spannung U erhöht, dann steigt der hindurchfließende Strom linear an.

Man nennt Widerstände mit einem solchen Verhalten *ohmsche Widerstände*, weil ihre Kennlinien genau linear dem Ohmschen Gesetz folgen. Bei ihnen ist auch die Polung der Spannungsquelle ohne Bedeutung. Wenn man die Batterie in Abb. 59 umpolt, fließt ein Strom in gleicher Höhe, nur in entgegengesetzter Richtung durch den Widerstand.

In der Elektronik werden aber in großem Umfang auch Bauelemente verwendet, deren Kennlinien nicht so geradlinig verlaufen wie in Abb. 61

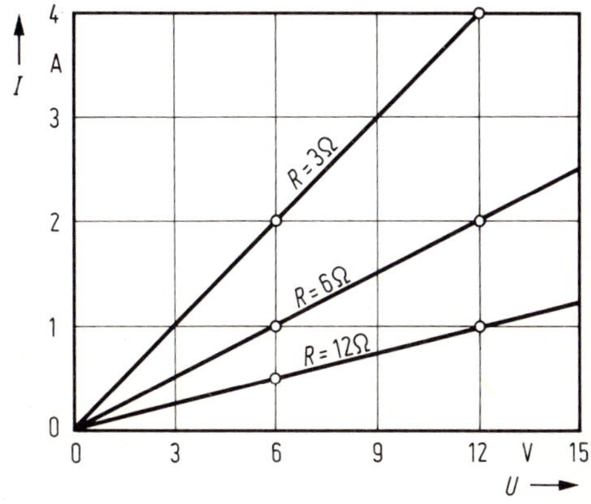


Abb. 61. Widerstandskennlinien im Strom-Spannungsdiagramm

oder bei denen sich beim Umpolen der Spannung gänzlich andere Stromwerte ergeben. Bei diesen Kennlinienfeldern ist es unerläßlich, Ströme und Spannungen vorzeichenrichtig in das Diagramm einzutragen.

## Elektrische Leistung

Der Begriff ist sogar jedem Laien von den Glühlampen her bekannt. Die Leistung, die sie verbrauchen, wird in Watt (W) angegeben:

$$1\ \text{W} = 1000\ \text{Milliwatt (mW)}$$
$$1\,000\ \text{W} = 1\ \text{Kilowatt (kW)}$$
$$1\,000\,000\ \text{W} = 1\ \text{Megawatt (MW)}$$

Eine 100-W-Lampe leuchtet heller, verbraucht aber auch mehr Strom als eine 40-W-Lampe. Die elektrische Leistung steigt also mit dem Strom I. Die Leistung steigt aber auch mit höherer Spannung. Das merkt man deutlich, wenn man die verbrauchten Batterien irgendeines elektrischen Gerätes durch frische ersetzt. Insgesamt ergibt sich zwischen Leistung, Strom und Spannung eine sehr klare Beziehung:

Leistung = Spannung · Strom

$$P = U \cdot I \qquad \text{(P in W, U in V, I in A)}$$

Auch das geht auf allgemeingültiges Naturgesetz zurück. Mechanische Leistung kann man z. B. durch Wasserkraft erzeugen und dann in elektrische Leistung umformen. Bei den alten Mühlenrädern fällt das Wasser aus einer Höhe (= *Spannung*) von vielleicht drei Metern eimerweise (geringer Wasser*strom*) auf die Schaufeln des Mühlrades. Die

Leistung = Fallhöhe · Wasserstrom

beträgt günstigstenfalls etwa 1 kW. Bei einem Wasserkraftwerk, z. B. dem Walchenseekraftwerk in Oberbayern, fällt das Wasser mit 200 m Gefälle durch sechs Rohre mit weitem Querschnitt (großer Wasserstrom) auf die Turbinenschaufeln der Generatoren. Sie liefern dadurch elektrische Leistungen bis zu 124000 kW = 124 MW.

Eine früher viel genutzte mechanische Energiequelle war der Pferdegöpel. Ein oder mehrere Pferde wurden so angeschirrt und im Kreise um eine senkrecht angeordnete Achse herumgetrieben, daß sie die Achse

Ein 3-PS-Hafermotor
aus früherer Zeit

in Drehung versetzten. Damit konnten dann Maschinen betätigt, Lasten gehoben oder andere schwere Arbeiten ausgeführt werden. Der Autor erinnert sich, daß noch in seiner Kindheit Jahrmarktkarussells durch ein im Inneren des Karussellgestänges im Kreise gehendes Pferd angetrieben wurden. Hier betrug also offensichtlich die Leistung 1 PS = 1 Pferdestärke. Nach internationaler Festlegung entspricht der mechanischen Leistung von 1 PS eine elektrische Leistung von 736 W. Das erscheint und heute recht gering, wenn man zum Beispiel vergleicht, daß ein mittlerer Staubsaugermotor bereits 500 W leistet.

Eine technische Glanzleistung der Renaissancezeit war 1586 das Aufrichten der über 300 Tonnen schweren Steinsäule auf dem Petersplatz in Rom. Der Baumeister Dominico Fontana konstruierte dazu eine gewaltige

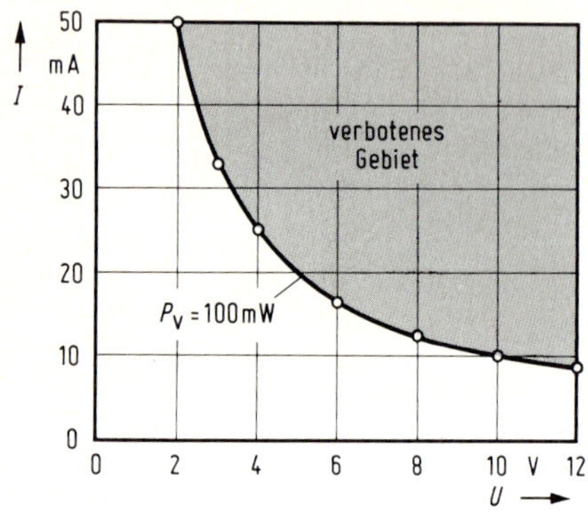


Abb. 62. Leistungshyperbel für $P_V$ = 100 mW

Hebeanlage, die von 40 Göpeln mit insgesamt 140 Pferden angetrieben wurde, also mit 140 PS[1]). Heute leistet das ein einziger Lkw-Motor.

Die Leistungseinheit PS soll zwar als Rechengröße nicht mehr benutzt werden, man lasse sie aber als Anschauungsgröße weiterleben!

Die so übersichtliche Gleichung $P = U \cdot I$ kann man ebenfalls als Strom-Spannungs-Diagramm oder Kennlinienfeld darstellen. Rechnet man z. B. für Spannungen von 2 V bis 12 V die Stromwerte für eine Leistung von 0,1 W = 100 mW aus, dann ergibt sich die in *Abb. 62* dargestellte stetig gekrümmte Kurve, die Leistungshyperbel[2]). Derartige Kennlinien werden als Begrenzung für die einem elektronischen Bauelement zumutbare elektrische Leistung verwendet. Abb. 62 gilt für die zulässige maximale Verlustleistung $P_V$ eines bestimmten Transistortyps. Stromwerte unterhalb der Kurve sind im Dauerbetrieb zulässig, Werte darüber sind verboten.

Die in elektronischen Geräten verwendeten kleinen Widerstandsstäbchen dürfen ebenfalls je nach Typ nur bis zu einer bestimmten Maximalleistung belastet werden. Es ist leicht einzusehen, daß man an einen Widerstand von der Größe eines halben Zündholzes nicht eine Leistung von 2000 W, also die eines Heizofens, anlegen kann. Der Widerstand würde aufglühen und zerstört werden. Man schreibt deshalb je nach Größe und

---

[1]) Ein Pferd leistet tatsächlich nur etwa 0,75 PS. Die genaue Definition ist: 1 PS = 75 m kg/s

[2]) Hyperbel, aus dem Griechischen, bedeutet in der Mathematik die Umrandungskurve eines Kegelschnittes mit zwei ins Unendliche gehenden Zweigen.

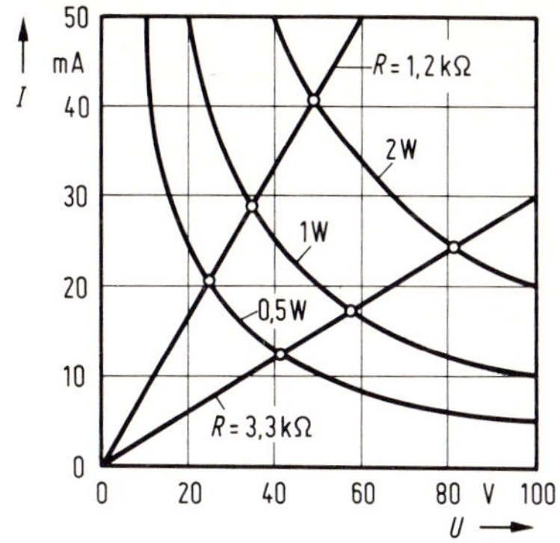


Abb. 63. Kennlinienfeld mit mehreren Leistungshyperbeln

Material Höchstwerte für die Belastbarkeit von Widerständen vor. In *Abb. 63* sind die Leistungshyperbeln für die Werte 0,5 W, 1 W und 2 W eingetragen. In das gleiche Diagramm wurden außerdem einige der bereits bei Abb. 61 besprochenen linearen Widerstandskennlinien eingezeichnet, und zwar für die Werte 1,2 kΩ und 3,3 kΩ. An den Schnittpunkten mit den Hyperbeln kann man ablesen, daß beispielsweise ein 2-W-Widerstand mir R = 1,2 kΩ einen Strom von 40 mA und eine Spannung von höchstens 50 V vertragen kann. Ein Widerstand mit dem Wert 3,3 kΩ der gleichen Leistungsklasse P = 2 W verträgt zwar Spannungen bis 80 V, dabei fließt dann aber nur ein Strom von rund 25 mA.

Bei dieser Gelegenheit sei darauf hingewiesen, daß man bei solchen Rechenvorgängen sprachlich unterscheiden sollte zwischen

*Widerstand*, d. h. dem elektronischen Bauteil an sich, also dem Widerstandsstäbchen, und

*Widerstandswert*, das ist dessen eigentlicher elektrischer Zahlenwert in Ω, kΩ oder MΩ.

Die Leistungsgleichung P = U · I bedarf noch eines besonderen Hinweises: Sie gilt nur für Gleichstrom sowie für Wechselstromkreise, die hauptsächlich mit ohmschen oder reellen Widerständen belastet sind. Haben Kapazitäten oder Induktivitäten einen wesentlichen Anteil an der Schaltung, dann verringert sich die wirksame Wechselstromleistung infolge der sog. Phasenverschiebung bzw. des Leistungsfaktors. Doch seien diese Sonderfälle hier beiseite gelassen.

Setzt man in die Leistungsgleichung für die Spannung U entsprechend dem Ohmschen Gesetz den Gegenwert $U = I \cdot R$ ein, dann ergibt sich

$$P = I \cdot R \cdot I \quad \text{oder} \quad P = I^2 \cdot R$$

Das bedeutet, daß die in einem Widerstand *R* verbrauchte Leistung mit dem Quadrat des Stromwertes steigt. Erhöht man den Strom auf das Doppelte, dann kommt die vierfache Leistung im Widerstand zur Wirkung. Das hat wiederum, ähnlich wie die Stromdichte S, große Bedeutung für Stromzuführungsleitungen. Auch bei den an sich geringen Widerstandswerten von Kupferdrähten oder Kupferseilen treten Leitungsverluste auf. Betragen sie bei einem Strom von 1 A nur 1 W, dann wachsen sie bei 10 A auf $10^2 = 100$ W. Damit kann die Isolation eines überlasteten Zuführungskabels schon ganz schön ins Qualmen kommen.

Formt man die Leistungsgleichung noch weiter um, indem man sie nach I und U auflöst, dann ergibt sich zusammen mit den verschiedenen Abwandlungen des Ohmschen Gesetzes das in der *Tabelle* dargestellte Schema von Gleichungen. Rechenbeispiele überlassen wir weitgehend dem Schulunterricht. Lediglich ein praktischer Fall sei betrachtet.

| P [W] | U [V] | I [A] | R [Ω] |
|---|---|---|---|
| $P = U \cdot I$ | $U = \frac{P}{I}$ | $I = \frac{P}{U}$ | |
| $P = \frac{U^2}{R}$ | $U = \sqrt{P \cdot R}$ | | $R = \frac{U^2}{P}$ |
| $P = I^2 \cdot R$ | | $I = \sqrt{\frac{P}{R}}$ | $R = \frac{P}{I^2}$ |

*Sprechleistung* ist eine Größe, mit der Rundfunktechniker und Elektroakustiker rechnen. Man bezeichnet damit die tonfrequente Wechselstromleistung, die die Endstufe eines Verstärkers an den Lautsprecher liefert, damit sie dort in Schall bzw. Schalleistung umgewandelt wird. Für Meßzwecke führt man dem Lautsprecher mit dem Verbraucherwiderstand $R_L$ sinusförmige Spannungen zu, d. h. eine Sinusleistung. Für zwei verschiedene Verstärker seien die Ausgangsströme nach der Gleichung

$$I = \sqrt{\frac{P}{R}}$$

ausgerechnet. Verstärker 1 liefere eine Sinusleistung von maximal 16 W, Verstärker 2 sei für 100 W Tonfrequenzleistung ausgelegt. Beide sollen auf eine Lautsprecherkombination mit dem Widerstand $R_L = 4\ \Omega$ arbeiten. Dann ergeben sich folgende Ausgangsströme:

$$P_1 = 16\,W,\quad I = \sqrt{\frac{16}{4}} = \sqrt{4} = 2\,A$$

$$P_2 = 100\,W,\quad I = \sqrt{\frac{100}{4}} = \sqrt{25} = 5\,A$$

Obgleich die Leistung also auf das etwa 6fache gesteigert wurde, stieg der Ausgangsstrom nur um das $2^1/_2$fache. Trotzdem sollte man für Lautsprecherleitungen, besonders wenn sie in großen Räumen verlegt werden, genügend große Leitungsquerschnitte vorsehen, damit nicht nutzlos Leistung auf den Zuleitungen verlorengeht.

## Elektrische Arbeit

Arbeit ist gleich Leistung mal Zeit, sagen die Physikbücher. Wenn man also vier Stunden (4 h)[1] lang wie ein Pferd schuftet (1 PS = 736 W), dann hat man eine ganz schöne Arbeit geleistet, nämlich

$$736\ W \cdot 4\ h = 2944\ Wh$$

oder 2,944 kWh, das sind rund drei Kilowattstunden. Auch die elektrische Arbeit A wird demnach ausgedrückt in Leistung mal Zeit:

$$A = P \cdot t$$

[1]) h von hora = Stunde (lateinisch).

Wenn man stundenlang wie ein Pferd schuftet...

Die kleinste Einheit hierfür ist die Wattsekunde Ws,

$$3600 \text{ Ws} = 1 \text{ Wattstunde (Wh)}$$
$$1000 \text{ Wh} = 1 \text{ Kilowattstunde (kWh)}$$

Elektrizitätszähler zeigen die verbrauchte elektrische Energie bzw. die geleistete Arbeit in kWh an.

Die Einheit Wattsekunde (Ws) wird auch als Joule (J) bezeichnet[1]) nach dem englischen Physiker James Joule, 1818 bis 1889. Er rechnete allerdings noch nicht in Joule, sondern in Kalorien (cal), in Wärmeeinheiten, und ermittelte folgende Gesetzmäßigkeit:

$$1 \text{ Ws} = 0{,}239 \text{ cal}$$
$$1 \text{ kWh} = 860 \text{ kcal}$$

Die Wattsekunde bzw. das Joule ist nicht nur eine Einheit für die elektrische Arbeit A, sondern gilt auch als Einheit für Energie W und Wärmemenge Q. Formelmäßig bestehen dadurch vielfältige Verflechtungen zwischen Elektrotechnik, Mechanik und Wärmelehre:

$$1 \text{ Ws} = 1 \text{ Newton} \cdot \text{Meter (Nm)} = 0{,}102 \text{ Kilopond} \cdot \text{Meter (kpm)}$$
$$1 \text{ WS} = 1 \text{ Joule (J)} = 0{,}239 \text{ Kalorien (cal)}$$

[1]) Joule, gesprochen Dschuhl.

Da habe ich doch schon wieder zuviel Joule zu mir genommen

Der Begriff Kalorie spielt sogar hinüber in die Ernährungswissenschaft, denn schließlich dient das Essen dazu, das Arbeitsvermögen und den Wärmehaushalt des Körpers in Gang zu halten. Da die Einheit Kalorie zahlenmäßig so schlecht zu den anderen Einheiten paßt, darf sie, ähnlich wie das PS, nach dem 31. 12. 1977 nicht mehr verwendet werden. Für Schlankheitskuren werden dann wohl die Speisezettel auf Joule oder Newtonmeter statt auf Kalorien ausgerichtet werden müssen.

## Widerstandswerte und Leitwerte

Bisher wurde der Einfachheit halber ein Stromkreis mit nur einem einzigen Verbraucherwiderstand *R* dargestellt. In der Praxis kommt dies selten vor. In einem Haushalt brennen zur Abendzeit fast stets mehrere Glühlampen, und in einem Rundfunkempfänger wird immer eine größere Anzahl von Transistoren aus der gleichen Stromquelle betrieben. Vereinfachen wir diese Fälle nach *Abb. 64* zu der Form, daß drei Verbraucherwiderstände an der Spannung U liegen. Der Gesamtstrom ist dann gleich der Summe der Einzelströme:

$$I_{ges} = I_1 + I_2 + I_3$$

Setzt man entsprechend dem Ohmschen Gesetz jeweils für I den Wert U/R ein, dann ergibt sich:

$$\frac{U}{R_{ges}} = \frac{U}{R_1} + \frac{U}{R_2} + \frac{U}{R_3}$$

oder, wenn man jedes Glied durch U dividiert bzw. eine Spannung U = 1 annimmt,

$$\frac{1}{R_{ges}} = \frac{1}{R_1} + \frac{1}{R_2} + \frac{1}{R_3}$$

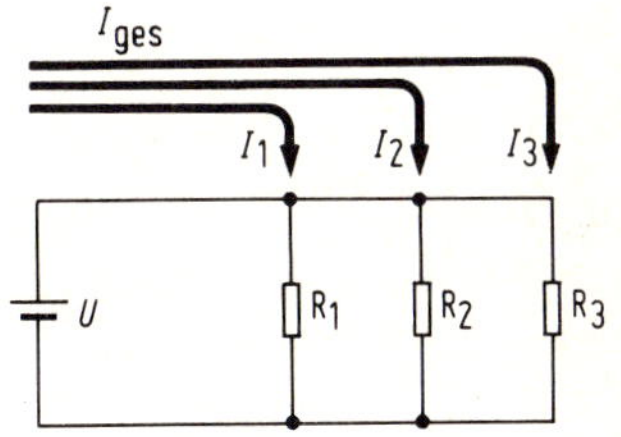


Abb. 64. Bei parallelen Widerständen ist der Gesamtstrom gleich der Summe der Teilströme

Dies ist eine sehr wichtige Grundformel, um den Gesamtwiderstandswert für parallelgeschaltete Widerstände zu ermitteln. Sie gilt entsprechend auch für nur zwei oder für vier und mehr Widerstände. Bei zwei parallelen Widerständen heißt es demnach:

$$\frac{1}{R_{ges}} = \frac{1}{R_1} + \frac{1}{R_2}$$

Nach Umformung erhält man daraus die Gleichung

$$R_{ges} = \frac{R_1 \cdot R_2}{R_1 + R_2}$$

Sie ergibt direkt den Widerstand $R_{ges}$, während bei den vorhergehenden Formeln der Kehrwert oder Reziprokwert $^1/R_{ges}$ erscheint. Den Kehrwert eines Widerstandes nennt man Leitwert G, die Einheit hierfür ist das Siemens (S):

$$G = \frac{1}{R}$$

Einem Widerstandswert von 1 Ω entspricht der Leitwert 1 Siemens.

Leitwert ist eine recht treffende Bezeichnung, denn je kleiner der Widerstandswert ist, desto besser *leitet* der Widerstand den Strom. Die Form $I = U/R$ des Ohmschen Gesetzes lautet unter Verwendung des Leitwertes:

$$I = U \cdot G$$

*Beispiel:* Für eine Spannung von 8 V und für die Widerstandswerte 1 Ω, 2 Ω, 4 Ω und 8 Ω ergeben sich folgende Verhältnisse:

| R (Ω) | G (S) | I = 8 · G |
|---|---|---|
| 1 | 1,0 | 8 A |
| 2 | 0,5 | 4 A |
| 4 | 0,25 | 2 A |
| 8 | 0,125 | 1 A |

Addiert man zwei dieser Leitwerte, d. h., schaltet man die entsprechenden Widerstände parallel an die Spannung U = 8 V, dann addieren sich auch die Ströme. Für $G_{ges} = 0{,}5 + 0{,}25 = 0{,}75$ ergibt sich auch $I_{ges} = 4 + 2 = 6$ A.

Diese Tatsache findet in der elektronischen Zähltechnik eine interessante Anwendung bei den sogenannten Digital/Analog-Umsetzern. In der elektronischen oder digitalen Zähltechnik stellt man Zahlenwerte nur durch offene oder geschlossene Stromkreise dar. Sie bedeuten der Reihe nach die Werte 1, 2, 4 und 8. Will man den Wert 6 darstellen, dann sind die Schaltkontakte für 2 und 4 zu schließen. Mit diesen vier Schaltern

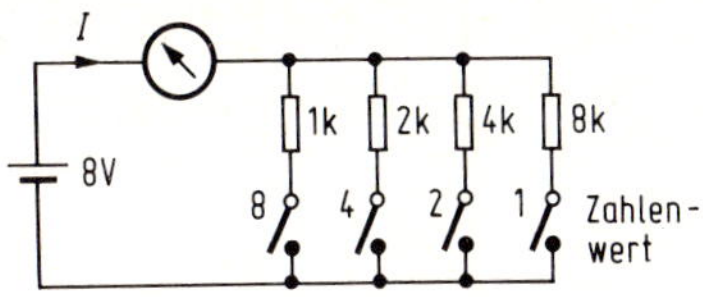


Abb. 65. Prinzip eines Digital/Analog-Umsetzers. Durch Steuern der Schaltkontakte mit den Zahlenwerten 1, 2, 4, 8 lassen sich entsprechende Stromwerte I erzeugen

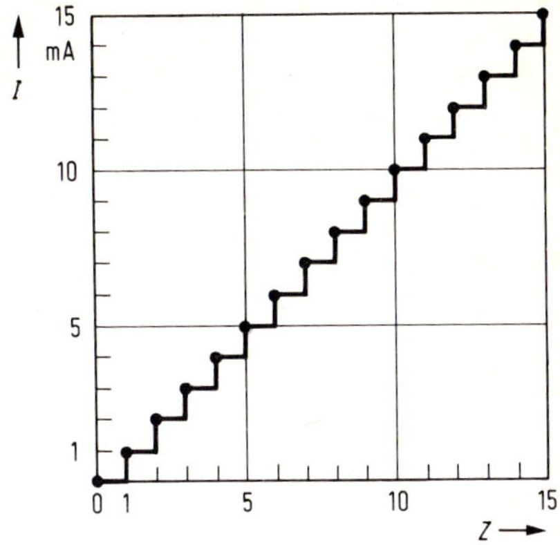


Abb. 66. Stufenweiser Stromanstieg in Abhängigkeit vom Zahlenwert Z

kann man demnach Zahlenwerte von 0 (alle Schalter geöffnet) bis 15 (= 1 + 2 + 4 + 8) darstellen. Dieses Verfahren: Schalter offen oder geschlossen bzw. Spannung vorhanden oder nicht vorhanden ermöglicht ganz eindeutige und störunempfindliche Rechenvorgänge und Signalverarbeitungen.

Wir hatten bereits bei der Besprechung des Relais diese Technik mit offenen und geschlossenen Schaltern kurz erwähnt.

Vielfach ist es aber notwendig, in dieser Form vorliegende Informationen wieder in stetig veränderliche elektrische Signale zurückzuverwandeln, um sie z. B. an einem Zeigerinstrument sichtbar zu machen. Der Zeigerausschlag soll dem Zahlenwert entsprechen. Er soll *analog*[1]) dem Zahlenwert sein. *Abb. 65* zeigt das Prinzip eines solchen Digital/Analog-Umsetzers. Durch unterschiedlich große Widerstände wird jedem digitalen Schaltkontakt ein entsprechend bewerteter Strom zugeordnet. Schaltet man die Kontakte für 2 + 4 = 6, dann ergibt sich bei den gewählten Einzelteilwerten ein Strom von 6 mA. Für 2 + 4 + 8 = 14 erhält man 14 mA usw.

In *Abb. 66* ist dieser stufenweise Stromanstieg von 0 bis 15 mA grafisch dargestellt. Er wird also mit nur vier Schaltkontakten erzielt. Zur Verbesserung des Auflösevermögens sind mehr Stellen notwendig. Für die Anzeige auf einem Zeigerinstrument mit 100 Skalenteilen sollten wenig-

[1]) analog, aus der griechischen Sprache, bedeutet *entsprechend* oder *ähnlich*.

Abb. 67. Bei Stromverzweigungen fließt genau so viel Strom ab, wie Strom zufließt

stens 250 Werte eingestellt werden können. Das erfordert dann acht Schaltkontakte mit den Bewertungen

$$1 + 2 + 4 + 8 + 16 + 32 + 64 + 128 = 255.$$

Die Digitaltechnik verwendet dabei meistens ein etwas anderes Bewertungsverfahren, den sogenannten BCD-Code, um sinnfälliger auf das übliche Dezimalsystem überzugehen. Aber das soll hier nicht im einzelnen behandelt werden. Wesentlich ist: Mit geeignet gestaffelten parallelen Widerständen lassen sich mit wenigen elektronisch gesteuerten Schaltkontakten stetig veränderliche Zahlenwerte darstellen.

Die recht leicht einzusehende Tatsache, daß der Gesamtstrom gleich der Summe der Teilströme ist, wird in der Elektrotechnik durch das „Erste Kirchhoffsche Gesetz" formuliert. Es entspricht ebenfalls einem allgemeingültigen Naturgesetz. Wenn beispielsweise in einem Fluß mehrere Inseln liegen, dann teilt sich der Gesamtstrom in Teilströme zwischen den Inseln auf. Dahinter kommt aber wieder die gesamte Wassermenge zusammen *(Abb. 67)*.

## Spannungsteiler und Widerstandsbrücken

Befassen wir uns nun mit hintereinandergeschalteten Widerständen. Liegen nach *Abb. 68* zwei Widerstände in Reihe an einer Spannung $U_E$, dann bewirkt der fließende Strom I an den Einzelwiderständen Teilspannungen oder Spannungsabfälle von

$$U_1 = I \cdot R_1$$
$$U_2 = I \cdot R_2$$

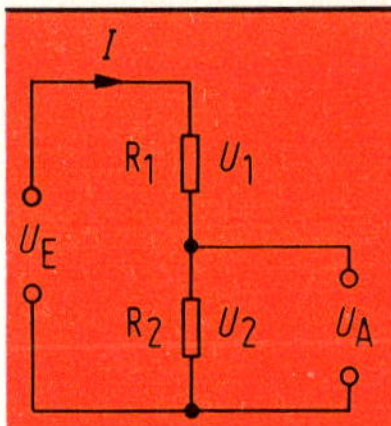

Abb. 68. Zwei Widerstände in Reihe bilden einen Spannungsteiler

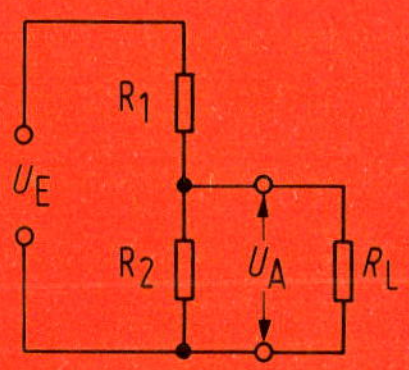

Abb. 69. Durch einen Verbraucherwiderstand $R_L$ belasteter Spannungsteiler

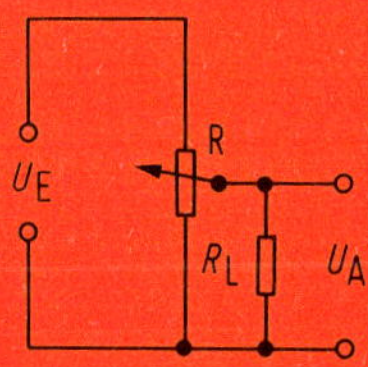

Abb. 70. Stetig verstellbarer Spannungsteiler

Dividiert man diese Gleichungen durcheinander, dann ergibt sich

$$\frac{U_1}{U_2} = \frac{R_1}{R_2}$$

Die Teilspannungen verhalten sich wie die Widerstandswerte. Greift man an $R_2$ eine Ausgangsspannung $U_A = U_2$ ab, dann verhält auch sie sich zur Gesamtspannung $U_E$ wie der Widerstand $R_2$ zum Gesamtwiderstand $R_1 + R_2$:

$$\frac{U_A}{U_E} = \frac{R_2}{R_1 + R_2} \qquad U_A = U_E = \frac{R_2}{R_1 + R_2}$$

$$U = E - I \cdot R_i$$

Diese Ausgangsspannung $U_A$ könnte dazu dienen, die Schaltungsstufe eines elektronischen Gerätes zu versorgen, das mit einer geringeren Spannung als $U_E$ arbeiten soll. In diesem Fall würde der Ausgang des Spannungsteilers nach *Abb. 69* mit einem weiteren Stromverbraucher $R_L$ belastet werden. Man müßte den Leitwert der Parallelschaltung ausrechnen, um den wirklichen Wert der sich nun einstellenden Ausgangsspannung zu ermitteln. Ersparen wir uns Zahlenbeispiele. Im allgemeinen belastet der Elektroniker einen Spannungsteiler möglichst wenig, besonders wenn ein einstellbarer Spannungsteiler, ein Potentiometer, verwendet wird, etwa um die Lautstärke eines Rundfunkempfängers zu verändern. Der Widerstandswert R dieses Spannungsteilers *(Abb. 70)* sollte dann niederohmig gegenüber dem Belastungswiderstand $R_L$ sein, damit die abgegriffene Teilspannung sich beim Verstellen des Abgriffes möglichst gleichmäßig ändert.

Die Spannungsteilerschaltung spielt indirekt eine Rolle bei allen belasteten Spannungsquellen. Jede Spannungsquelle besteht nämlich nach *Abb.*

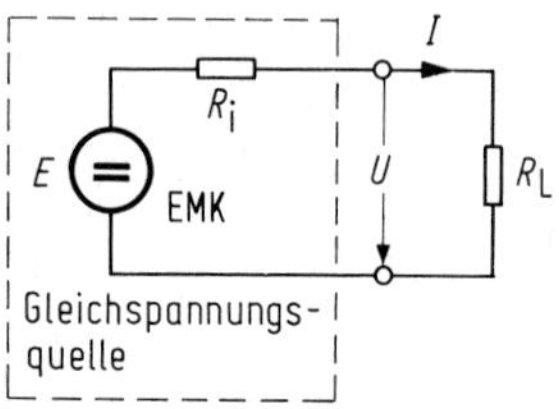


Abb. 71. Der Innenwiderstand von Spannungsquellen bildet zusammen mit der äußeren Belastung einen Spannungsteiler

*71* aus der treibenden Quellspannung oder Urspannung, auch elektromotorische Kraft EMK genannt, und besitzt bereits einen inneren Widerstand $R_i$. Je mehr Strom man aus der Spannungsquelle entnimmt, desto größer wird die Teilspannung am Innenwiderstand $R_i$. Als Nutzspannung U am Lastwiderstand $R_L$ verbleibt nur noch der Rest, nämlich

$$U = E - I \cdot R_i$$

Man kann aber auch mit der Spannungsteilerformel arbeiten, dann gilt:

$$\frac{U}{E} = \frac{R_L}{R_i + R_L} \qquad U = E \frac{R_L}{R_i + R_L}$$

Aus diesen Gleichungen erkennt man: Die Nutzspannung U am Außenwiderstand $R_L$ ist um so größer, je kleiner der Innenwiderstand $R_i$ ist. Das gilt auch für Wechselspannungsgeneratoren sowie für die Ausgänge von Verstärkern. Ihre Ersatzschaltung für den Ausgangskreis besteht ebenfalls aus Quellspannung und Innenwiderstand.

Je kleiner der Innenwiderstand gegenüber dem Lastwiderstand ist, desto weniger geht für die Netzspannung U verloren und desto konstanter ist die Nutzspannung bei Belastungsschwankungen. Bei Verstärkern ergeben sich besondere Verhältnisse. Bei ihnen muß man den Lastwiderstand an den Innenwiderstand „anpassen“, um die günstigste Nutzleistung zu erzielen.

Für die elektrische Meßtechnik und für die Elektronik sehr wichtig sind Anordnungen aus zwei parallelgeschalteten Spannungsteilern nach *Abb. 72*. Sie werden als Widerstandsbrücke bezeichnet. Die Einzelwiderstände $R_1$, $R_2$, $R_3$ und $R_4$ nennt man Brückenzweige. Der Weg zwischen den Punkten A und B heißt Brückendiagonale. In Abb. 72 wird eine in der Brückendiagonale auftretende Spannung mit einem Instrument angezeigt.

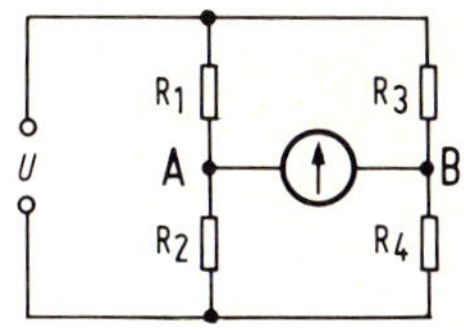


Abb. 72. Widerstandsbrücke

In beiden Spannungsteilern verhalten sich die Teilspannungen wie die zugehörigen Widerstandswerte. Nimmt man zur Vereinfachung zunächst an, daß alle vier Brückenwiderstände in Abb. 72 gleich groß sind und an einer Gesamtspannung U = 6 V liegen, dann teilen sie diese Spannung in gleiche Teilspannungen von je 3 V auf. In der Brückendiagonale, also zwischen den Punkten A und B, besteht dann kein Spannungsunterschied, das Voltmeter zeigt keine Spannung an. Man sagt, die Brücke ist auf Null abgeglichen.

Dieser Nullabgleich tritt stets ein, wenn

$$\frac{R_1}{R_2} = \frac{R_3}{R_4}$$

gemacht wird.

*Beispiel:* Man berechnet zweckmäßig nach der Spannungsteilerformel

$$U_A = U_E \frac{R_2}{R_1 + R_2}$$

die Teilspannungen an den Punkten A und B. Es sei $U = 6$ V, $R_1 = 50\ \Omega$, $R_2 = 250\ \Omega$; dann ist die Teilspannung an $R_2$ bzw. an Punkt A

$$U_2 = 6 \frac{250}{50+250} = 6 \frac{250}{300} = 5\ \text{V}$$

Ferner sei $R_3 = 100\ \Omega$, $R_4 = 500\ \Omega$; das ergibt am Punkt B die Teilspannung

$$U_4 = 6 \frac{500}{100+500} = 6 \frac{500}{600} = 5\ \text{V}$$

Zwischen den Punkten A und B in der Brückendiagonale besteht also kein Spannungsunterschied, die Brücke ist ebenfalls auf Null abgeglichen.

Diese *Nullbrückenschaltung* bildet die Grundlage für genaue Widerstandsmessungen. Derartige Meßbrücken bestehen aus drei Brückenzweigen mit genau kalibrierten (geeichten) und einstellbaren Widerstandswerten. Der zu messende unbekannte Widerstand wird als vierter Brückenzweig hinzugeschaltet, und die Brücke wird durch Verändern der verstellbaren

Nullbrückenabgleich

Ausschlagbrücke

Widerstände auf Null abgeglichen. Diese Einstellwiderstände sind so beziffert, daß sich daran der gesuchte Widerstandswert ablesen läßt. Da während des Abgleichvorganges entweder der Punkt A oder B die höhere Spannung haben kann, muß das Anzeigeinstrument den Nullpunkt in der Mitte haben und nach beiden Seiten ausschlagen können. In grober Annäherung kann man das Abgleichen der Brückenschaltung mit dem Abwiegen von Ware auf einer alten Krämerwaage vergleichen. Man verändert die Warenmenge oder legt soviele Gewichtsstücke auf, bis die Waage im Gleichgewicht ist und der Zeiger am Waagebalken auf Null steht.

In der elektronischen Technik wird die Brückenschaltung meist in einer abgewandelten Form, nämlich als *Ausschlagsbrücke* vielfältig verwendet. Man gleicht diese Brücke *(Abb. 73)* nicht auf Null ab, sondern zeigt die Größe der auftretenden Verstimmung durch den Zeigerausschlag des Instrumentes an, wenn der Ohmwert eines Brückenzweiges durch äußere Einflüsse verstellt wird. In Abb. 73 dient dazu ein NTC-Widerstand, dessen Wert sich in Abhängigkeit von der Temperatur ändert. Heizt man ihn auf, dann sinkt der Widerstandswert. Die Teilspannung daran in der Brücke wird geringer, und die Spannung am Punkt B nähert sich dadurch der Speisespannung von 6 V. Die Brücke „verstimmt sich" am Punkt B zum Beispiel auf 5,5 V. In der Diagonale herrscht jetzt die Differenzspannung 5,5 V — 3 V = 2,5 V. Ein angeschlossenes Voltmeter schlägt aus und kann in Celsiusgraden geeicht werden — elektronische Temperaturmessung!

Ein Voltmeter, und sei es noch so empfindlich bzw. hochohmig, stellt vielfach eine unerwünschte Belastung der Brückendiagonale dar. Außerdem sind elektrisch empfindliche Instrumente meist auch mechanisch empfindlich und zudem teuer. Man ersetzt sie deshalb nach *Abb. 74* durch

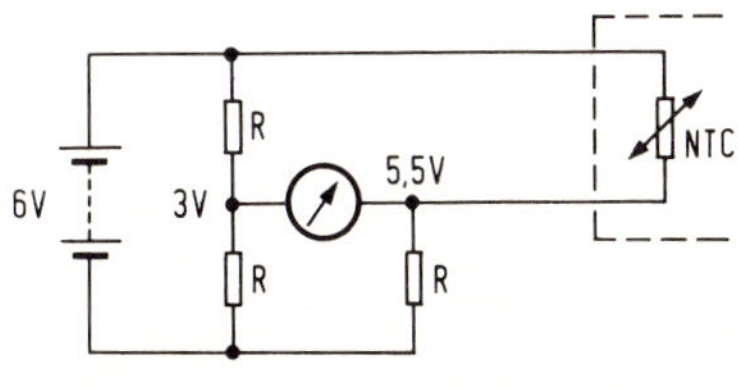


Abb. 73. Nach dem Ausschlagsverfahren arbeitende Widerstandsbrücke

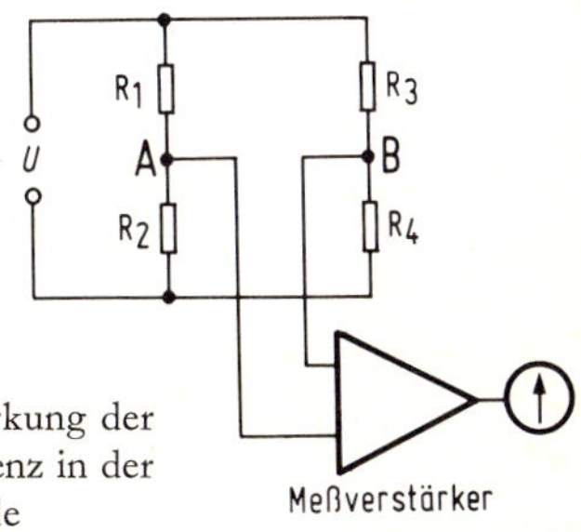


Abb. 74. Verstärkung der Spannungsdifferenz in der Brückendiagonale

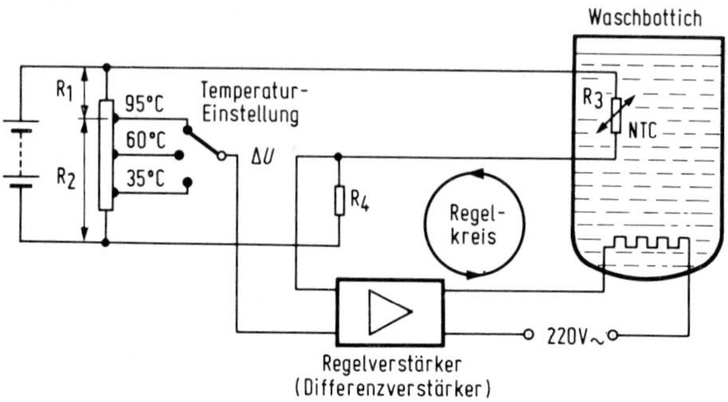


Abb. 75. Temperaturregler einer Waschmaschine unter Verwendung einer Brückenschaltung

einen Meßverstärker mit sehr hochohmigem Eingang und schließt daran erst das Anzeigeinstrument an. Dies kann dann bedeutend robuster gewählt werden und kostet auch weniger. Diese Meßverstärker werden heute als kompakte elektronische Bauelemente, als integrierte Schaltungen, geliefert. Sie verstärken also die Differenzspannung in der Brückendiagonale und werden daher vielfach als „Differenzverstärker" bezeichnet. Andere Ausdrücke dafür sind Operationsverstärker oder Rechenverstärker.

Ausschlagsbrücken mit Differenzverstärkern bilden die Grundlage vieler elektronischer Automatikschaltungen oder Regelschaltungen. In *Abb. 75* wird die Spannungsdifferenz $\Delta$ U[1]) einer Widerstandsbrücke einem solchen Differenzverstärker zugeführt. Er arbeitet als Steuer- oder Regelverstärker, der beim Auftreten einer Differenzspannung am Eingang nur einen elektronischen Schaltkontakt am Ausgang schließt. Dieser Schaltkontakt legt den Heizwiderstand im Bottich einer Waschmaschine an Netzspannung und heizt die Waschlauge auf, wenn die Brücke verstimmt ist. Als Temperaturfühler im Waschbottich dient ein NTC-Widerstand, wie er bereits bei Abb. 73 erwähnt wurde. Die Temperatur am NTC-Widerstand und damit die Brückenspannungen ändern sich. Die beiden anderen Brückenzweige sind so ausgebildet, daß man daran wahlweise die Temperaturen 35 °C, 60 °C oder 95 °C „vorwählen" kann. Ist die gewählte Temperatur im Waschbottich erreicht, dann ist die Brücke auf Null abgeglichen, und der Regelverstärker schaltet den Heizkreis ab. Sinkt die Temperatur unter einen gewissen Grenzwert, dann wird erneut

[1]) $\Delta$ = großer griechischer Buchstabe Delta, üblich als Formelzeichen für die Differenz zweier Werte, z. B. $\Delta U = U_2 - U_1$.

aufgeheizt. Auf diese Weise wird die benötigte Temperatur ziemlich genau im Waschbottich eingeregelt.

## Technische Widerstände

Das vorangegangene Kapitel über Spannungsteiler und Widerstandsbrücken zeigte, daß Widerstände sehr wichtige Einzelteile für die elektronische Schaltungstechnik darstellen. Man unterscheidet drei Ausführungsformen von festen ohmschen Widerständen:

*Drahtgewickelte Widerstände*
*Kohleschichtwiderstände*
*Metallschichtwiderstände*

*Drahtgewickelte Widerstände* bestehen aus isoliertem Draht aus Widerstandslegierungen (Chromnickel, Konstantan, Manganin). Als Isolierung dient eine chemisch oder galvanisch auf der Drahtoberfläche erzeugte Oxidschicht. Diese Drähte werden in der erforderlichen Länge auf Isolierkörper oder Spulen gewickelt. Dabei läßt sich nicht vermeiden, daß die Wicklung zusätzlich als Induktivität wirkt oder die einzelnen Wicklungslagen eine Parallelkapazität zum ohmschen Widerstandswert bilden. Diese Streuinduktivitäten und Streukapazitäten können bei Wechselspannungen mit mittleren und höheren Frequenzen störend wirken. Außerdem sind alle Wickelgüter teurer in der Herstellung. Drahtgewickelte Widerstände werden deshalb nur selten in der elektronischen Technik angewendet.

*Kohleschichtwiderstände* werden hergestellt, indem man im Vakuum bei hoher Temperatur auf zylindrische Keramikstäbchen eine dünne Schicht von kristalliner Glanzkohle niederschlägt. Die Schichtdicke beträgt je nach dem gewünschten Widerstandswert zwischen 10 $\mu$m und 0,001 $\mu$m (ein millionstel Millimeter). Bei niedrigen Ohmwerten dient die gesamte zylinderförmige Schicht als Widerstand. Hohe Werte erzielt man durch Einschleifen einer Wendel. Die Schicht wird dadurch in ein schmales schraubenförmiges Band aufgeteilt. Die Enden der Widerstandsschicht bzw. des Keramikstäbchens erhalten Anschlüsse in Form von Lötfahnen oder Kappen. Die Oberfläche des Schichtwiderstandes wird durch Lakkieren oder Umhüllen mit Kunststoff gegen Feuchtigkeit und Beschädigung geschützt.

*Metallschichtwiderstände* besitzen einen ähnlichen Aufbau wie Kohleschichtwiderstände. Bei der Herstellung wird eine äußerst dünne Metallschicht aus speziellen Metallegierungen auf den Keramikkörper aufgedampft. Das Verfahren ist teurer, die Eigenschaften von Metallwiderständen sind jedoch besser als die von Schichtwiderständen. Metallwiderstände werden vorwiegend dann verwendet, wenn äußerste Genauigkeit und Konstanz des Widerstandswertes gefordert werden, zum Beispiel für Meßgeräte.

*Wichtigste Eigenschaften von ohmschen Widerständen*

*Güteklassen*
Schichtwiderstände werden nach DIN 41 400 in drei Güteklassen 0,5 — 2 — 5 geliefert. Die Klassenbezeichnung entspricht der im Dauerbetrieb unter erschwerten Umständen höchstzulässigen Widerstandsänderung in Prozent. Ein Widerstand der Klasse 2 darf also seinen Wert bei den vorgesehenen Belastungen, bei Dauer- und Stoßprüfungen und Feuchtigkeitsbeanspruchungen um nicht mehr als ± 2% ändern.

*Auslieferungstoleranz*
Sie gibt an, um wieviel der Widerstandswert vom Soll- oder Nennwert zur Lieferzeit abweichen darf. Die Toleranz wird vom Hersteller angegeben, sie liegt im allgemeinen zwischen ± 1% und ± 10%. Noch enger tolerierte Widerstände sind Sonderanfertigungen.

*Belastbarkeit*
Sie hängt von der Oberfläche der Widerstandsschicht ab. Je größer die Oberfläche, desto größer ist der gesamte Widerstandskörper und desto höhere Leistung kann er verarbeiten und in Form von Wärme an die Außenluft abgeben. Da in der Elektronik oft nur sehr winzige Leistungen benötigt werden und ferner die Schaltungen wenig Platz einnehmen sollen, beginnt das Widerstandssortiment bei winzigen kurzen Stäbchen von der Dicke einer Bleistiftmine mit Belastbarkeiten von nur 0,075 W. Für normale Zwecke geht man mit der Nennlast bei Schichtwiderständen kaum über 2 bis 3 W hinaus. Die Stäbe sind dann etwa so dick wie eine Zigarette und bis zu 50 mm lang.

Die Nennlast ist ein ungefährer Anhalt für die unter günstigsten Bedingungen zumutbare Leistung. Sind Widerstände in enge Geräte mit höherer Wärmeentwicklung eingebaut, dann dürfen sie elektrisch weit weniger belastet werden. *Abb. 76* gibt eine Kurve hierfür. Eine genügende Sicherheit muß also stets vorhanden sein. So manche kostspielige Garantierepa-

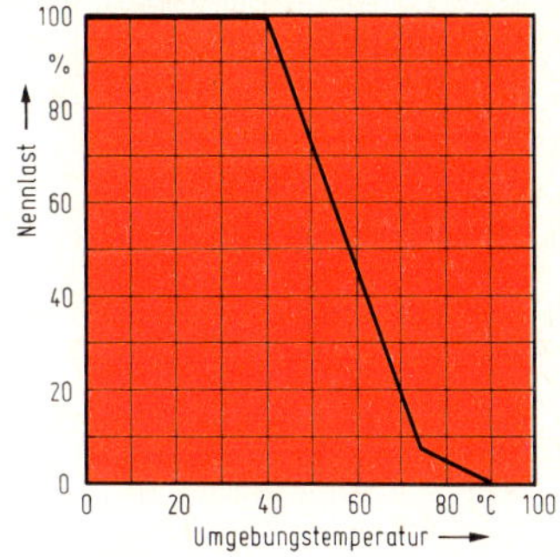


Abb. 76. Bei höheren Umgebungstemperaturen muß die Belastung von Schichtwiderständen herabgesetzt werden

ratur wurde notwendig und so mancher Anschlußauftrag ging flöten, wenn bei elektronischen Geräten diese Sicherheitsgrenzen nicht beachtet wurden und die Geräte dann bei Hochsommertemperaturen oder in heißen Ländern ausfielen.

Eine weitere Grenze für die Belastbarkeit bildet die zulässige maximale Betriebsspannung. Man darf an eine kurze Kohleschicht keine Spannung von hunderten oder sogar tausenden von Volt anlegen, sonst gibt es Funkenüberschläge, selbst wenn bei einem hochohmigen Schichtwiderstand die eigentliche Nennbelastung noch nicht überschritten würde. Bei Transistorschaltungen besteht meist keine Gefahr, daß die Widerstände zu hohe Spannungen erhalten, weil die Betriebsspannungen maximal nur 20...30 V betragen.

*Temperaturkoeffizient*

Bei Kohleschichtwiderständen fällt der Widerstandswert bei Erwärmung geringfügig ab, sie besitzen einen negativen Temperaturkoeffizienten oder Temperaturbeiwert. Auf diesen Begriff wird später noch eingegangen. Der Einfluß ist meist unerheblich. Kommt es auf hohe Konstanz an, dann ist die Güteklasse 0,5 zu verwenden.

Noch weit geringere Temperaturkoeffizienten, jedoch mit positiven Vorzeichen, weisen die Metallschichtwiderstände auf.

*Wertangaben und internationaler Farbcode*

Für Schichtwiderstände hat sich eine Abstufung eingeführt und als zweckmäßig erwiesen, bei der jeder nächsthöhere Wert rund 20% größer als der vorhergehende ist. Das Gebiet von 1 bis 10 wird dabei in zwölf Werte aufgeteilt. Dies hat den Vorteil, daß der Schaltungstechniker eine lückenlose Reihe von Werten zur Verfügung hat, bei der jeder Nennwert ±10%

Toleranz haben kann, ohne sich mit dem nächsten Wert zu überschneiden und ohne daß Lücken im Gesamtbereich auftreten. An die dabei entstehenden „krummen Werte" gewöhnt man sich sehr schnell. Die folgende *Tabelle* gibt die Widerstandswerte nach dieser internationalen E-12-Reihe an.

Internationale E-12-Reihe

| kΩ<br>MΩ | Ω<br>kΩ | Ω<br>kΩ |
|---|---|---|
| 1,0 | 10 | 100 |
| 1,2 | 12 | 120 |
| 1,5 | 15 | 150 |
| 1,8 | 18 | 180 |
| 2,2 | 22 | 220 |
| 2,7 | 27 | 270 |
| 3,3 | 33 | 330 |
| 3,9 | 39 | 390 |
| 4,7 | 47 | 470 |
| 5,6 | 56 | 560 |
| 6,8 | 68 | 680 |
| 8,2 | 82 | 820 |

Im allgemeinen hat es sich, wie in der Tabelle angegeben, als zweckmäßig herausgestellt, Werte bis 999 Ω in Ohmwerten anzugeben, bis 999 kΩ als Kiloohmwerte und darüber hinaus als Megohmwerte.

Für denjenigen, der nur gelegentlich oder als Hobby mit elektronischen Geräten zu tun hat, ist es natürlich am günstigsten, wenn Widerstandswert, Klassenbezeichnung und Nennbelastung auf den Widerstandskörper in Zahlen aufgedruckt sind. Aus wohlerwogenen Gründen hat sich jedoch die sogenannte internationale Farbbezeichnung eingeführt. Hierbei werden die Zahlenwerte durch Farbpunkte oder Farbringe auf dem Widerstandskörper gekennzeichnet. Insbesondere Farbringe haben den Vorteil, daß sie von allen Seiten den Widerstandswert erkennen lassen und daß sie nicht so leicht abgewischt oder durch Verschmutzen oder Abrieb unleserlich werden. Zum Entschlüsseln dieses Farbcodes gibt es Hilfsmittel in Form von Farbentafeln oder Farbschiebern.

*Einstellbare Widerstände*

Einstellbare Widerstände sind fast stets als veränderliche Spannungsteiler ausgebildet und werden Potentiometer genannt. Bei ihnen ist die Wider-

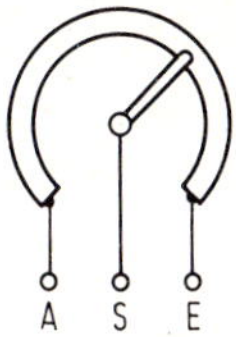


Abb. 77. Prinzip eines Drehwiderstandes

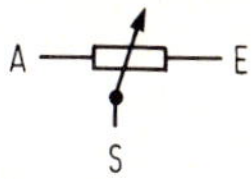


Abb. 78. Schaltsymbol eines Potentiometers

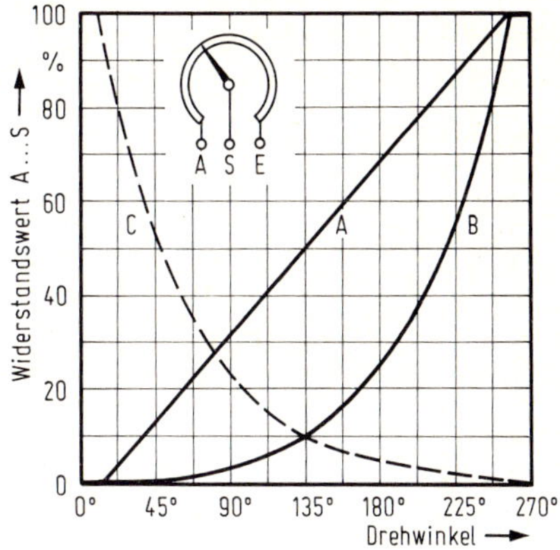


Abb. 79. Kennlinien von Potentiometern im linearen Maßstab; A = lineare Widerstandszunahme, B = logarithmische Widerstandszunahme, C = negativ logarithmischer Verlauf

standsschicht ringförmig auf eine Isolierplatte aufgetragen. Ein drehbarer Schleifarm greift nach *Abb. 77* mehr oder weniger große Widerstandswerte ab. Die Enden der Widerstandsbahn werden mit a = Anfang und e = Ende bezeichnet, der Schleifer mit s. Der Anschluß, auf dem der Schleifer anliegt, wenn er von der Frontseite aus nach links gedreht wird, ist a. *Abb. 78* zeigt das bekannte normengemäße Schaltsymbol.

Kleine Drehwiderstände, die nur einmal oder selten eingestellt werden, besitzen statt des Bedienungsknopfes einen Schraubenzieherschlitz. Sie werden Einstell- oder Trimmwiderstände genannt. Meistens sind sie so ausgebildet, daß sie sich mit ihren Anschlüssen direkt in gedruckte Schaltungen einlöten lassen.

Für Hi-Fi-Anlagen und Mischpulte werden auch Schiebepotentiometer verwendet. Bei ihnen ist die Widerstandsbahn geradlinig angeordnet, und der Schleifkontakt gleitet in einer Schienenführung darauf hin und her. Vorteile: leicht zu bedienen, und die jeweilige Einstellung ist gut zu erkennen und zu merken.

Die vielfach übliche Bezeichnung Lautstärke*regler* (bzw. Dreh*regler* oder Schiebe*regler*) sollte man besser vermeiden. Die Ausdrücke Regler und Regelung gelten für selbsttätige Regelkreise, z. B. für Abb. 75. Handbediente Potentiometer sind Drehwiderstände, Schiebewiderstände, Stellwiderstände oder Einsteller.

Nimmt der Ohmwert eines Drehwiderstandes zwischen dem Anfang a der Widerstandsbahn und dem Schleifer s beim Drehen nach Kurve A in

*Abb. 79* gleichmäßig zu, so spricht man von einer *linearen* Widerstandszunahme. Steigt der Wert der Kurve B erst langsam und dann steil an, so hat das Potentiometer einen logarithmischen Widerstandsverlauf. Das bedeutet, vereinfacht gesagt, daß gleiche Drehwinkel stets die gleiche *prozentuale* Widerstandsänderung ergeben. Man kann daher kleine Widerstandswerte mit der gleichen Sicherheit einstellen wie große.

Diese Potentiometer dienen als Spannungsteiler zur Lautstärkeeinstellung in Empfängern. Das menschliche Ohr reagiert nämlich nicht auf absolute, sondern auf prozentuale Lautstärkeunterschiede. Man merkt deutlich, wenn sich eine Tonfrequenzspannung um 50% ändert, ganz gleich, ob der Ausgangswert klein oder groß war. Bei einem Potentiometer mit linearer Kennlinie (Kurve A in Abb. 79) als Lautstärkeeinsteller ändert sich der Widerstandswert und damit die Spannung am Anfang des Drehbereiches sehr schnell, z. B. von 10 auf 20, also um 100% für eine Winkeländerung von 20°. Am oberen Ende beträgt die Änderung für 20° Drehwinkel nur noch rund 10%, nämlich von 90 auf 100.

Beim Spannungsteilerpotentiometer mit logarithmischer Kennlinie nach Kurve B wächst dagegen die Lautstärke bei gleichem Drehwinkel gleichmäßig an, und der Lautstärkeeindruck nimmt stetig zu.

Weitere Beispiele für prozentuale bzw. logarithmische Abhängigkeit sind das Helligkeitsempfinden des menschlichen Auges oder die Lichtempfindlichkeit fotografischer Schichten.

Ein elektronischer Helligkeitseinsteller für eine Bühnenbeleuchtung muß einen logarithmischen Verlauf haben, wenn das Licht für das Auge ganz allmählich und gleichmäßig zu- oder abnehmen soll. Ein elektronisches Zeiteinstellgerät für Vergrößerer in Fotolabors sollte ebenfalls logarithmisch gestufte Zeiten liefern, denn man muß bei sehr glasigen, dünnen Negativen die Belichtungszeit in feineren Stufen einstellen können als bei überbelichteten, pechschwarzen Negativen, die sehr lange Belichtungszeiten erfordern.

Man bezeichnet die Kurve B in Abb. 79, die erst flach und dann steil ansteigt, als positiv-logarithmisch. Das Gegenstück dazu ist Kurve C. Man nennt sie negativ-logarithmisch. Ein solcher Kennlinienverlauf bei einem Potentiometer ist erwünscht, wenn höhere Werte sehr feinstufig eingestellt werden sollen. Das kann etwa bei einem elektronischen Temperaturregler der Fall sein. Man will vielleicht niedrige Temperaturen von 20...100 °C schnell durchfahren jedoch höhere, wichtige Arbeitstemperaturen an Härteöfen und Kunststoffpressen sehr fein einstellen können.

Abb. 80. Definition des spezifischen Widerstandes von Leitungs- und Widerstandsdrähten

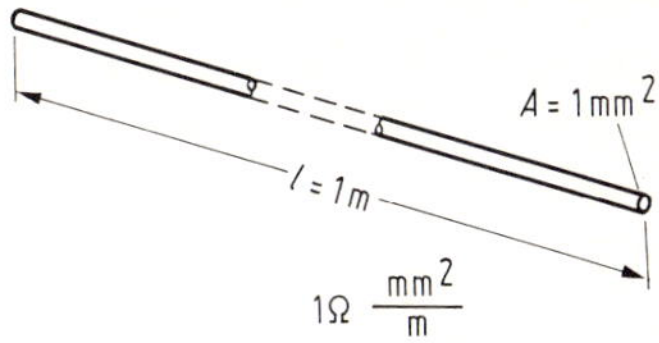


Auf dem Bezeichnungsschild von Potentiometern oder in den Ersatzteillisten von Serviceanweisungen wird neben dem Ohmwert der Kurvenverlauf durch Abkürzungen lin = linear, log = logarithmisch, pos = positiv oder neg = negativ gekennzeichnet, z. B. 10 kΩ lin oder 500 kΩ pos log.

*Spezifischer Widerstand*

Ein elektrischer Leiter mit der Länge *l* und dem Querschnitt *A* besitzt einen Widerstandswert von

$$R = \frac{l}{A} \cdot \varrho$$

Darin ist $\varrho$ (griechischer Buchstabe rho) eine Materialkonstante bei bestimmten Abmessungen von l und A. Dieser Wert wird als spezifischer Widerstand bezeichnet. Durch Umstellen erhält man ihn zu:

$$\varrho = R \frac{A}{l}$$

Für Leitungsdrähte hat es sich seit den grundlegenden Versuchen von Ohm und Siemens eingebürgert, den spezifischen Widerstand oder Einheitswiderstand nach *Abb. 80* für einen Draht von 1 m Länge und 1 mm² Querschnitt zu definieren. Das ergibt für $\varrho$ die Maßeinheit

$$\frac{\Omega \cdot mm^2}{m}$$

Für den spezifischen Widerstand von Drähten ergeben sich unhandlich kleine Werte, z. B. ist für Kupfer $\varrho = 0{,}0173$. Deshalb benutzt man für Widerstandsberechnungen oft den Kehrwert und bezeichnet ihn als spezifische Leitfähigkeit $\varkappa$ (griechischer Buchstabe kappa). Hier ergibt sich etwas Ähnliches wie beim Leitwert. Dort hieß es[1])

$$G = \frac{1}{R} \qquad \text{hier gilt: } \varkappa = \frac{1}{\varrho}$$

[1]) Abschnitt „Widerstandswerte und Leitwerte", Seite 97.

Aus den Zahlenwerten für die Leitfähigkeit läßt sich auch besser erkennen, welches Material gut oder schlecht leitet. Dazu folgende Wertangaben:

| | $\varrho$ | $\varkappa$ |
|---|---|---|
| Silber | 0,016 | 62,5 |
| Kupfer | 0,0173 | 57,8 |
| Gold | 0,023 | 43,5 |
| Aluminium | 0,028 | 36 |
| Konstantan | 0,10...0,15 | 10...6,7 |
| Kohle | 65 | 0,015 |

Und ein Rechenbeispiel:

Der Widerstand eines Kupferdrahtes von 80 m Länge und 0,5 mm² Querschnitt beträgt:

$$R = \frac{l}{A} \cdot \varrho = \frac{80}{0{,}5} \cdot 0{,}0173 = 2{,}76\,\Omega$$

oder

$$R = \frac{l}{A \cdot \varkappa} = \frac{80}{0{,}5 \cdot 57{,}8} = 2{,}76\,\Omega$$

Für den spezifischen Widerstand und die spezifische Leitfähigkeit sind verschiedene Einheitenangaben möglich, je nachdem, ob man die Zahlenwerte in mm oder cm einsetzt oder, ähnlich wie beim Leitwert, die Einheit Siemens (S) einführt. Überlassen wir diese Definitionen den Tabellenbüchern. Wenn man bei der Berechnung von Drähten, wie hier im Beispiel, die Länge in m und den Querschnitt in mm² einsetzt, erhält man den Widerstandswert in Ω.

Eine der Maßeinheiten für den spezifischen Widerstand sei hier aber doch noch erwähnt. Seit dem Aufkommen der Transistoren ist es üblich

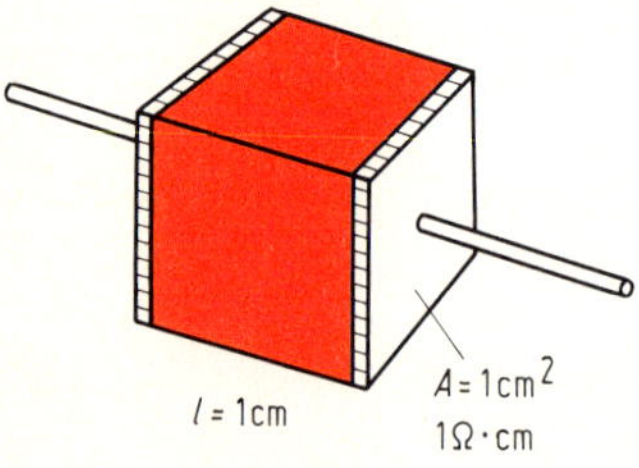


Abb. 81. Zur Definition des spezifischen Widerstandes von Halbleitermaterial und von Isolierstoffen

geworden, nach *Abb. 81* die Materialkonstante $\varrho$ auf ein Leiterstück von der Länge $l = 1$ cm und dem Querschnitt $A = 1\ \text{cm}^2$ zu beziehen. Damit wird die

$$\text{Maßeinheit für } \varrho\text{:}\quad \frac{\Omega \cdot \text{cm}^2}{\text{cm}} = \Omega \cdot \text{cm}$$

Diese Einheit wird vorwiegend für den spezifischen Widerstand von Isolatoren und Halbleitermaterialien wie Germanium und Silizium angewendet. So hat Hartpapier einen Wert $\varrho \approx 10^{10}\ \Omega \cdot \text{cm}$ und reines Silizium $\varrho = 2 \cdot 10^5\ \Omega \cdot \text{cm}$. Anschaulicher gesagt, ein Siliziumwürfel nach Abb. 81 hat zwischen den beiden metallischen Anschlußflächen einen Widerstandswert von $2 \cdot 10^5 = 200\ \text{k}\Omega$.

# Ohmsche Widerstände als elektronische Meßwertaufnehmer

*Dehnungsmeßstreifen*

Reckt man einen Widerstandsdraht, dann wird er dünner und länger, und damit wird sein Widerstandswert größer. Bleibt man dabei innerhalb der Elastizitätsgrenze, so nimmt der Draht wieder seine ursprüngliche Form an, wenn die Belastung wegfällt, so wie ein Gummifaden nach dem Recken wieder seine ursprüngliche Länge und Form annimmt. Beim Widerstandsdraht stellt sich auch der ursprüngliche Widerstandswert wieder ein.

Kittet man den Draht recht starr und fest auf einen Träger oder ein Maschinenteil auf, dann muß der Draht kleine Längenänderungen oder Dehnungen dieses Teiles genau mitmachen ohne abzublättern, etwa so wie ein guter Lackanstrich. Wenn aber beim Dehnen der Draht länger wird, dann ändert sich sein Widerstandswert. Aus dieser Änderung kann man die Größe der Dehnung und weiter die mechanische Zugbelastung des Teiles ermitteln.

Das gleiche gilt bei einer Verkürzung. Der Draht wird dann gestaucht, er wird also kürzer und dicker, und sein Widerstandswert wird kleiner.

Auf diesem Prinzip der Widerstandsänderung beim Dehnen von Drähten beruht ein umfangreiches Spezialgebiet der elektronischen Meßtechnik. Als Meßwertaufnehmer dienen dabei *Dehnungsmeßstreifen* (DMS). Dies sind Widerstandselemente zum Messen von kleinsten mechanischen Län-

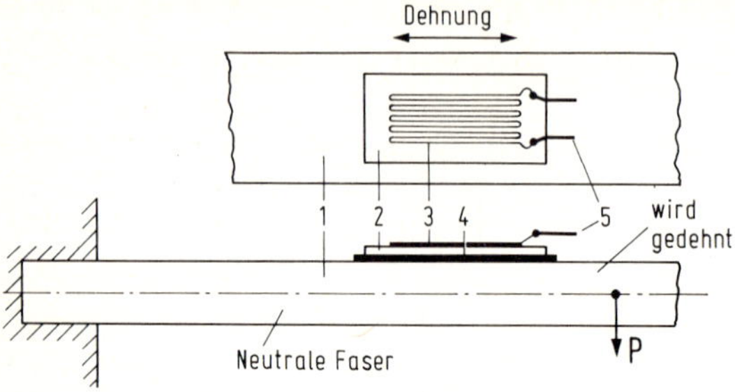


Abb. 82. Einseitig eingespannter Balken 1 mit Belastung P und aufgeklebtem Dehnungsmeßstreifen, 2 Trägerstreifen, 3 Dehnungsmeßdraht, 4 Klebeschicht (Araldit o. ä.), 5 Anschlußdrähte

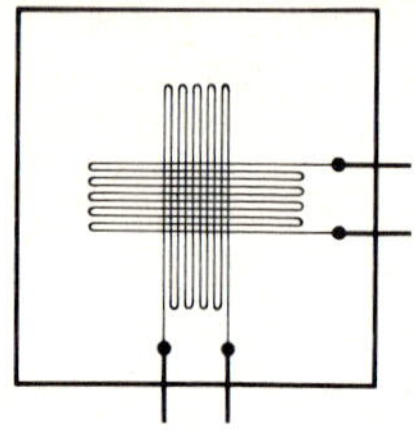

Abb. 83. Zwei senkrecht zueinander auf einem Trägerplättchen angeordnete Dehnungsmeßstreifen

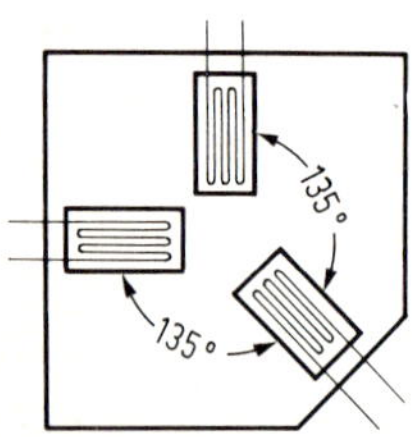


Abb. 84. Rosettenstreifen zum Aufnehmen von Dehnungen aus verschiedenen Richtungen

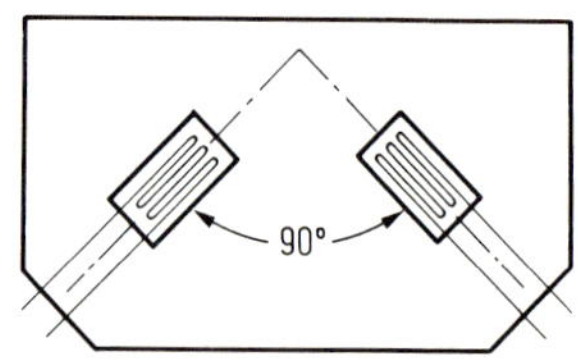


Abb. 85. Rechtwinklig zueinander angeordnete Streifen

genänderungen und damit von Dehnungen, Drücken, Biegungen und Verwindungen (Torsionen) an Maschinen, Fahrzeugen, Kesseln, Brücken und Gebäuden. Ein DMS besteht nach *Abb. 82* aus einem mäanderförmig[1]) auf einem Isolierplättchen aufgebrachten Widerstandsmeßdraht. Der Streifen wird sehr fest mit dem Teil verklebt, dessen Längenänderung bzw. Dehnung gemessen werden soll. Dehnt sich die Unterlage, dann wird der Meßdraht gereckt und dabei dünner im Querschnitt. Nach der Gleichung

$$R = \varrho \frac{\text{Leitungslänge}}{\text{Leitungsquerschnitt}} = \varrho \frac{l}{A}$$

vergrößert sich also der Widerstandswert bei Dehnung. Bleibt man innerhalb der elastischen Dehnung, dann nimmt der Draht nach dem Wegfall der Belastung seine ursprüngliche Länge und seinen normalen Widerstandswert wieder an. Beim *Stauchen* verringert sich der Widerstandswert eines Dehnungsmeßstreifens.

[1]) Mäander, klassisch-griechischer Name für einen Fluß mit sehr gewundenem Lauf in Kleinasien. Heute wird er Menderes genannt.

Damit die Längenänderungen recht groß werden, führt man den Draht in rechteckigen Schleifen (mäanderförmig) hin und her. Die Längenänderung tritt dann mehrmals innerhalb der Gesamtdrahtlänge auf.

Der Streifen nach Abb. 82 nimmt Dehnungswerte nur in einer Richtung auf. Durch zwei nach *Abb. 83* senkrecht zueinander angeordnete Drahtwicklungen lassen sich Dehnungen nachweisen, die in verschiedenen Richtungen auftreten. Andere Kombinationen von Dehnungsmeßstreifen sind in *Abb. 84* und *85* schematisch angedeutet. *Metallfilm*dehnungsmeßstreifen bestehen nicht aus Widerstandsdraht, sondern aus einer Folie aus Widerstandsmaterial. Die Form des Meßstreifens wird in Art einer gedruckten Schaltung aus der vollen Folie herausgeätzt. Die Wirkungsweise ist die gleiche wie bei Meßstreifen aus Draht. Außerdem werden auch feine Siliziumstäbchen als Dehnungsmeßstreifen angeboten. Sie sind etwa fünfzigmal empfindlicher als Metalldrähte. Das vereinfacht die Meßapparatur, aber leider sind eben Halbleiter recht temperaturabhängig. Man muß sich daher beim Messen beeilen, sonst kommt die Meßschaltung bei Änderungen der Umgebungstemperatur aus dem Gleichgewicht.

Dehnungsmeßstreifen werden mit Nennwerten von 60 Ω bis 600 Ω geliefert. Die bei Belastung auftretenden Widerstandsänderungen liegen bei einigen Milliohm. Diese geringen Änderungen lassen sich nur mit Brückenschaltungen und Verstärkern erfassen. Die Brücke wird meist mit Wechselspannung von 2...6 kHz gespeist, weil sich Wechselspannungen besser verstärken lassen als Gleichspannungen. *Abb. 86* zeigt das Prinzip einer solchen Dehnungsmeßstreifenbrücke. Die Meßstelle kann weit entfernt vom Meßgerät liegen. Mehrere Meßstellen können über Umschalter nacheinander an die Meßapparatur angeschlossen werden.

Die Brücke selbst besteht aus zwei konstanten Widerständen K und zwei Dehnungsmeßstreifen DMS. Sie arbeitet nach dem von Abb. 74 bekannten Ausschlagverfahren. Ordnet man die aktiven DMS in gegen-

Abb. 86. Prinzipschaltung einer Dehnungsmeßstreifenbrücke

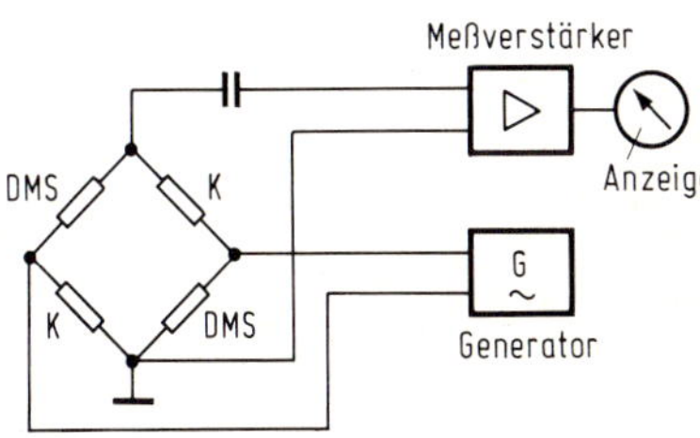

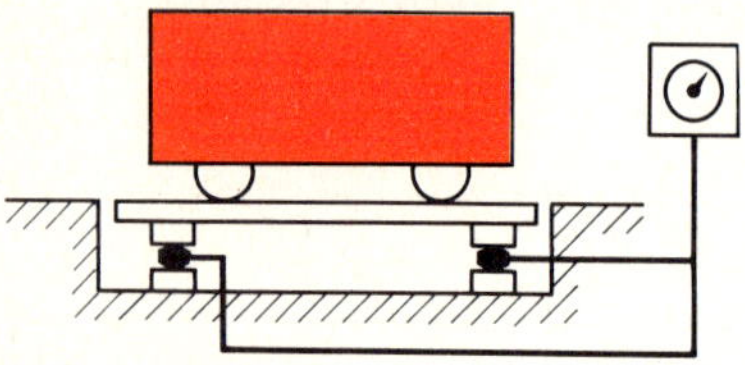

Abb. 87. Schema einer Brücken- oder Plattformwaage mit vier Kraftmeßdosen; die Plattform enthält keinerlei mechanische Elemente oder Übertragungsglieder

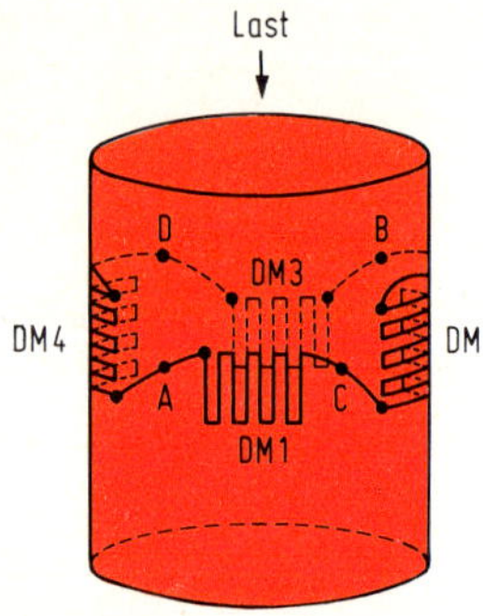


Abb. 88. Prinzip einer Kraftmeßdose mit vier Dehnungsmeßstreifen in Brückenschaltung. Beim Aufsetzen einer Last wird die Säule kürzer und dicker, dadurch dehnen sich die Streifen DM 2 und DM 4. Die anderen beiden Streifen werden gestaucht, ihr Widerstandswert verringert sich, dies verstimmt die Brücke zusätzlich. Eine Brücke aus vier gleichen Widerstandselementen ist zudem unempfindlich gegen Temperaturschwankungen

überliegenden Brückenzweigen an, dann verdoppelt sich die Meßspannung in der Brückendiagonale. Die Brücken werden zu Beginn der Messung mit Zusatzgliedern in der Meßapparatur abgeglichen.

Die Anzeigegeräte sind meistens direkt in Dehnungswerten geeicht. Registriergeräte zum Aufschreiben langsam verlaufender mechanischer Änderungen oder Oszillografen zum Beobachten sehr schnell oder periodisch ablaufender Dehnungsvorgänge lassen sich anschließen.

Außer individuellen Laboratoriumsuntersuchungen und Abnahmemessungen gibt es viele Anwendungsgebiete, bei denen Dehnungsmeßstreifen ständig in Betrieb sind. So kann die Belastung eines Kranes mit Hilfe einer Lastmeßdose überwacht und bei Überlast ein Signal ausgelöst werden. Bei Hoch- und Tiefbauten werden korrosionssicher gekapselte Dehnungsmeßstreifen in den Beton eingegossen. Man kann damit ständig kontrollieren, ob gefährliche Spannungen in den Fundamenten auftreten.

In *Abb. 87* ist als Anwendungsbeispiel das Schema einer Brückenwaage dargestellt. Die Brücke ruht mit ihren vier Ecken auf sogenannten *Kraftmeßdosen*. Sie bestehen nach *Abb. 88* aus kurzen Stahlsäulen mit aufzementierten Dehnungsmeßstreifen in Brückenschaltung. Die Anlage ist so geschaltet und justiert, daß auf der Skala das Gewicht der Last angezeigt

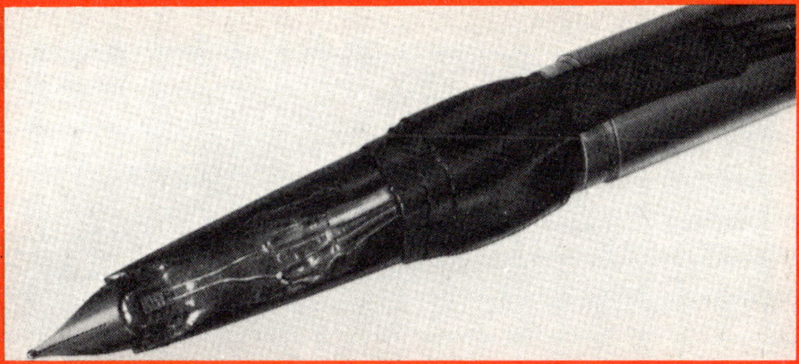

Abb. 89. Füllhalterfeder mit Dehnungsmeßstreifen

wird. Dieser Wert wird außerdem in Ziffernform umgewandelt und mit Datum und Uhrzeit ausgedruckt. Eine solche Waage enthält keinerlei mechanisch bewegte Bauteile, die gewartet werden müssen und sich abnutzen können.

Wie vielseitig das Gebiet der DMS-Technik sein kann, zeigen die beiden folgenden Bilder.

In *Abb. 89* ist ein Dehnungsmeßstreifen auf eine Füllhalterfeder aufgebracht worden, um die beim Schreiben notwendige mechanische Arbeit zu messen. Diese Anwendung stammt übrigens von dem 14jährigen Gymnasiasten Jörg Petermann, Herzberg/Harz. Er erhielt 1974 für die damit durchgeführten Untersuchungen im Rahmen des Wettbewerbes „Jugend forscht" den Sonderpreis des Bundeskanzlers für die schöpferisch beste Arbeit.[1])

Während bei der Füllhaltermessung winzigste Kräfte durch Dehnungsmeßstreifen erfaßt werden, dienen in der Anordnung *Abb. 90* Dehnungsmeßstreifen dazu, um am sog. Obergurtknotenpunkt einer Brücke Lastbeanspruchungen bis zu 200 Megapond zu analysieren[2]).

---

[1]) Messungen und Berechnungen an Federn von Füllhalterfedern. Von Jörg Petermann. Meßtechnische Briefe der Firma Hottinger Baldwin Meßtechnik; 1974, Heft 3, Seite 50...53.

[2]) Dehnungsmessungen bei Großversuchen an einer außer Dienst gestellten Feldwegbrücke über den Mittellandkanal. Von Dr.-Ing. H. Schmidt. Meßtechnische Briefe 1973, Heft 2, Seite 27...30.

Die mechanische Leistung beim Schreiben mit dem Federhalter läßt sich messen — die geistige nicht

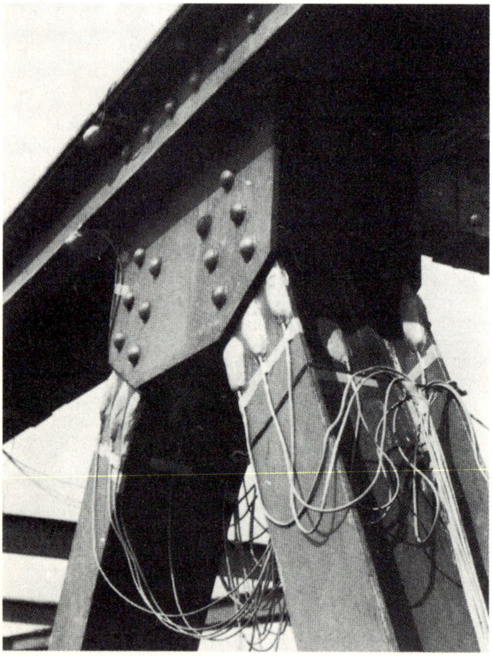

Abb. 90. Dehnungsmeßstellen an einem Brückenknotenpunkt

Die Dehnungsmeßstreifentechnik ist eines der vielen Beispiele für das Zusammenwachsen der modernen Ingenieurwissenschaften. Der Hochbauingenieur war früher nur auf statische Berechnungen, Materialstichproben und rein mechanische Meßverfahren angewiesen, wenn er die Belastbarkeit einer Brücke oder die Festigkeit eines Bauwerkes zu bemessen und zu überprüfen hatte. Heute stellt ihm der Elektronikingenieur dafür bedeutend empfindlichere und bequemere Meßmittel zur Verfügung.

Am Anfang der Dehnungsmeßstreifentechnik steht aber das schlichte Grundgesetz, daß der ohmsche Widerstand eines Drahtes von seiner Länge und von seinem Querschnitt abhängt.

*Steuerbare Widerstände*

Dehnungsmeßstreifen sind ein Beispiel dafür, daß der Widerstandswert eines Bauelementes durch mechanische Einwirkung verändert oder gesteuert werden kann. Bei anderen Bauelementen läßt sich der Widerstandswert durch Temperatur, Licht, Spannung oder durch Magnetfelder steuern. Die *Tabelle 1* bringt dazu eine Übersicht.

Tabelle 1. Steuerbare Widerstände

| Bauelement | Wirkung | | Steuergröße |
|---|---|---|---|
| Dehnungsmeßstreifen | Widerstandswert ändert sich durch Biegen | | Dehnung |
| Mikrofonkapsel im Fernsprecher | Widerstandswert ändert sich durch auftreffende Schallwellen | | Druck |
| Kaltleiter | Widerstandswert steigt mit der | → | Temperatur |
| Heißleiter | Widerstandswert sinkt mit der | → | Temperatur |
| Varistoren | Widerstandswert sinkt mit der | → | Spannung |
| Fotowiderstände | Widerstandswert verringert sich durch | → | Licht |
| Feldplatten | Widerstandswert erhöht sich bei Annäherung eines Magneten, d. h. durch ein | → | Magnetfeld |

Im weitesten Sinne kann man sogar Dioden und Transistoren zu den steuerbaren Widerstandselementen rechnen, denn auch bei ihnen ändert sich der hinfließende Strom, wenn man die „Steuerspannung“ ändert. — Alle diese Möglichkeiten werden in der Elektronik ausgenutzt, um automatisch arbeitende Meß-, Steuer- und Regelanlagen der verschiedensten Art aufzubauen.

*Der Temperaturkoeffizient*

Bei der Besprechung der Schichtwiderstände wurde erwähnt, daß Kohle einen negativen Temperaturkoeffizienten besitzt. Der Widerstandswert von Kohle ändert sich merklich mit der Temperatur. Auf diese Erscheinung sei allgemein nochmals eingegangen.

Der elektrische Widerstand von Werkstoffen ist nicht konstant, sondern hängt von der jeweiligen Temperatur des betreffenden Stoffes ab. Bei reinen Metallen erhöht sich der Widerstandswert bei Erwärmung bis zu Temperaturen von etwa 250 °C ziemlich gleichmäßig um etwa 0,4% je Grad Temperaturhöhung. Diese Widerstandszunahme drückt man durch Gleichung aus:

$$R_v = R_k \cdot \alpha \cdot \Delta t \qquad (\Omega)$$

$R_v$ = absolute Widerstandsänderung
$R_k$ = Widerstand in kaltem Zustand (meist bei 20 °C) (Ω)
$\alpha$ = Temperaturkoeffizient oder Temperaturbeiwert
($\alpha$ = griech. Buchstabe alpha) (1/grd)
$\Delta t$ = Temperaturänderung (grd)[1]

*Beispiel*

Bei 20 °C betrage der Wicklungswiderstand eines Kleinmotors für ein Tonbandgerät $R_k = 100\ \Omega$. Der Temperaturbeiwert von Kupfer ist $\alpha = 0{,}00393$. Um wieviel erhöht sich der Widerstandswert, wenn die Temperatur des Motors im Betrieb von 20 °C auf 70 °C ansteigt?

$$R_v = R_k \cdot \alpha \cdot \Delta t$$
$$R_v = 100 \cdot 0{,}00393\ (70-20)$$
$$R_v = 19{,}65\ \Omega \approx 20\ \Omega$$

Der Widerstandswert erhöht sich also um rund 20 Ω, anstatt 100 Ω beträgt der Wicklungswiderstand nun 120 Ω!

[1]) Temperaturänderungen oder Temperaturunterschiede bezeichnet man korrekterweise nicht mit „°C“, sondern mit „grd“, damit sie nicht mit Temperaturangaben verwechselt werden können. Eine Temperatur**änderung** von 20 grd ist etwas anderes als eine **Temperatur** von 20 °C!

Abb. 91. Verlauf der Widerstandsänderung für einige Werkstoffe in Abhängigkeit von der Temperatur

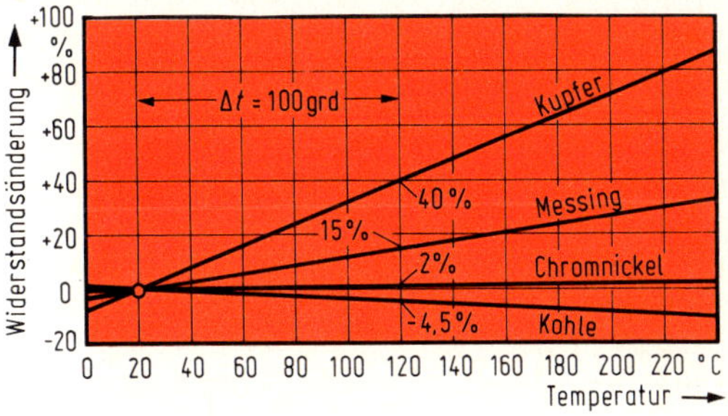


In der *Tabelle 2* sind die Temperaturkoeffizienten einiger wichtiger Werkstoffe angegeben. Man erkennt daran, daß reine Metalle tatsächlich einen Temperaturbeiwert von etwa 0,004, d. h. 0,4% je Grad Temperaturänderung besitzen. Bei Legierungen ist der Temperaturkoeffizient geringer. Spezielle Widerstandsmaterialien, wie Chromnickel, Manganin und Konstantan, werden so legiert, daß die Widerstandsänderung durch Temperaturschwankungen im allgemeinen vernachlässigt werden kann. Bei Konstantan konnte sogar eine geringe negative Abhängigkeit erzielt werden, d. h. bei ansteigender Temperatur sinkt der Widerstandswert. Das gleiche gilt für Kohle, wie bereits bei den Schichtwiderständen erwähnt worden ist. Der in der Tabelle aufgeführte Zahlenwert gilt für reinen Kohlenstoff. Bei Kohleschichtwiderständen läßt sich die Temperaturänderung durch besondere Herstellungsverfahren noch herabdrücken.

*Abb. 91* zeigt im Diagramm für einige Werkstoffe den Verlauf der Widerstandsänderung in Abhängigkeit von der Temperatur. Bei Kupfer beträgt für eine Temperaturänderung von 100 grd der Anstieg bereits 40%, für die Legierungen Messing und Chromnickel dagegen nur 15% und 2%. Konstantan läßt sich in diesem Diagramm nicht darstellen, die Kurve fällt praktisch mit der Nullinie zusammen.

Ziemlich große negative und positive Temperaturkoeffizienten sind in Tabelle 2 für Urandioxid und Bariumtitanat angegeben. Man benutzt diese Werkstoffe für elektronische Bauelemente, deren Widerstandswert sich gewollt in Abhängigkeit von der Temperatur ändern soll.

*Tabelle 2.* Temperaturbeiwerte für einige Werkstoffe

| Werkstoff (rein) | |
|---|---|
| Silber | 0,0038 |
| Kupfer | 0,00393 |
| Gold | 0,004 |
| Aluminium | 0,00377 |
| Zink | 0,0037 |
| Eisen | 0,0045...0,0006 |
| Zinn | 0,0042 |
| Kohle | —0,00045 |
| Legierung | |
| Messing | 0,0015 |
| Nickelin | 0,00011 |
| Manganin | 0,00004 |
| Konstantan | —0,0000035 |
| Chromnickel | 0,0003 |
| Oxidkeramik | |
| Urandioxid | —0,03...—0,06 |
| Bariumtitanat | +0,01...+0,05 |

*Kaltleiter* (PTC-Widerstände)

Aus der Kurve für Kupfer in Abb. 91 ergibt sich einleuchtend, daß Kupfer bei niedrigen Temperaturen einen geringeren Widerstand hat, also *in kaltem Zustand besser leitet*. Alle Werkstoffe und Bauelemente mit diesem Verhalten nennt man daher *Kaltleiter*. Diesen Effekt nutzt man verschiedentlich in elektronischen Schaltungen und Geräten aus. Diese Beeinflussung kann entweder durch die Umgebungstemperatur erfolgen oder durch Aufheizen des Leiters durch den hindurchfließenden Strom. Ein typisches Beispiel für den zweiten Fall ist der Widerstandswert einer Glühlampenwendel. *Abb. 92* zeigt den Verlauf dieses Wertes für eine 15-W-Metallfadenlampe. Im kalten Zustand beträgt er nur etwa 500 Ω. Legt man eine Spannung an und erhöht sie langsam, dann erhitzt der Strom den Faden. Bei etwa 20 V beginnt er bereits schwach dunkelrot zu glühen (nur im Dunkeln sichtbar). Dies entspricht einer Fadentemperatur von etwa 500 °C. Bei zunehmender Spannung, also zunehmender Temperatur, erhöht sich der Widerstandswert weiter. Bei der Nennspannung

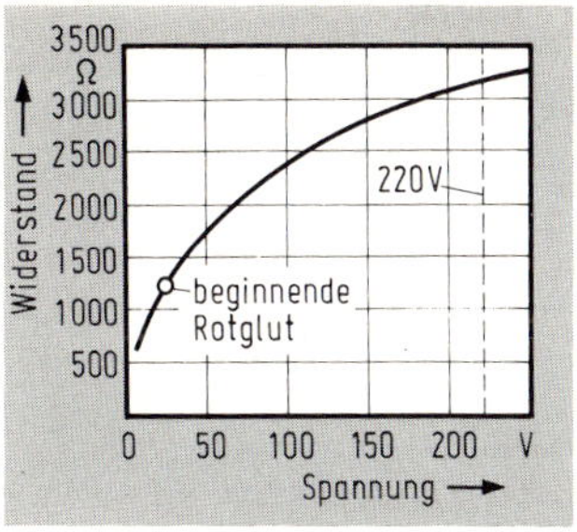


Abb. 92. Erhöhung des Widerstandswertes einer Metallfadenlampe bei ansteigender Spannung

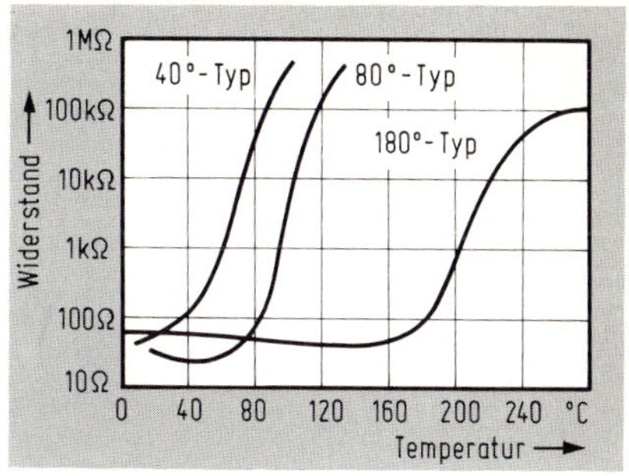


Abb. 93. Kennlinien von keramischen PTC-Widerständen

220 V beträgt er rund 3200 Ω. Dies stimmt mit dem Nennverbrauch überein, denn

$$R = \frac{U^2}{N} = \frac{220^2}{15} = 3200\,\Omega$$

Die Temperatur des weißglühenden Fadens beträgt dann etwa 1500 °C.

Die Glühlampe zeigt also ein typisches Kaltleiterverhalten. Kleine Spezialglühlämpchen und Sonderausführungen in Form von Eisenwasserstoffwiderständen (Eisendrähtchen in einem mit Wasserstoffgas gefüllten Glaskolben) werden in elektronischen Geräten als Übersteuerungsschutz und Strombegrenzer verwendet. Bei ansteigendem Strom durch den Kaltleiter erhöht sich dessen Widerstandswert, eine größere Spannung fällt daran ab, und die Nutzspannung bleibt stabil oder wird auf einen zulässigen Wert begrenzt.

Noch vielseitiger anwendbar bei kleinen Abmessungen und kleinem Eigenverbrauch sind technische Kaltleiter aus halbleitenden keramischen Stoffen. Vorwiegend verwendet wird gesintertes Bariumtitanat $BaTiO_3$. Man nennt diese Art *PTC-Widerstände*. PTC ist die Abkürzung für **P**ositiver **T**emperatur-**C**oeffizient. Ein positiver Temperaturkoeffizient bedeutet, daß bei ansteigender Temperatur der Widerstandswert größer wird — das ist das Merkmal des Kaltleiters.

Bei Bariumtitanat steigt innerhalb eines engen Temperaturbereiches der Widerstandswert ungewöhnlich steil an. Durch Wahl der Materialzusammensetzung kann man den Anstiegspunkt festlegen. *Abb. 93* zeigt den Kennlinienverlauf von drei verschiedenen Typen. Man beachte, daß gegenüber Abb. 92 nicht die anliegende Spannung, sondern die Temperatur des Kaltleiters auf der waagerechten Achse aufgetragen ist. Der steile Widerstandsanstieg der drei Ausführungen liegt bei 40 °C, 80 °C und 180 °C. Die Widerstandswerte ändern sich dann bis zu vier Zehnerpotenzen, also im Verhältnis von 1:10000. Dann nimmt jedoch die Steilheit der Kurve ab. Technisch ausgenutzt wird das Gebiet vom etwa gleichbleibenden Kaltwiderstand bis zum oberen Kennlinienknick.

Die Kurven in Abb. 93 gelten für Betriebsspannungen bis zu 2 V am Kaltleiter. Er soll elektrisch nicht hoch belastet werden, damit er sich, im Gegensatz von Glühlampen und Eisenwasserstoffwiderständen, nicht von selbst aufheizt. Vielmehr beeinflußt man den Widerstandswert von Kaltleitern aus Halbleitermaterial vorzugsweise durch äußere Temperaturen und nutzt die dabei auftretenden Widerstandsänderungen zu Anzeige-, Steuer- und Regelzwecken aus. Man kann dabei entweder das stetig ansteigende Kennlinienstück zu kontinuierlichen Temperaturmessungen benutzen oder den unteren Kennlinienknick für eine Schalterwirkung verwenden.

Man nutzt sie beispielsweise zum Schutz von Kesselanlagen aus. Wird ein Kaltleiter, dessen Temperaturknick bei 80 °C liegt, in einen Elektrokessel eingebaut, dann drosselt er über eine Regelschaltung den Heizstrom, wenn die Temperatur über 80 °C ansteigt.

Die steilen Kurvenstücke in Abb. 93 ermöglichen Temperaturmessungen mit hoher Empfindlichkeit. Beträgt der Temperaturkoeffizient für einen PTC-Widerstand z. B. +10%/grd, dann heißt das, daß 0,1 grd noch eine Widerstandsänderung von 1% verursacht. Eine solche Änderung läßt sich leicht in einer Brückenschaltung messen und direkt in Celsius-Graden anzeigen.

Für keramische Kaltleiter benötigt man ein besonderes Schaltzeichen. Naheliegend ist, dafür das genormte Schaltzeichen für einen selbstregelnden Widerstand *Abb. 94a* zu verwenden. Um die positive Temperaturabhängigkeit anzudeuten, kann man nach der Schaltzeichennorm wie in Abb. *94b* den griechischen Buchstaben $\vartheta$ = theta und zwei Pfeile in gleicher Richtung dazusetzen. Das bedeutet, daß der Widerstandswert (der eine Pfeil) steigt, wenn die Temperatur (der andere Pfeil) ebenfalls ansteigt.

Die Norm entstand jedoch zu einer Zeit, als keramische Kaltleiter noch selten waren. Außerdem wird das Schaltsymbol im Ausland kaum verstanden. Im folgenden wird daher an einen Kaltleiter nach Abb. *94c* der Ausdruck PTC hinzugefügt.

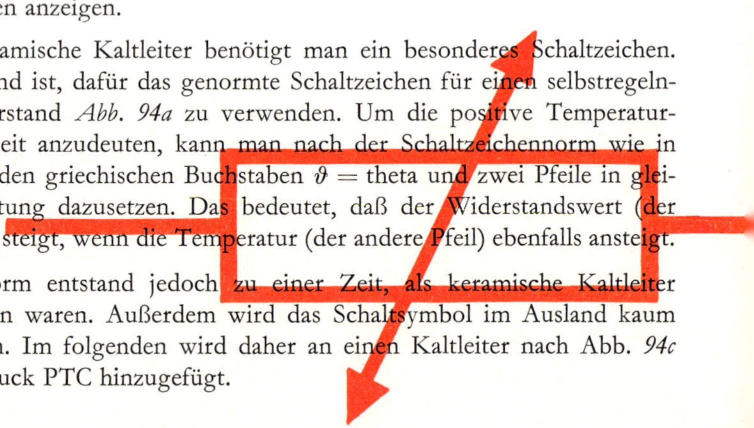

Abb. 94. Schaltsymbole für steuerbare Widerstände

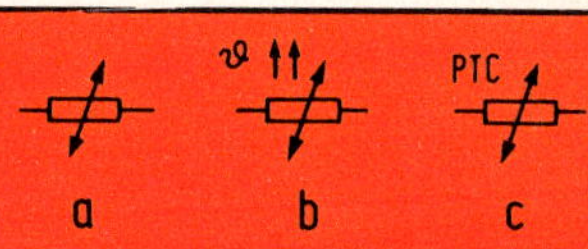


Abb. 95. Bei einer logarithmischen Skala sind 10% immer gleich breit

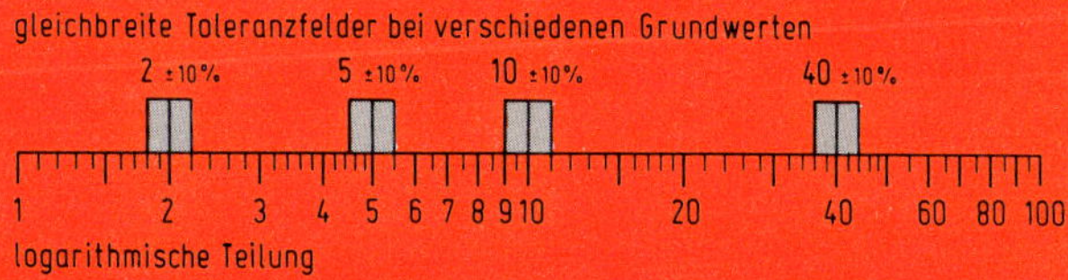

Abb. 96. Vereinfachte logarithmische Teilung für weite Bereiche

Technische keramische Kaltleiter werden meist in Form von flachen kleinen Scheiben mit einigen Millimetern Durchmesser hergestellt. An den beiden Stirnseiten ist je ein Anschlußdraht angelötet, ein Lacküberzug schützt die Scheiben gegen atmosphärische Einflüsse.

*Logarithmische Teilungen*

In Abb. 93 wurde für die senkrechte Achse des Kennlinienfeldes eine besondere Teilung angewendet, auf die kurz eingegangen werden muß. Eine solche als *logarithmische Teilung* bezeichnete Skala wird benutzt, wenn man weite Zahlenbereiche darstellen, aber dabei auch kleine Werte gut beurteilen will. In *Abb. 95* kann man zum Beispiel erkennen, daß das Gebiet von 1 bis 10 genauso breit ist wie das von 10 bis 100. Die Abstände der einzelnen Teilstriche 1 — 2 — 3 — 4 usw. sind für das Auge zwar ungleich, entsprechen aber einem mathematischen Gesetz. Bei einer solchen Skala ist die prozentuale Ablesegenauigkeit an allen Stellen dieselbe. Toleranzgebiete von z. B. $\pm 10\%$ sind stets gleich breit, wie dies in Abb. 95 angedeutet ist.

Für sehr weite Bereiche vereinfacht man die Teilung nochmals, indem man nur die Teilstriche 1 — 2 — 5 — 10 — 20 usw. zeichnet. Ohne große Fehler kann man noch weiter vereinfachte logarithmische Skalen nach *Abb. 96* mit gleichen Abständen zeichnen und mit den Zahlenwerten
1 — 2 — 4 — 8 — 15 — 30 — 60 — 120 — 250 — 500 — 1000

beziffern. Man erkennt, daß mit geringen Abweichungen bei den Schritten 8 auf 15 und 120 auf 250 die Abstände stets im Verhältnis 1:2 stehen, also der nächstfolgende Teilstrich einen um 100% höheren Wert hat.

Die wichtigsten Eigenschaften einer logarithmischen Skala sind:

- weit dehnbarer Bereichsumfang,
- gleiche prozentuale Genauigkeit an allen Stellen der Skala.

Diese Teilungen entsprechen sogar manchen gefühlsmäßigen Sinneswahrnehmungen. So wurden bei den Potentiometerkennlinien, Abb. 79 auf Seite 111, Ausführungen mit logarithmischem Verlauf erwähnt. Sie dienen zur Lautstärkeeinstellung von Verstärkern, weil Lautstärkeunterschiede prozentual, also in Art einer logarithmischen Skala empfunden werden. Schalldruckänderungen im Verhältnis 1:2 sind stets deutlich wahrzunehmen, ganz gleich, ob jemand eine Klaviertaste erst zart und dann kräftiger anschlägt oder ob ein großes Orchester zum Fortissimo übergeht. (Es gibt allerdings eine obere Grenze, jenseits der keine Lautstärkezunahme mehr empfunden wird. Sie wird bei voll aufgedrehten Verstärkeranlagen von Beat-Bands erreicht.)

Die gefühlsmäßigen Lautstärkeunterschiede führten zu einer speziellen Lautstärkeskala, der Dezibelskala. Sie beruht ebenfalls auf einer logarithmischen Teilung, doch seien die Einzelheiten hier nicht untersucht. Man merke sich lediglich, daß ein Lautstärkeunterschied von drei Dezibel (3 dB) vom Ohr gerade noch wahrgenommen wird. Um einen Lautstärkeeindruck um 3 dB zu verringern, muß man die Ausgangsspannung des Verstärkers im Verhältnis 1:0,71, also auf etwa 70% herabsetzen. 3 dB

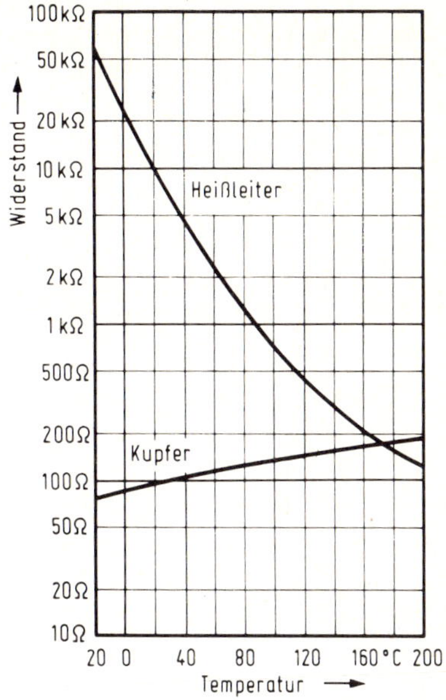


Abb. 97. Grundsätzlicher Verlauf der Kennlinie eines Heißleiters im Verhältnis zum Widerstandswert einer Kupferwicklung. Der Widerstandswert des Heißleiters wird geringer bei höheren Temperaturen

sind daher auch ein wichtiges Maß für die Beurteilung des Verstärkungsrückganges bei den hohen und tiefen Frequenzen einer Verstärkeranlage. Die Dezibelskala allgemein dient zum Beurteilen der Eigenschaften von Verstärkeranlagen aller Art, von der Tonfrequenztechnik bis zu Antennenverstärkern für den UHF-Bereich.

Doch nun zurück zur Widerstandskunde.

*Heißleiter* (NTC-Widerstände)

Als Heißleiter bezeichnet man Bauelemente, deren Widerstandswert geringer wird, wenn die Temperatur ansteigt. Man sagt, sie haben einen negativen Temperaturkoeffizienten. Ein Beispiel hierfür ist das Gegenstück zur Metallfadenlampe, nämlich die Kohlefadenlampe, denn Kohle besitzt einen negativen Temperaturkoeffizienten. Kohlefadenlampen sind jedoch schon fast Museumsstücke geworden, deshalb sei hier nicht weiter darauf eingegangen.

*Abb. 97* zeigt im Vergleich zu einer Kupferdrahtwicklung sehr deutlich, wie stark der Widerstandswert eines Heißleiters bei ansteigender Temperatur absinken kann. Über einen Bereich von etwa 200 Grad hinweg

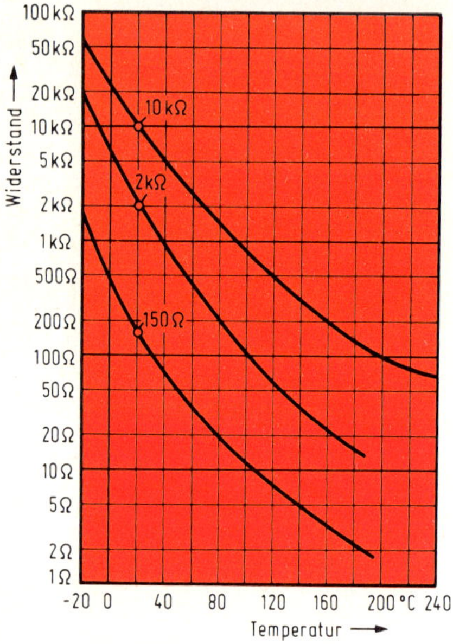


Abb. 98. Widerstandsverlauf von drei verschiedenen Heißleitern in Abhängigkeit von der Umgebungstemperatur. Der Meßstrom durch die Heißleiter muß hierbei so gering sein, daß er die Widerstände nicht zusätzlich erwärmt

sinkt der Widerstandswert ungefähr von 70 kΩ auf 140 Ω, d. h. im Verhältnis 70000 : 140 = 500 : 1.
Um diese großen Unterschiede deutlich darzustellen, wurde eine logarithmische Skala verwendet.

Für das Wort Heißleiter wurden verschiedentlich spezielle Bezeichnungen geprägt, die auf die Temperaturabhängigkeit hinweisen, so

- Thermistor = **Therm**ally sensitive res**istor** (englisch) = thermisch empfindlicher Widerstand (SEL)
- Thernewid = **Ther**misch **ne**gativer **Wid**erstand (Siemens)
- NTC-Widerstand = **N**egativer **T**emperatur-**C**oeffizient (englische Fachliteratur und Valvo)

Der Kürze und der weltweiten Verbreitung wegen wird hier im folgenden neben dem Ausdruck Heißleiter die Bezeichnung NTC verwendet. Heißleiter gibt es in verschiedenen Widerstands- und Belastungswerten. Meist gibt man den Widerstandswert bei 20 °C oder 25 °C als Nennwert an. *Abb. 98* zeigt die Kennlinien dreier Heißleiter desselben Typs mit den Nennwiderständen 150 Ω, 2 kΩ und 10 kΩ bei 20 °C. Die Kurven gelten für den Fall, daß der Heißleiter elektrisch sehr wenig belastet ist,

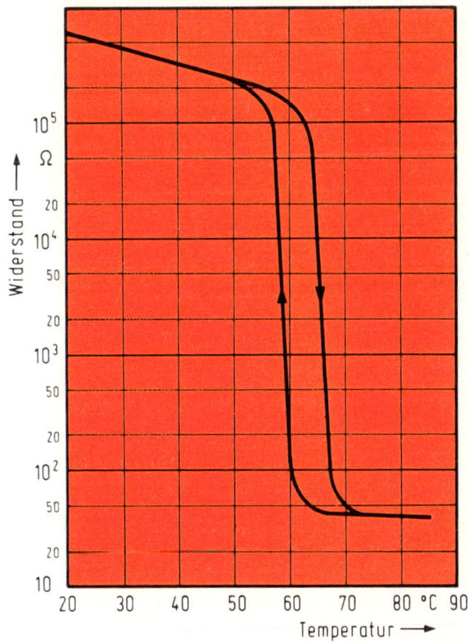


Abb. 99. Widerstandswert in Abhängigkeit von der Temperatur bei den Bauelementen vom Typ Moxie der Firma Multi-State

so daß er nur von der Umgebungstemperatur, nicht aber vom hindurchfließenden Strom erwärmt wird.

Physikalisch erklärt sich der Heißleitereffekt dadurch, daß in dem betreffenden Werkstoff die Elektronen durch Zuführen von Energie, nämlich Wärme, beweglicher werden. Das bedeutet, daß sich die Leitfähigkeit des Werkstoffes erhöht. Als Material für Heißleiter dienen die verschiedensten Metall-Oxidmischungen. Sie werden zu Perlen oder Plättchen geformt und wie Keramik gebrannt. Danach bringt man Metallkontakte oder Zuführungsdrähte an. Durch eine besondere Mischung von Metalloxiden und Sulfiden gelang es bei den Heißleitern vom Typ Moxie (abgeleitet von Metall-oxide) einer amerikanischen Firma, den Kennlinienverlauf von *Abb. 99* zu erzielen. Hierbei fällt der Widerstandswert äußerst steil und sprungartig zu niedrigen Ohmwerten, wenn eine Temperaturschwelle überschritten wird. Dies ist ein Gegenbeispiel zu den in Abb. 93 dargestellten Kennlinien von Kaltleitern. Dort *stieg* der Widerstandswert sprungartig bei einer bestimmten Temperaturschwelle, hier dagegen *fällt* er.

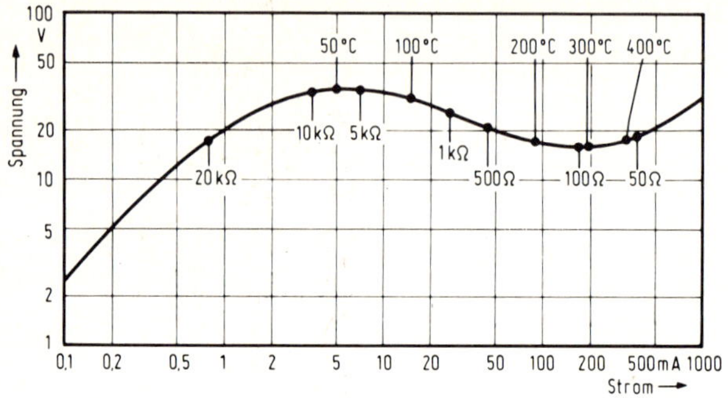


Abb. 100. Verlauf des Spannungsabfalls, der Temperatur und des Widerstandswertes an einem Heißleiter für den Fall, daß der hindurchfließende Strom von kleinen Werten an stark erhöht wird. Der Heißleiter heizt sich hierbei durch die eigene Stromwärme und nicht durch die Umgebungstemperatur auf

Bei rücklaufender Temperatur springt der Widerstandswert erst bei einer um 5 grd niedrigeren Temperatur wieder auf den hohen Wert zurück. Die Kennlinie bildet beim Aufheizen und Herabkühlen eine Schleife. Man bezeichnet derartige Kurven als Hystereseschleifen. Ob dies mit dem Krankheitszustand der Hysterie etwas zu tun hat, ließ sich aus Fach- und Fremdwörterbüchern nicht ermitteln . . .

Technisch kann man sich das Verhalten so deuten, daß beim Abkühlen die Elektronen vom vorhergehenden Aufheizen noch so viel Energie enthalten und so beweglich sind, daß man um 5 grd stärker herunterkühlen muß, bis sie wieder zur Ruhe kommen und sich der Widerstandswert sprunghaft erhöht.

Ähnliche Hystereseschleifen oder Hysteresekurven spielen auch eine große Rolle, um die Eigenschaften von Magnetwerkstoffen beim Magnetisieren in der einen und anderen Richtung zu beurteilen.

Die Abb. 97 bis 99 zeigen die Abhängigkeit der Widerstandswerte von der Umgebungstemperatur, aber ohne nennenswerte Selbstaufheizung durch den hindurchfließenden Strom. Den dabei auftretenden Effekt der Widerstandsänderung nutzt man für Meßzwecke aus, z. B. zum Messen von Temperaturen. Speziell hierfür entwickelte NTC-Widerstände bezeichnet man als Meßheißleiter. Hält man aber die Umgebungstemperatur eines Heißleiters konstant und erhöht den Strom, dann heizt sich der Widerstand selbst auf. Dabei sinkt sein Widerstandswert infolge der Eigenerwärmung. Infolgedessen werden Strom und Erwärmung noch

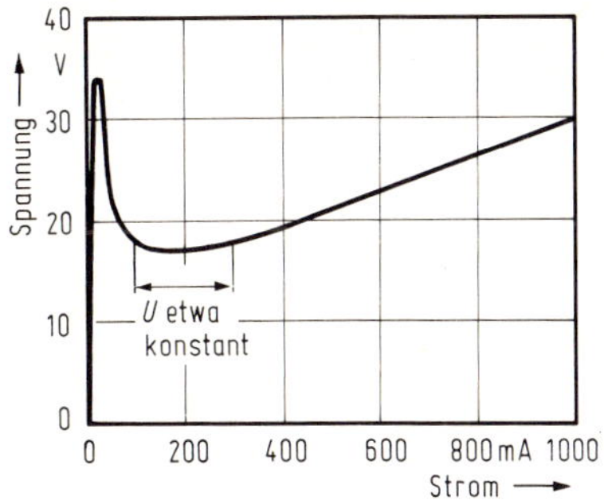


Abb. 101. Die Kennlinie von Abb. 100, umgezeichnet in ein Diagramm mit linearen Teilungen

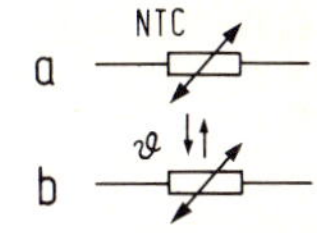


Abb. 102. Schaltsymbole für Heißleiter

größer, und an dem kleineren Widerstandswert fällt weniger Spannung ab. Diese Zusammenhänge sind in *Abb. 100* dargestellt. In diesem Diagramm ist nicht die Temperatur, sondern der fließende Strom auf der waagerechten Achse aufgetragen. An der eigentlichen Kennlinie sind Werte für die sich beim Aufheizen ergebenden Temperaturen und Widerstände eingetragen. Von Bedeutung ist, daß für die relativ große Stromänderung von 1 mA auf 1000 mA der Spannungsabfall am Widerstand nur um 20 V herum pendelt.

Für Abb. 100 wurden in beiden Richtungen logarithmische Teilungen verwendet, um die großen Strom- und Spannungsunterschiede deutlich zu machen. Man nennt solche Liniennetze „doppelt-logarithmisch".

In *Abb. 101* ist die gleiche Kurve von Abb. 100 in ein linear geteiltes Liniennetz eingetragen. Man sieht, daß von 100 mA bis 300 mA die Kennlinie fast waagerecht verläuft. Die Spannung am Heißleiter bleibt also annähernd konstant, selbst wenn der hindurchfließende Strom sich stark ändert. Diese Eigenschaft von NTC-Widerständen wird in großem Umfang in der Transistorschaltungstechnik ausgenutzt, um bestimmte Versorgungsspannungen zu stabilisieren, also konstant zu halten.

Als Schaltzeichen für Heißleiter wird meist ein Widerstandssymbol nach *Abb. 102a* mit dem Zusatz NTC verwendet. Für die Normensymbole gilt das gleiche, wie für Kaltleiter gesagt. Die entgegengesetzt gerichteten Pfeilspitzen in Abb. *102b* bedeuten „Temperatur steigt, Widerstandswert sinkt" und umgekehrt. — Für NTC-Widerstände ergeben sich sehr vielfältige Anwendungsmöglichkeiten.

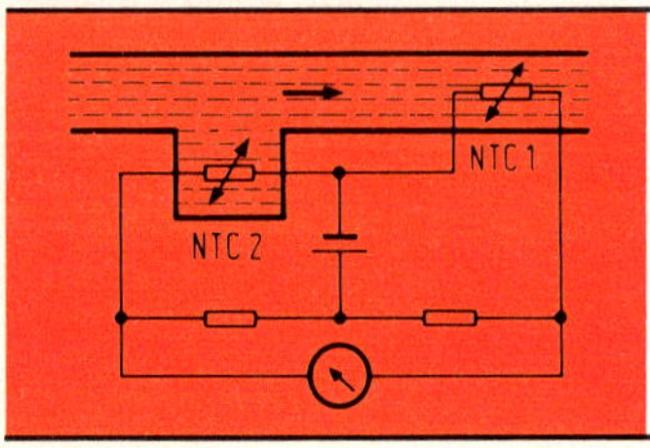


Abb. 103. Brückenschaltung mit zwei NTC-Widerständen zum Messen der Strömungsgeschwindigkeit einer Flüssigkeit

*Meßheißleiter*

Man nutzt den Kurvenverlauf von Abb. 98 aus. Ändert sich die Umgebungstemperatur des Heißleiters, dann wird sein Widerstandswert geringer. Dies dient zum Messen von Temperaturen. Abb. 73 auf Seite 105 brachte eine Prinzipschaltung hierfür. In der Praxis erweitert man sie durch Abgleich und Kontrollwiderstände, um einen bestimmten Temperaturbereich auf der entsprechend bezifferten Skala des Instruments zu erfassen. In abgewandelter Form dienen solche Schaltungen für automatische Temperaturregelungen, z. B. bei Waschmaschinen.

Auf dem Umweg über die Temperaturmessung kann man auch gänzlich andersartige Meßgrößen erfassen. *Abb. 103* zeigt ein interessantes Prinzip der Anwendung von Heißleitern zum Messen der Strömungsgeschwindigkeit von Flüssigkeiten und Gasen. Der Heißleiter NTC 1 liegt direkt im Flüssigkeitsstrom. Seine Stromwärme wird dadurch um so schneller abgekühlt, je schneller die Flüssigkeit fließt. Der Heißleiter NTC 2 liegt als weiterer Zweig einer Brückenschaltung in der gleichen Flüssigkeit, jedoch außerhalb der Strömung. Die Verstimmung der Brücke ist dann ein Maß für die Strömungsgeschwindigkeit. Man ordnet beide Heißleiter in der Flüssigkeit an, damit die Eigentemperatur der Flüssigkeit keinen Einfluß auf die Messung hat. In Abb. 103 heben sich diese Einflüsse auf. Die Heißleiter sprechen nur auf Temperaturunterschiede infolge der verschiedenen Abkühlung an. Das Anzeigeinstrument in Abb. 103 kann direkt in Geschwindigkeiten, d. h. in Meter pro Sekunde (m/s) kalibriert werden. Man arbeitet mit Analoganzeige.

*Heißleiter für Schaltvorgänge*

Temperaturfühler mit den in Abb. 99 gezeichneten Kennlinien werden u. a. für Feueralarm- und Brandschutzanlagen vorgesehen. Nach *Abb. 104* sind in dem zu schützenden Raum an mehreren Stellen solche NTC-Widerstände angebracht und parallelgeschaltet. Bei Zimmertemperatur

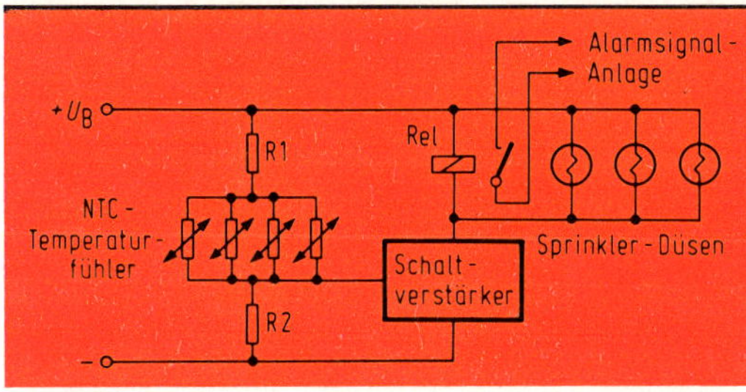


Abb. 104. Feuer-Alarmanlage mit NTC-Widerständen als Temperaturfühler

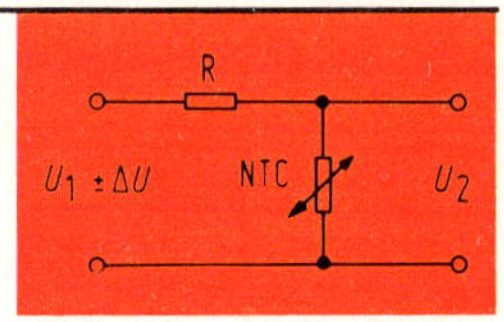


Abb. 105. Stabilisierung der Spannung $U_2$ mit Hilfe eines NTC-Widerstandes

sind sie hochohmig, und an dem Widerstand R 2 fällt nur eine geringe Teilspannung ab. Wird nur ein einziger der NTC-Widerstände durch ein Schadensfeuer aufgeheizt und dadurch niederohmig, dann erhöht sich die Spannung am Punkt A, der Schaltverstärker spricht an, schaltet über ein Relais die Alarmanlage ein und löst die Sprinklerdüsen der Feuerlöschanlage aus. Diese Anordnung liefert also keine Zwischenwerte, keine Analogwerte, sondern meldet nur zwei Zustände: 0 = keine Gefahr oder 1 = Alarm. Die vier NTC-Widerstände bilden dabei eine Gatterschaltung, wie dies später noch beschrieben wird. Hier handelt es sich um ein „ODER-Gatter“. Alarm wird gegeben wenn NTC-Widerstand 1 *oder* 2 *oder* 3 *oder* 4 anspricht.

*Regelheißleiter*

In *Abb. 105* wird zum Stabilisieren von Spannungsschwankungen der NTC-Widerstand mit einem ohmschen Widerstand in Reihe geschaltet. Ändert sich die Versorgungsspannung $U_1$ und damit der Strom durch die Serienschaltung, so nimmt der Widerstandswert des Heißleiters ab. Damit bleibt entsprechend der Kurve von Abb. 101 die Spannung am Ausgang in einem bestimmten Bereich weitgehend konstant. Wie bereits erwähnt, wird dies zum Stabilisieren von Teilspannungen in Transistorschaltungen benutzt.

Zu den Regelschaltungen kann man auch die Temperaturkompensationsschaltungen für Kupferwicklungen rechnen. Eine Spule aus Kupferdraht hat einen positiven Temperaturkoeffizienten, ihr Widerstandswert steigt mit der Temperatur (vgl. Abb. 97). Schaltet man einen NTC-Widerstand damit in Reihe und fügt noch einen Korrekturwiderstand hinzu, dann lassen sich die Temperaturgänge kompensieren, und der Gesamtwiderstand der Serienschaltung von Kupferwicklung und NTC-Anord-

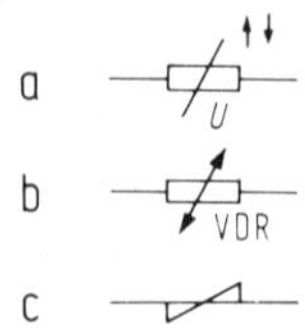


Abb. 106. Schaltzeichen für VDR-Widerstände;
a = genormtes Schaltzeichen
b = in diesem Buch benutztes Symbol
c = in der ausländischen Fachliteratur oft verwendetes Symbol

nung bleibt konstant. Dieses Verfahren wird zur Temperaturkompensation der Bildröhrenablenkspulen von Fernsehempfängern verwendet. Bei ihnen müssen die Widerstandswerte und damit die Ströme auch bei starker Erwärmung konstant bleiben, denn sonst würde sich die Bildgröße ändern.

*Spannungsabhängige Widerstände (VDR-Widerstände)*

Neben Kalt- und Heißleitern gibt es noch eine dritte Gruppe von Bauelementen mit in weiten Grenzen veränderlichem Widerstandswert. Er hängt jedoch nicht von der Temperatur ab, sondern unmittelbar von der am Widerstand liegenden Spannung. Der Widerstandswert nimmt ab, wenn die Spannung steigt. Im Englischen werden diese Bauelemente deshalb abgekürzt als VDR-Widerstände bezeichnet, von **V**oltage **D**ependent **R**esistor = Spannungsabhängiger Widerstand. Eine andere weniger gebräuchliche Bezeichnung ist Varistor. *Abb. 106a* zeigt das genormte Schaltsymbol für spannungsabhängige Widerstände. Der Buchstabe U und die gegenläufigen Pfeilspitzen sollen andeuten, daß der Widerstandswert sinkt, wenn die Spannung U steigt und umgekehrt. Abb. *106b* stellt das Symbol in Anlehnung an die hier verwendeten Schaltzeichen für PTC- und NTC-Widerstände dar. Der Zusatz „VDR“ ist prägnanter, zumal er in den Industrieschaltbildern und Stücklisten fast stets als Bestellbezeichnung verwendet wird. Per Telefon zum Beispiel wird man kaum einen Widerstand mit „zwei gegenläufigen Pfeilspitzen und einem U“, sondern eben einen VDR-Widerstand bestellen. In Abb. *106c* ist das in amerikanischen Schaltungen meist verwendete Symbol dargestellt.

VDR-Widerstände bestehen aus Silizium-Karbidkristallen, die mit Hilfe eines Bindemittels zusammengesintert werden. Die Spannungsabhängigkeit beruht auf den veränderlichen Kontaktwiderständen zwischen den einzelnen Karbidkristallen. Der Werkstoff bildet ein kompliziertes Netzwerk von parallel und in Serie liegenden Kristallkontakten. Beim Erhöhen der Spannung oder des Stromes werden diese Übergangswiderstände

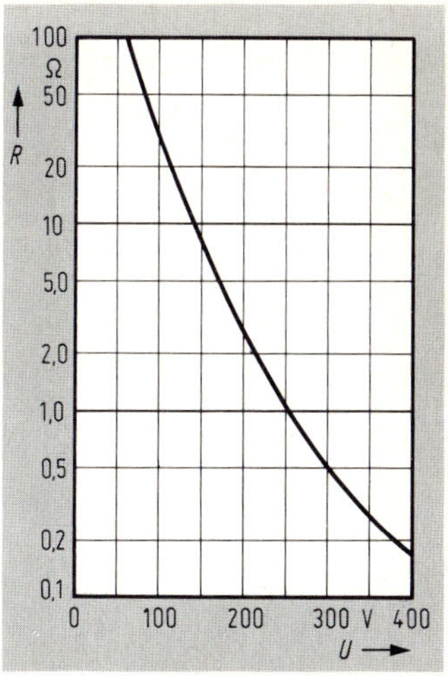


Abb. 107. Verlauf des Widerstandswertes eines VDR-Widerstandes in Abhängigkeit von der anliegenden Spannung

gewissermaßen aufgebrochen, und der gesamte Widerstandswert wird geringer. Man möchte daher meinen, daß VDR-Widerstände auf der gleichen Wirkung beruhen wie Heißleiter, daß sie sich also bei höherem Strom aufheizen und dadurch ihren Widerstandswert erniedrigen. Dies ist jedoch nicht der Fall. Der Effekt beruht auf rein elektrischen Vorgängen. Die Widerstandsänderung folgt sofort der Stromänderung und nicht erst auf dem Umweg über einen Aufheizvorgang. Selbstaufheizung und Übertemperatur stören sogar die Funktion und sind zu vermeiden.

VDR-Widerstände werden meist in flachen Scheiben mit oder ohne Halterungsloch in der Mitte hergestellt. Die ebenen Stirnflächen sind metallisiert und dienen als Anschlußkontakte. Dadurch lassen sich mehrere Scheiben zu Säulen zusammensetzen und elektrisch in Reihe schalten. Widerstände ohne Halterungsloch werden mit Drahtanschlüssen geliefert. Die einzelnen Typen der VDR-Widerstände sind für bestimmte Maximalbelastungen ausgelegt. Um die Belastbarkeit zu erhöhen, kann man auch mehrere Widerstände parallelschalten.

Für die Kennlinien von VDR-Widerständen sind unterschiedliche Darstellungen gebräuchlich. Um das Einarbeiten zu erleichtern, seien hier alle wiedergegeben und besprochen.

Die Spannungsabhängigkeit des Widerstandswertes geht einleuchtend aus *Abb. 107* hervor. Erhöht man die dem Widerstand zugeführte Span-

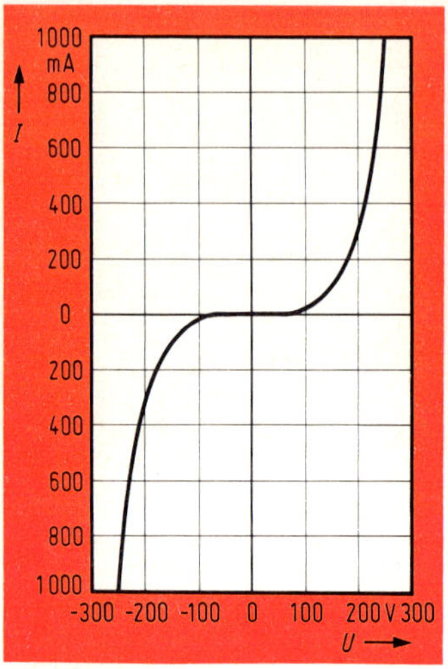


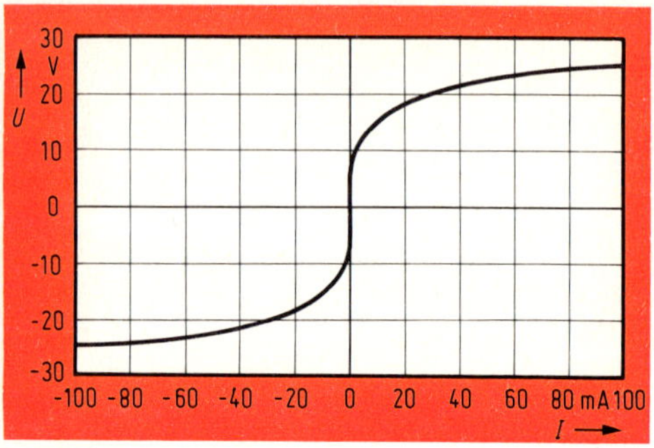


Abb. 109. In dieser Darstellung ist die spannungsbegrenzende Eigenschaft eines VDR-Widerstandes gut zu erkennen

Links: Abb. 108. Verlauf des Stromes in Abhängigkeit von der Spannung

nung U, dann sinkt der Widerstandswert stark ab, beim dargestellten Typ fast im Verhältnis

$$100:0{,}1 = 1000:1,$$

deshalb der logarithmische Maßstab für den Widerstandswert.

Ein bei höheren Spannungen absinkender Widerstandswert bewirkt ein sehr kräftiges Ansteigen des hindurchfließenden Stromes. Dies kommt im Diagramm nach *Abb. 108* zum Ausdruck. Darin ist nicht der Widerstandswert, sondern die sich ergebende Stromhöhe als senkrechte Achse aufgetragen. Polt man die Spannung um, dan fließt natürlich auch der Strom, aber in entgegengesetzter Richtung.

Man kann nun bei dieser Art von Darstellungen auch die Achsen vertauschen, dann erhält man einen Kennlinienverlauf wie in *Abb. 109*. Diese Darstellungsweise läßt gut erkennen, daß man den VDR-Widerstand als Spannungsbegrenzer verwenden kann. Liegt er in Reihe mit anderen Schaltelementen in einem Stromkreis, dann ändert sich die Teilspannung am VDR-Widerstand weit weniger, selbst wenn man den Strom wie in Abb. 109 von 20 mA auf 100 mA, also auf das Fünffache, erhöht. Auch hierbei ergibt sich im negativen Gebiet der entsprechende Kurvenverlauf. Vielleicht haben die Amerikaner wegen dieser symmetrisch gespiegelten Kennlinie das Symbol 106c für diese Bauelemente gewählt.

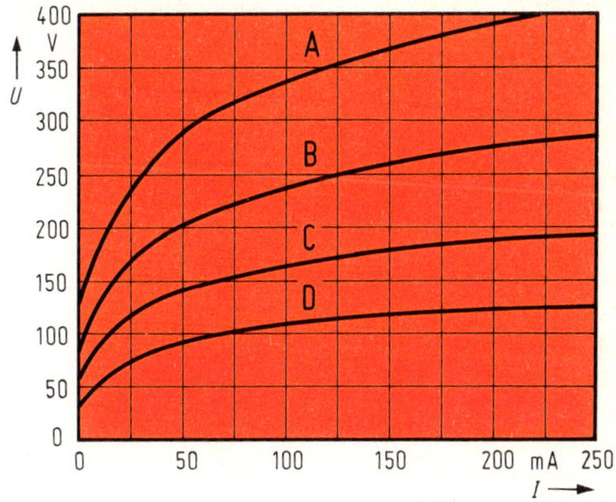


Abb. 110. Kennlinien einer Familie von VDR-Widerständen

VDR-Widerstände sind für eine große Zahl von Strom- und Spannungswerten erhältlich. *Abb. 110* zeigt eine solche Familie in einem Kennlinienfeld nach dem Prinzip von Abb. 109. Zur Vereinfachung wird jedoch das negative Gebiet weggelassen. Der Typ C ergibt z. B. folgende Richtwerte:

| | |
|---|---|
| Stromänderung (mA) | 25 : 250 = 1 : 10 |
| Spannungsänderung (V) | 120 : 195 = 1 : 1,6 |

Daraus errechnet sich eine Widerstandsänderung von

$$4500\ \Omega : 780\ \Omega \approx 6 : 1$$

VDR-Widerstände für Empfängerschaltungen und für Steuer- und Regelanlagen werden in Leistungsklassen von 0,5...3 W gefertigt. Sie dürfen nicht überlastet werden, denn bei Überhitzung leidet das Kristallgefüge, und das Bauelement wird defekt. VDR-Widerstände dienen den verschiedensten Zwecken wie:

Unterdrücken von Abschaltspannungen und anderen Überspannungen,
Löschen von Kontaktfunken,
Schutz von Schaltelementen, z. B. Kondensatoren, vor Überspannungen,
Spannungsstabilisation,
Regelschaltungen aller Art.

*Funkenlöschung*

Beim Abschalten von Induktivitäten entstehen Spannungsspitzen am Schaltkontakt. Dies wurde bei der Besprechung der im Magnetfeld stek-

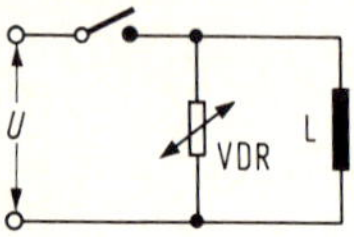


Abb. 111. Ein VDR-Widerstand parallel zu einer Induktivität dient zur Funkenlöschung

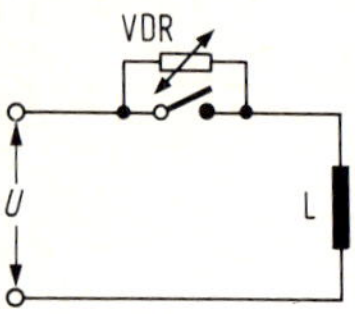


Abb. 112. Ein VDR-Widerstand parallel zum Ausschaltkontakt

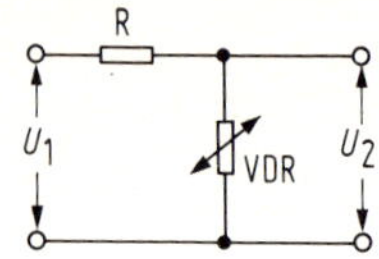


Abb. 113. Stabilisationsschaltung zum Abschwächen von Speisespannungsschwankungen (Spannungsstabilisierung)

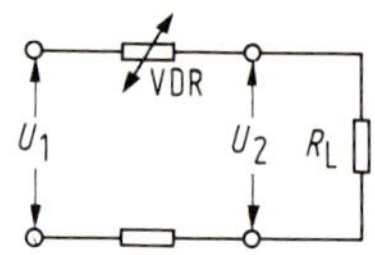


Abb. 114. Stabilisationsschaltung zum Ausgleichen von Belastungsschwankungen (Belastungsstabilisierung)

kenden Energie bereits behandelt[1]). Diese Spannungsspitzen führen zur Funkenbildung am Ausschaltkontakt. Der Kontakt wird dadurch vorzeitig verbrannt und zerstört. Ein VDR-Widerstand, der nach *Abb. 111* parallel zur Induktivität geschaltet ist, dämpft die Spannungsspitze, weil beim Auftreten der Überspannung der sich dann einstellende niedrigere Widerstandswert des VDR-Widerstandes die Spannung bereits an der Spule zusammenbrechen läßt.

Man kann auch nach *Abb. 112* den VDR-Widerstand parallel zum Schalter legen. Er wirkt dann beim Öffnen des Schalters zunächst als niederohmiger Nebenschluß zum Kontakt und verhindert das Feuern. Ist der Ausschaltstromstoß abgeklungen, dann liegt die volle Speisespannung am Kontakt, und der VDR-Widerstand wird hochohmig. Allerdings fließt dabei bereits doch ein geringer Strom durch den Widerstand und die Wicklung.

Die Funkenlöschung mit VDR-Widerständen verhindert wirksam Funkstörungen in benachbarten Rundfunk- und Fernsehempfängern.

*Spannungsstabilisierung*

Mit VDR-Widerständen lassen sich ebenso wie mit Kalt- und Heißleitern einfache Schaltungen zum Stabilisieren von Spannungen aufbauen. *Abb. 113* dient zum Ausgleichen von Schwankungen der Speisenspanung $U_1$. Steigt sie an, dann wird auch der Strom durch den VDR-Widerstand größer. Sein Widerstandswert nimmt ab, so daß die prozentuale Spannungsschwankung der Spannung $U_2$ geringer ist als die von $U_1$.

[1]) Vgl. den Abschnitt „Im Magnetfeld steckt Energie“ auf Seite 65 bis 68.

Abb. 115. Ein VDR-Widerstand parallel zu einem Elektrolytkondensator schützt ihn gegen Überspannungen

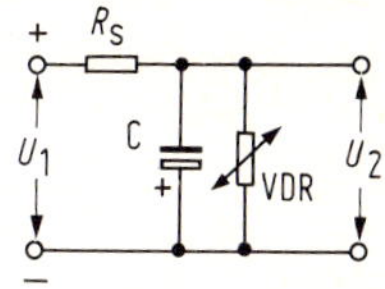


*Abb. 114* stellt eine Anordnung dar, mit der sich Belastungsschwankungen ausregeln lassen. Steigt die Belastung durch Zuschalten weiterer Verbraucher $R_L$, dann bricht zunächst die Spannung $U_2$ zusammen. Am VDR-Widerstand fällt eine höhere Spannungsdifferenz $U_1 - U_2$ ab. Sein Widerstandswert sinkt, der hindurchfließende Strom wird größer und gleicht dadurch die stärkere Belastung aus.

*Überspannungsschutz*

Durch Parallelschalten von VDR-Widerständen können kritische Schaltelemente vor Überspannungen geschützt werden. So wird in *Abb. 115* der an der Gleichspannung $U_1$ liegende Elektrolytkondensator C vor Überspannungen geschützt, solange kein weiterer Verbraucher angeschlossen ist, also eine hohe Leerlaufspannung $U_2$ am Ausgang liegt. In ähnlicher Weise können VDR-Widerstände zum Schutz von Voltmetern gegen Überspannung dienen.

## Entmagnetisierungsschaltungen für Farbbildröhren

Ein sehr wichtiges Anwendungsgebiet ist die Schaltung zur automatischen Entmagnetisierung der Lochmasken in den Bildröhren von Farbfernsehempfängern. Diese Masken sind im Innern der Röhre dicht hinter dem Bildschirm angeordnet und bestehen aus dünnem Stahlblech mit feinen Löchern. Durch diese Lochgruppen werden zeilenweise die Elektronenstrahlen gesteuert, die das Fernsehbild erzeugen. Wird das Maskenblech magnetisch, dazu genügt unter Umständen das Magnetfeld der Erde, dann würde das entstandene magnetische Störfeld die Elektronenstrahlen in unkontrollierbarer Weise ablenken, denn Magnetfeld + Elektronenstrom ergibt Bewegung, nämlich Ablenkung der Elektronenstrahlen[1]). Dies wirkt sich so aus, daß farbige Wolken auf dem Bildschirm entstehen.

[1]) Abb. 46 auf Seite 65.

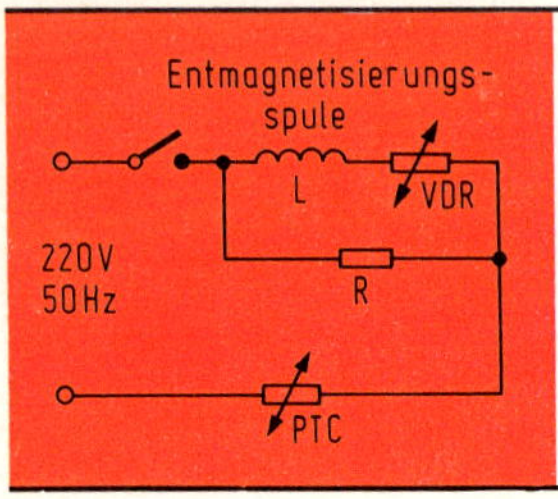


Abb. 116. Entmagnetisierungsschaltung für Farbbildröhren

*PTC und VDR in Wechselwirkung*

Man kann nun Eisenteile entmagnetisieren, indem man sie einem kräftigen magnetischen Wechselfeld aussetzt, dessen Feldstärke langsam bis auf einen verschwindend geringen Wert vermindert wird. Zu diesem Zweck befindet sich auf dem Kolbenrand der Bildröhre eine Entmagnetisierungsspule. Sie liegt nach *Abb. 116* in Reihe mit einem VDR-Widerstand und einem PTC-Widerstand, also einem Kaltleiter. Vor dem Einschalten des Gerätes hat der PTC-Widerstand einen niedrigen Widerstandswert von vielleicht 50 Ω. Im Augenblick des Einschaltens liegt daher praktisch die volle Netzwechselspannung von 220 V an dem VDR-Widerstand, denn der Spulenwiderstand ist gering. Hohe Spannung am VDR-Widerstand bedeutet nach Abb. 107, daß er einen niedrigen Widerstandswert annimmt. Beim Einschalten fließt daher ein kräftiger Stromstoß durch den Gesamtkreis, und die Spule erzeugt ein kräftiges magnetisches Wechselfeld.

Der Strom heizt aber dann den PTC-Widerstand auf höhere Ohmwerte auf. Der Strom im Kreis und damit das Wechselfeld nehmen stetig ab. Infolge des steigenden Widerstandswertes des PTC-Elementes erhält auch der VDR weniger Spannung. Sein Widerstandswert erhöht sich ebenfalls, und der Entmagnetisierungsstrom wird noch weiter herabgesetzt. Das magnetische Wechselfeld klingt fast bis auf Null ab, und das Maskenblech ist entmagnetisiert.

Damit der PTC-Widerstand trotz des verringerten Spulenstromes hochohmig bleibt, wird ihm über den Festwiderstand R ständig ein Heizstrom zugeführt, der ihn auf hoher Temperatur hält. Hat sich das Wärmegleichgewicht eingestellt, dann fließt nur noch ein minimaler Strom von etwa 1 mA.

Dieser Entmagnetisierungsvorgang wiederholt sich bei jedem Einschalten des Empfängers, um inzwischen etwa aufgetretene Störfelder unwirksam zu machen. Die Schaltung Abb. 116 gibt somit eine sinnfällige Kombination von PTC- und VDR-Widerständen.

Abb. 117. Entmagnetisierungsschaltung mit Doppel-PTC-Widerstand

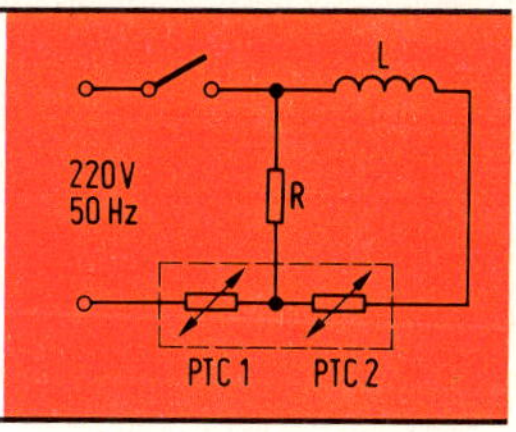


*Ein PTC-Widerstand heizt den anderen auf*

Der gleiche Zweck wird in anderen Geräten mit einem Doppel-PTC-Widerstand nach *Abb. 117* erreicht. In Reihe mit der Entmagnetisierungsspule L liegen zwei PTC-Widerstände, die eng zusammengebaut, also „thermisch gekoppelt" sind. Im kalten Zustand sind sie niederohmig. Beim Einschalten fließt ein kräftiger Strom durch die Spule. Ihr Wechselfeld entmagnetisiert das Maskenblech der Bildröhre. Beide PTC-Widerstände heizen sich auf, und der Strom klingt ab. Damit aber volle Sicherheit vorhanden ist, daß der PTC 2 genügend hochohmig bleibt, wird der PTC 1 über den Widerstand R ständig mit einem kleinen Strom aufgeheizt. Er gibt die Wärme an seinen Nachbarn weiter. Dieser bleibt hochohmig, und durch die Spule fließt mit Sicherheit kein störend hoher Strom mehr.

Auf dem Entmagnetisierungseffekt durch ein langsam abnehmendes magnetisches Wechselfeld beruht auch das Löschen der Aufzeichnungen auf Magnettonbändern. Das Band wird dabei an einem besonderen Magnetkopf, dem Löschkopf, vorbeigeführt. Er erzeugt ein sehr starkes magnetisches Wechselfeld, das aber nach den Seiten zu schwächer wird und bis auf Null abklingt. Das durch dieses Feld hindurchgeführte Magnetband wird daher ebenfalls entmagnetisiert, allerdings ohne Mitwirkung von steuerbaren Widerständen.

Man könnte das Entmagnetisieren bzw. das Löschen von Magnetfeldern fast mit dem Entfernen störender Tintenkleckse mit Hilfe eines Radiergummis vergleichen. Auch damit rubbelt man zuerst sehr kräftig hin und her und wird dann bei allmählichem Verschwinden des Kleckses langsam zarter mit dem Druck, bis die letzten Tintenspuren beseitigt sind.

# Lichtabhängige Widerstände (Fotowiderstände)

Ein Fotowiderstand[1]) ist ein elektronisches Bauelement, dessen Widerstandswert abnimmt, wenn Licht darauf fällt. Das bedeutet eine Verwandtschaft zu Heißleitern bzw. NTC-Widerständen. Bei ihnen werden durch Zuführen von Wärmeenergie die Elektronen beweglicher, und das Bauelement leitet dann besser. Bei Fotowiderständen erfolgt dies beim Auftreffen von Licht, also durch Lichtenergie. Man bezeichnet deshalb auch die Fotowiderstände als Fotoleiter, in Anlehnung an den Ausdruck Heißleiter. Die Verwandtschaft zum Heißleitereffekt kann man so deuten, daß Licht eine Wärmestrahlung bewirkt. Das spürt man gut am Sonnenlicht oder in der Nähe rotglühender Kohlen. Bestimmte Typen von Fotowiderständen sind sogar extrem empfindlich für infrarotes Licht, also für solche Wärmestrahlen. Infrarot bedeutet Wellenlängen, die noch unterhalb[2]) der roten Lichtwellenlängen liegen. Infrarotstrahlung ist eine für das menschliche Auge unsichtbare Wärmestrahlung.

Die Wirkung von Fotowiderständen beruht auf dem inneren lichtelektrischen Effekt bestimmter Mischkristalle wie Selen (Se) und Kadmiumsulfid (Cds). Diese kristallinen Stoffe leiten im Dunkeln schlecht.

[1]) Foto = Photo = griechisches Wort für Licht.
[2]) infra = unterhalb (lateinisch).

Lichtstrahlung ist auch Wärmestrahlung

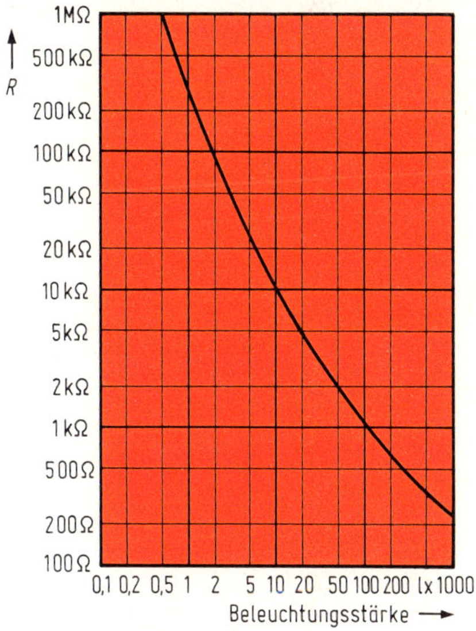


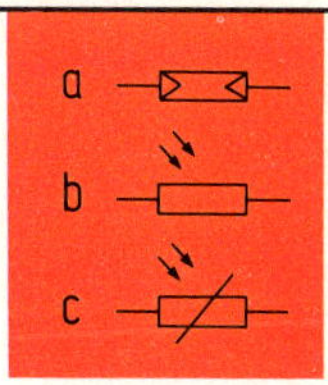


Abb. 119. Schaltzeichen für Fotowiderstände

Abb. 118. Verlauf des Widerstandswertes eines Fotowiderstandes bei verschiedenen Beleuchtungsstärken

Fällt Licht darauf, dann wird den Ladungsträgern Energie zugeführt. Die Halbleiterphysiker sagen, daß die Elektronen dadurch in ein „Leitungsband" hinaufgeschoben und beweglicher werden. Beim Anlegen einer Spannung kommen sie dann „in Fluß", und es fließt ein Elektronenstrom. Etwas humoristisch kann man sich das so merken, daß die Ladungsträger im Dunkeln schlafen und sich nicht rühren. Sie werden um so munterer, je mehr Licht darauf fällt. Wegen der Verwandtschaft von Rotlicht und Wärme sind Fotowiderstände leider auch etwas temperaturabhängig. Bei Wärme leiten sie besser. In Meßschaltungen sollte man daher zusätzliche Erwärmung vermeiden. Durch Ausgleichs- oder Kompensationsschaltungen mit NTC- oder PTC-Widerständen kann man die Fehler herabsetzen.

Bei Lichteinwirkung ändern sich die Widerstandswerte sehr stark. Bei Dunkelheit liegen sie im Megaohmbereich, und bei hohen Beleuchtungsstärken sinken sie je nach Widerstandstyp bis herab zu einigen hundert Ohm. *Abb. 118* zeigt die Kennlinie eines solchen Fotowiderstandes. Aufgetragen ist der Widerstandswert in Abhängigkeit von der Beleuchtungsstärke. Diese ist ein Maß für die Helligkeit einer Fläche, die von einer Lichtquelle angestrahlt wird. Die Einheit der Beleuchtungsstärke ist das

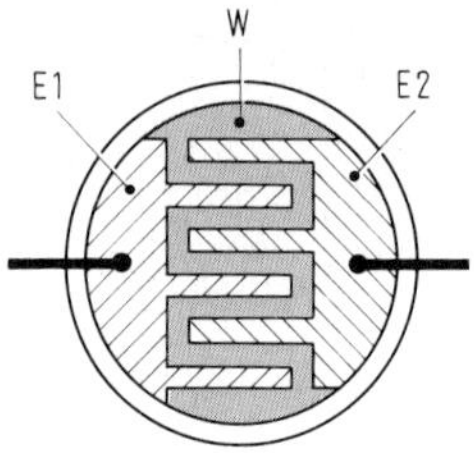


Abb. 120. Aufbau eines Fotowiderstandes; W = Widerstandsschicht, E 1, E 2 = Anschlußelektroden

Lux[1]), Abkürzung lx. Für eine gute Arbeitsplatzbeleuchtung braucht man beispielsweise 1000 lx. Für ausreichende abendliche Straßenbeleuchtung genügen Werte von 20...30 lx. In Abb. 118 erniedrigt sich der Widerstandswert von 1 MΩ auf rund 200 Ω, wenn die Beleuchtungsstärke auf 1000 lx ansteigt. Man erhält also sehr große Änderungen.

*Abb. 119* gibt die gebräuchlichen Schaltzeichen für Fotowiderstände. Abb. *119a* ist das bisher übliche und noch oft anzutreffende Schaltzeichen — ein Widerstandssymbol mit zwei kleinen Dreiecken an den Enden. Sie sollen andeuten, daß ein Fotowiderstand unabhängig von der Stromrichtung arbeitet. In dem neueren Schaltsymbol Abb. *119b* kennzeichnen die beiden Pfeilspitzen die auf den Widerstand auftreffenden Lichtstrahlen. Um auszudrücken, daß sich dadurch der Widerstandswert ändert, ist auch eine Darstellung nach Abb. *119c* möglich. Die englische Bezeichnung für „Lichtabhängiger Widerstand" lautet: „Light Dependent Resistor", abgekürzt LDR.

Fotowiderstände werden meist nach dem Schema von *Abb. 120* aufgebaut. Die lichtempfindliche Widerstandsschicht ist auf einem Glas- oder Keramikplättchen in engen Schleifen, Fachausdruck „mäanderförmig"[2]), aufgebracht. Die Anschlußelektroden greifen kammartig in die Mäanderschleifen ein. Dieses Grundelement wird meist in einem dicht verschlossenen, mit einem Glasfenster versehenen Metallgehäuse nach *Abb. 121* untergebracht. Die ausgedehnte lichtempfindliche Fläche erleichtert das Ausleuchten mit Hilfe von optischen Sammellinsen.

*Lichtmessung*

*Abb. 122* zeigt die Prinzipschaltung für einen Fotowiderstand. In dieser einfachen Anordnung — eine Trockenbatterie B als Stromquelle, der

[1]) Lux = Licht, Glanz, Helligkeit (lateinisch).

[2]) Vgl. Fußnote auf Seite 116.

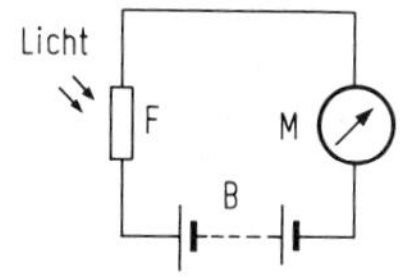


Abb. 122. Prinzipschaltung eines Fotowiderstandes zum Nachweis unterschiedlicher Helligkeiten — „Licht steuert Strom“

Links: Abb. 121. Kadmiumsulfid-Fotowiderstand Typ

Fotowiderstand F und ein Meßinstrument M in Reihe — werden CdS-Widerstände vielfach als Belichtungsmesser für Fotoaufnahmen verwendet. Bei größerer Helligkeit schlägt das Instrument weiter aus. Durch Nebenwiderstände zum Meßwerk kann man den Lichtmeßbereich erweitern. Infolge der großen Widerstandsänderungen lassen sich sehr große Lichtunterschiede vom Mondlicht bis zur größten Tageshelligkeit erfassen (z. B. Belichtungsmesser Typ Lunasix von Gossen). Auf eine kurze Formel gebracht, kann man für die Schaltung Abb. 122 sagen: Licht steuert die Stromstärke oder, noch kürzer, „Licht steuert Strom“.

Für Fotowiderstände ist noch eine andere Kennliniendarstellung üblich. Aus Abb. 122 ergibt sich, daß bei gleicher Beleuchtung ein größerer Strom fließen muß, wenn man eine Batterie mit höherer Spannung verwendet. Diese Zusammenhänge vermittelt das Strom-Spannungsdiagramm *Abb. 123.* Es zeigt eine Schar von Kennlinien für verschiedene Beleuchtungsstärken. Außerdem ist die Leistungshyperbel für die zulässige Verlustleistung $P_V = 50$ mW für diesen Typ eingetragen. Was dies bedeutet, wurde bei Abb. 62 auf Seite 92 gesagt. Betrachtet seien zunächst zwei Punkte auf der Kennlinie für 100 lx. Bei $U = 10$ V liefert der Fotowiderstand einen Strom von etwa 4,5 mA, bei gleicher Helligkeit und 4 V Betriebsspannung einen solchen von 2 mA.

Betreibt man den Meßkreis konstant mit 4 V, dann ergeben 1000 lx einen Strom von 9 mA und 10 lx einen von etwa 0,4 mA. Mit einem ver-

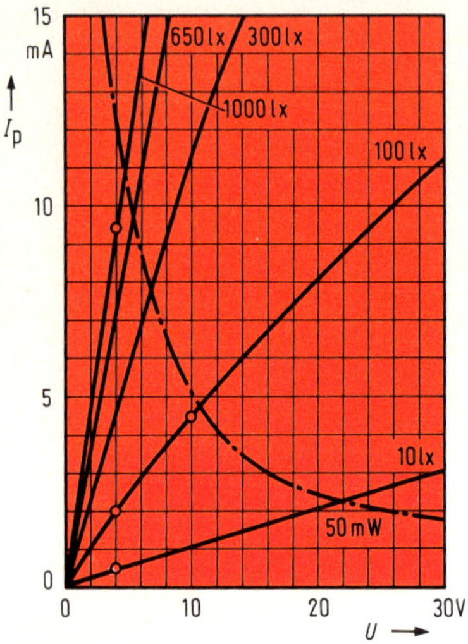


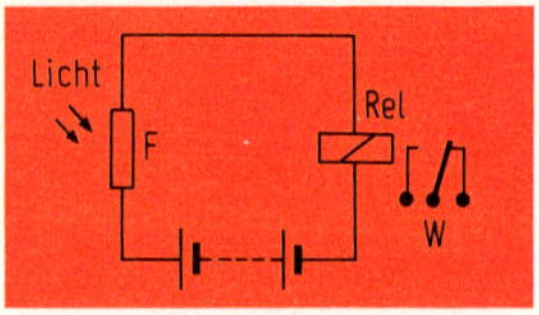


Abb. 124. Einfaches Lichtrelais für Batteriebetrieb

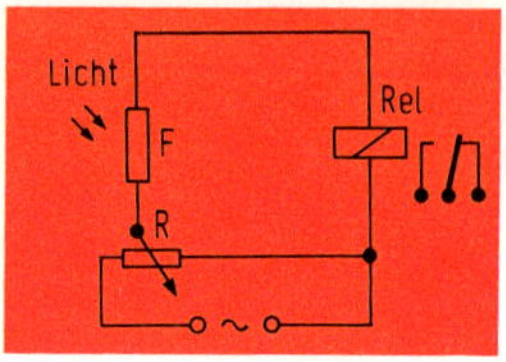


Abb. 125. Einfaches Lichtrelais für Netzbetrieb

Abb. 123. Fotostrom $I_P$ in Abhängigkeit von der Betriebsspannung U und der Beleuchtungsstärke bei einem Fotowiderstand Typ RPY 60 (Siemens)

hältnismäßig robusten Instrument mit 10 mA Vollausschlag kann man also gut Helligkeitsunterschiede von 10 lx : 1000 lx, also von 1 : 100 erfassen! Insgesamt stellt der Belichtungsmesser wieder ein Beispiel für die Analoganzeige oder Analogtechnik dar.

*Fotorelais*

Für Fotowiderstände ergeben sich außer dem erwähnten Belichtungsmesser zahlreiche Anwendungen. Im Prinzip können dafür auch meistens die später zu besprechenden Fotodioden und Fototransistoren verwendet werden. Oft werden solche Lichtanzeiger oder Fotodetektoren nicht zum Messen unterschiedlicher Lichthelligkeiten, sondern nur als lichtbetätigte Schalter verwendet: Bei Licht fließt Strom, bei Dunkelheit kein Strom. Wie bereits im Abschnitt über Relais erwähnt, bezeichnet man so etwas als Ja-Nein-Schaltung oder als Binärschaltung[1]).

Um mit Licht zu schalten, verwendet man im einfachsten Fall eine Anordnung nach *Abb. 124*. Anstelle des Meßinstrumentes von Abb. 122 liegt die Wicklung eines Relais im Stromkreis. Fließt Strom, dann zieht das Relais an und betätigt die Kontaktfeder des Wechselschalters W.

[1]) bini = je zwei (lateinisch), hier also: nur zwei Schaltzustände.

Elektronik ersetzt den Laternenanzünder

Über diesen Umschalter kann man weitere Stromkreise betätigen, z. B. Lampen oder Motoren ein- oder ausschalten.

*Abb. 125* zeigt eine ähnliche Anordnung für Netzbetrieb. Mit dem Potentiometer R läßt sich die günstigste Arbeitsspannung und somit die Schaltschwelle einstellen, damit das Relais bei einer bestimmten Helligkeit gerade anspricht. Mit der Anordnung Abb. 125 lassen sich beispielsweise Straßenbeleuchtungen einschalten, wenn die Dunkelheit einbricht. Der Fotowiderstand wird im Freien so angeordnet, daß er den Himmel sieht. Am Tage führt er großen Strom, das Relais ist angezogen, der Stromkreis der Straßenlaternen ist über den dann offenen Relaiskontakt unterbrochen, die Lampen leuchten nicht. Bei einbrechender Dunkelheit fällt das Relais ab, und die Lampen schalten sich ein. Morgens, bei einsetzender Tageshelligkeit, verläuft der Vorgang umgekehrt, und die Lampen werden automatisch wieder ausgeschaltet. Das Tageslicht schaltet also den Relaisstrom und dieser wiederum das Licht der Laternen. Dabei tritt eine Art Umkehrung auf:

Bei Tageslicht sind die Lampen dunkel
Bei Dunkelheit sind die Lampen hell

Das ist fast eine Art Voranzeige für eine in der sogenannten Digitaltechnik vorkommende und als Inverter[1]) bezeichnete Schaltstufe.

[1]) inversus = umgekehrt (lateinisch).

Das Schaltprinzip von Abb. 125 wird beispielsweise auch für die Sicherheitssteuerung von Ölbrennern in Heizanlagen benutzt. Die lichtempfindliche Seite des Fotowiderstandes ist auf die Ölflamme gerichtet. Würde die Flamme durch irgendeine Störung erlöschen, dann könnte Unheil geschehen, indem die Ölpumpe weiterarbeitet und unverbrauchtes Öl den Keller überflutet. Der Fotowiderstand meldet aber „Flamme brennt nicht mehr!“ und schaltet über das Relais die Ölpumpe ab.

Die Abb. 124 und 125 zeigen einfache, aber durchaus funktionsfähige Anordnungen. In vielen Fällen muß man allerdings noch eine oder mehrere Verstärkerstufen sowie Hochleistungsrelais (Schaltschütze) einfügen, um höhere Empfindlichkeit oder eine größere Schaltleistung zu erzielen. Dabei sei nochmals erwähnt, daß sich durch Zuführen von Licht *oder von Wärme* die Widerstandswerte ändern. Dieser meist unerwünschte Temperatureinfluß läßt sich aus entsprechenden Diagrammen ablesen. Bei genauen Lichtmessungen kann man die Temperaturabhängigkeit ausgleichen oder kompensieren, indem man an geeigneter Stelle der Schaltung einen Kaltleiterwiderstand einfügt, der den Stromanstieg bei höheren Temperaturen gewissermaßen bremst.

*Lichtschranken*

Weite Verbreitung haben Fotorelais oder Lichtrelais bei den Lichtschranken gefunden. Sie bestehen im Prinzip nach *Abb. 126* aus einer Lichtquelle L und einem Lichtrelais mit dem Fotowiderstand F. Eine optische Sammellinse vor der Lichtquelle bündelt das Licht zu einem engen parallelen Strahl. Eine weitere Linse konzentriert dann dieses Lichtbündel auf den Fotowiderstand. Wird der Lichtstrahl durch einen dazwischengebrachten Gegenstand unterbrochen, dann spricht das Lichtrelais an, und über die Ausgangsleitungen A können weitere Vorgänge ausgelöst werden. So setzt man Rolltreppen ingang, wenn eine Person die Lichtschranke am Anfang der Treppe unterbricht. Fahrstuhltüren schließen sich, wenn niemand mehr in die Fahrstuhlkabine hineingeht (oder auch nicht, wenn jemand den Strahl abdeckt), Wasserspülungen werden ausgelöst usw.

Bei diesen Anwendungsgebieten wird meist eine *Verzögerungsschaltung* vorgesehen. Sie bewirkt, daß zum Beispiel die Rolltreppe so lange weiter-

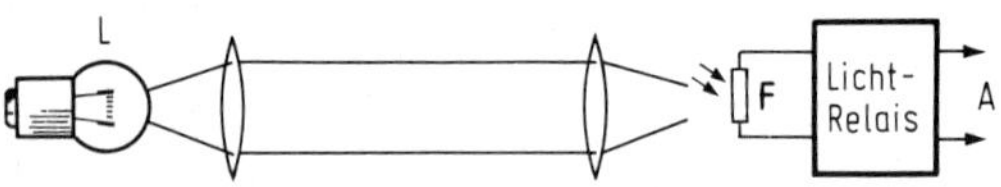


Abb. 126. Prinzip einer Lichtschranke

Fahrstuhltüren schließen sich nicht, wenn jemand den Strahl der Lichtschranke abdeckt

läuft, bis man oben angekommen ist, auch wenn der Strahl inzwischen wieder freigegeben wurde. Derartige Verzögerungs- oder Zeitschaltungen sind wichtige Grundschaltungen der Elektronik. Sie beruhen meist auf dem Prinzip, daß es eine bestimmte Zeit dauert, bis eine Kapazität $C$ über einen Widerstand $R$ auf einen Wert $Q$ geladen ist.

Um den Einfluß von Fremdlicht auszuschalten und den Strahl einer Lichtschranke für menschliche Augen unsichtbar zu machen, deckt man das Licht der Lampe in Abb. 126 durch ein tief dunkelrotes Filterglas ab und verwendet einen extrem rotempfindlichen Fotowiderstand für das Lichtrelais. Das normale Raumlicht hat dann keinen Einfluß auf die Anordnung.

Weitere Anwendungsgebiete für Lichtschranken sind Füllstandsanzeiger und Begrenzungssteuerungen. In *Abb. 127* dient eine Lichtschranke zum

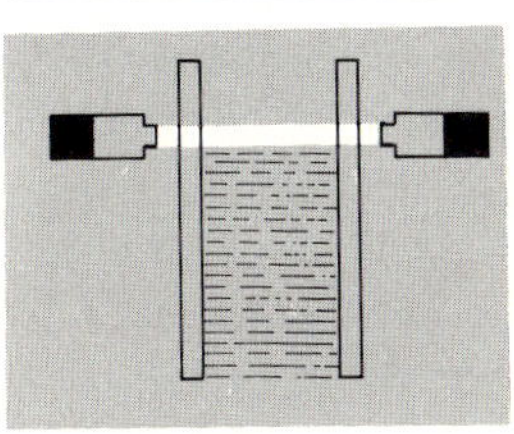

Links: Abb. 127. Abtasten der Füllstandshöhe eines Silos mit Hilfe einer Lichtschranke

Abb. 128. Mit zwei Lichtschranken wird die Durchhangschleife einer Materialbahn gesteuert

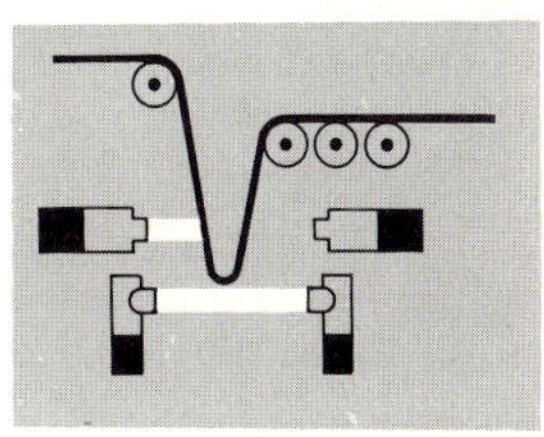

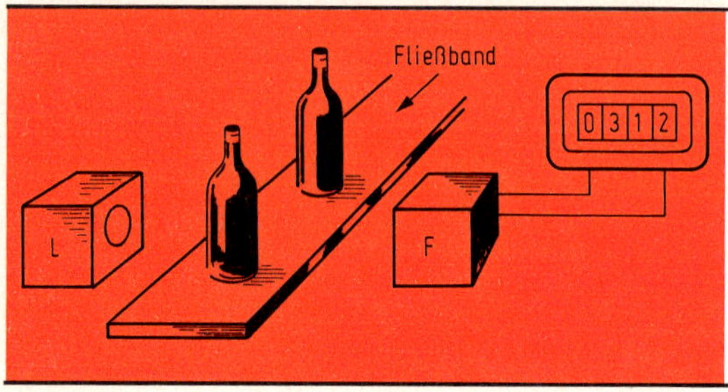


Abb. 129. Zählen von Flaschen auf einem Förderband mit Hilfe einer Lichtschranke und einem digitalen Zählwerk

Abtasten der Füllhöhe eines Silos. Steigt das eingeschüttete Material so hoch, daß der Lichtstrahl unterbrochen wird, dann gibt das Fotorelais ein Signal, um das Überfüllen zu verhindern.

Mit zwei in verschiedener Höhe angeordneten Lichtschranken nach *Abb. 128* kann man den Durchhang von Materialbahnen steuern, z. B. bei der Papierherstellung oder bei Rotationsdruckmaschinen. „Lichtschranken-Vorhänge“ aus dicht nebeneinander angeordneten Strahlen dienen als Unfallschutz bei Schnittmaschinen oder Pressen. Solange die Bedienungsperson noch mit den Händen den Lichtvorhang unterbricht, ist die Maschine verriegelt, und das Messer oder die Stanze kann nicht arbeiten, Verletzungen werden verhindert.

Ein gleichfalls wichtiges Anwendungsgebiet der Lichtschranken sind Zählgeräte aller Art. In *Abb. 129* ist schematisch dargestellt, wie mit Hilfe einer Lichtschranke Flaschen auf einem Fließband gezählt werden. Jede Unterbrechung des Lichtstrahls durch eine Flasche läßt das Zählwerk um eine Ziffer weiterspringen.

Alle diese Beispiele beruhen auf Ja-Nein- bzw. Binärschaltungen. Sie kennen nur zwei Zustände, EIN oder AUS. In Abb. 129 kommt noch ein weiterer Begriff hinzu. Das Zählwerk springt bei jedem Einschaltstromstoß um eine Ziffer weiter. Dieses schrittweise Weiterzählen oder das Verarbeiten von exakt definierten Zahlenwerten bezeichnet man als Digitaltechnik. Der Ausdruck stammt von dem lateinischen Wort digitus = Finger, denn mit dem Abzählen an den Fingern begann die menschliche Zähl- und Rechentechnik. Der Ausdruck Digitaltechnik begegnete uns bereits beim Digital/Analog-Umsetzer, Seite 98.

Lichtschranken lassen sich nicht nur zum Ein- und Ausschalten verwenden, sondern sie können zum Messen von Helligkeitsunterschieden dienen. Man benutzt dann anstelle eines Fotorelais einen Belichtungsmesser (vgl. Abb. 122) als Anzeigeelement. Als Beispiel ist in *Abb. 130*

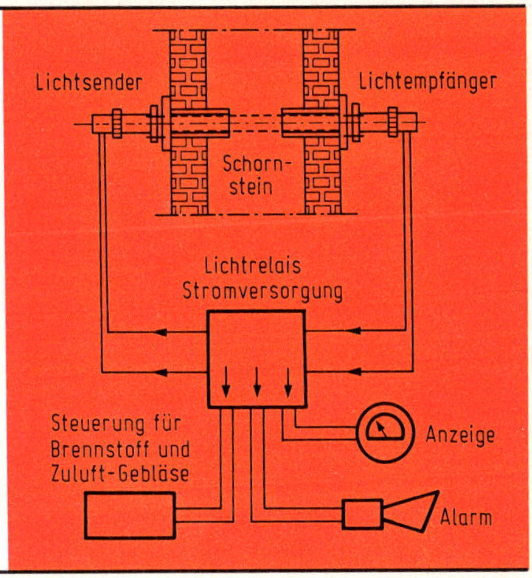


Abb. 130. Lichtschranke als Rauchdichtemesser (Visomat-Geräte GmbH)

das Prinzip eines Rauchdichtemessers für Schornsteine dargestellt. Je dicker der Qualm wird, desto weiter schlägt das Anzeigeinstrument aus. Man sagt, der Zeigerausschlag ist proportional oder analog dem gemessenen Wert. Diese Analoganzeige ist für viele Zwecke anschaulicher als eine Digitalanzeige. Der Kesselwärter kann aus der Zeigerstellung bereits von weitem erkennen, daß der Rauch zu dunkel wird. Über zusätzliche Regelschaltungen lassen sich Brennstoff- und Luftzufuhr automatisch so steuern, daß die Verbrennung sauber abläuft. Registriergeräte zeichnen fortlaufend die Werte in Diagrammform, also analog, auf. Bei Überschreiten eines „programmierten" Grenzwertes kann Alarm ausgelöst werden.

## Fotoelemente und Thermoelemente

Fotowiderstände führen gedankenmäßig weiter zu den Fotoelementen und Thermoelementen. Deswegen werden diese Bausteine hier bereits besprochen. Bei Fotowiderständen werden durch Zuführen von Lichtenergie die Elektronen im Widerstandsmaterial beweglicher. Es leitet besser, sein Widerstandswert sinkt. Legt man eine Spannung an den Widerstand, dann fließt ein höherer Strom, wenn Licht darauffällt. Fotoelemente liefern dagegen Strom, ohne daß eine zusätzliche Spannungsquelle notwendig ist. Dies beruht auf Vorgängen, die auch bei Dioden

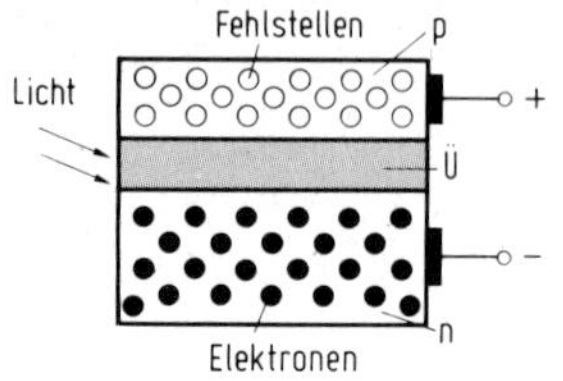


Abb. 131. Funktionsschema eines Fotoelementes

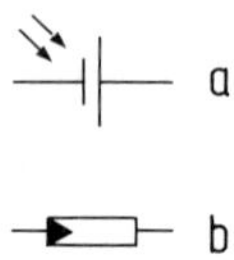


Abb. 132. Neues und altes Schaltzeichen für Fotoelemente

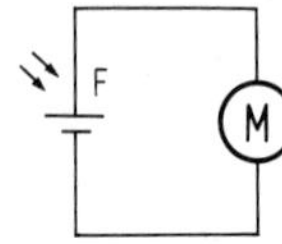


Abb. 133. Das Meßinstrument M schlägt aus, wenn Licht auf das Fotoelement F fällt — Licht liefert Strom!

und Transistoren eine Rolle spielen. Ursache sind die im Kapitel 3 erwähnten Erscheinungen, daß frei bewegliche Elektronen von Atomen oder Molekülen durch Licht- oder Wärmeenergie in andere Umlaufbahnen gebracht oder weitertransportiert werden können.

Ein Fotoelement besteht aus zwei verschiedenen Materialien, zwischen denen sich nach *Abb. 131* eine Übergangsschicht Ü befindet. Bestrahlt man sie mit Licht, führt ihr also Lichtenergie zu, dann werden darin Elektronen, d. h. negative Ladungsträger, beweglich gemacht und freigesetzt. Sie sammeln sich in der mit n bezeichneten Zone, d. h. in dem Material, das n-leitend ist, also viele freie Plätze für negative Elektronen hat. Dadurch verschiebt sich aber das elektrische Gleichgewicht der Anordnung. Auf dem mit p = positiv bezeichneten Bezirk fehlt jetzt die entsprechende Zahl von Ladungen, um das vorher bestehende Gleichgewicht weiter aufrecht zu erhalten. Man spricht deshalb von Fehlstellen, Löchern oder Defektelektronen in diesem Gebiet. Die Übergangsschicht Ü wird auch als pn-Grenzschicht bezeichnet. Durch das Licht sind also die Elektronen in das n-Material gejagt worden. Ein Fotoelement wirkt demnach bei Belichtung wie ein chemisch-elektrisches Element[1]), zwischen den beiden Anschlüssen herrscht eine elektrische Spannung.

Deshalb hat man dem Fotoelement in der jetzt gültigen Schaltzeichennorm das Symbol *Abb. 132a* gegeben, nämlich das Zeichen für eine Batteriezelle mit darauffallenden Lichtstrahlen. Das ältere Zeichen, Abb. *132b*, kommt aber noch in vielen Schaltungen vor und sollte nicht vergessen werden. Das schwarze Dreieck darin bedeutet die Stromrichtung bei Belichtung.

Schließt man nach *Abb. 133* ein Meßinstrument M an ein Fotoelement an, dann fließt bei Lichteinfall ein Strom durch das Instrument. Nach

[1]) Vgl. Abb. 21, Seite 39.

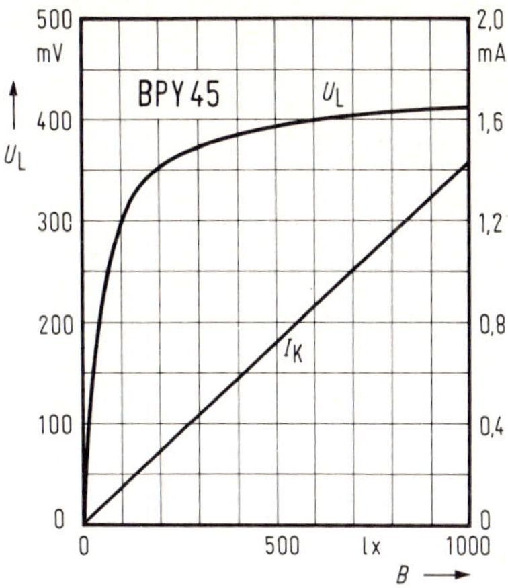


Abb. 134. Kennlinien für Silizium-Fotoelement Typ PBY 45 von Siemens; $I_K$ = Kurzschlußstrom, $U_L$ = Leerlaufspannung

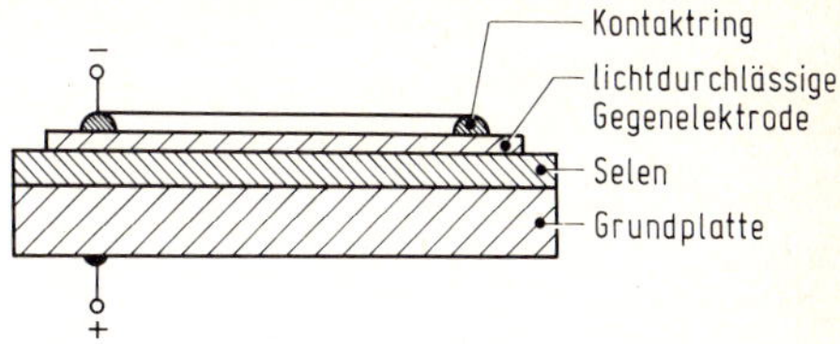


Abb. 135. Schnitt durch ein Selen-Fotoelement

*Abb. 134* steigt dieser Strom $I_K$ linear zur Beleuchtungsstärke *B*. Man kann daher Fotoelemente gut für analog arbeitende Belichtungsmesser verwenden. Die Leerlaufspannung $U_L$ steigt dagegen in Abb. 134 bei geringen Helligkeitswerten sehr steil bis zu einem Wert von etwa 400 mV = 0,4 V an und ändert sich dann nur noch wenig. Auch dies hat Vorteile:

1. Wird das Fotoelement zum Beispiel für Lichtrelais verwendet, die nur ein- und ausschalten, also digital arbeiten sollen, dann kann die Lichtstärke von einem gewissen Mindestwert an ziemlich schwanken, das Fotoelement liefert stets etwa das gleiche Spannungssignal.

2. Wenn man Fotoelemente, wie dies jetzt sehr stark im Kommen ist, zum Umwandeln von Sonnenlicht in elektrischen Strom benutzt, dann lassen sich mit der annähernd konstanten Spannung solcher Solarelemente sehr gut Akkumulatorenbatterien aufladen.

Fotoelemente werden in den verschiedensten Formen und Größen hergestellt. Winzige, nur stecknadelkopfgroße Ausführungen dienen zum Abtasten von scharf gebündelten Lichtstrahlen, großflächige Elemente dagegen zum Messen von Tageslicht und von Raumbeleuchtungen oder, wie eben erwähnt, zur Stromerzeugung aus Sonnenlicht. Als Grundmaterialien werden hauptsächlich Selen und Silizium verwendet. *Abb. 135* zeigt das Aufbauschema eines Selen-Fotoelementes. Die Selenschicht ist auf einer Metallgrundplatte aufgebracht. Darauf wird die Gegenelektrode, z. B. eine Goldschicht, in speziellen Herstellungsverfahren aufgestäubt

oder aufgedampft. Diese Schicht ist in Wirklichkeit außerordentlich dünn, nämlich weniger als ein millionstel Millimeter stark. Sie ist daher lichtdurchlässig. Zwischen dieser Gegenelektrode und dem Selen bildet sich die in Abb. 131 erwähnte lichtempfindliche Übergangsschicht. Das Licht kann durch die dünne Gegenelektrode darauf einwirken und die Fotospannung erzeugen. Ein metallener Kontaktring auf der Gegenelektrode dient als Anschluß für diesen Pol des Elementes.

Ähnlich aufgebaut sind Silizium-Solarzellen für Sonnenbatterien. *Abb. 136* zeigt verschiedene Ausführungsformen von AEG-Telefunken. Bei ihnen wird der elektrische Kontakt zur lichtdurchlässigen Gegenelektrode durch die feinen Metallstreifen hergestellt. Für die großen „Sonnenpaddel" zur Stromversorgung von Raumflugkörpern werden Zellen mit den Abmessungen 2 cm × 2 cm und 2 cm × 4 cm (links im Bild) verwendet. Die runden Zellen mit einer Fläche von 20 $cm^2$ sind für Solarbatterien auf der Erde bestimmt. Allerdings braucht man etwa 32 solcher Zellen, um rund 7 W Ausgangsleistung zu erhalten. Die allerkleinste Haushalts-Glühbirne benötigt aber bereits 15 W!

Beim Übergang von den Heißleitern zu den Fotowiderständen wurde gesagt, daß Wärmeenergie und Lichtenergie verwandt sind. Das gleiche gilt nun auch für Fotoelemente und Thermoelemente[1]). Bei Fotoelementen bewirkt Lichtenergie eine elektrische Spannung, bei Thermoelementen geschieht dies durch Wärme, die auf die Übergangsstelle von zwei ver-

[1]) thermos (griechisch) = warm.

Abb. 136. Ausführungsformen von Silizium-Fotoelementen (AEG-Telefunken)

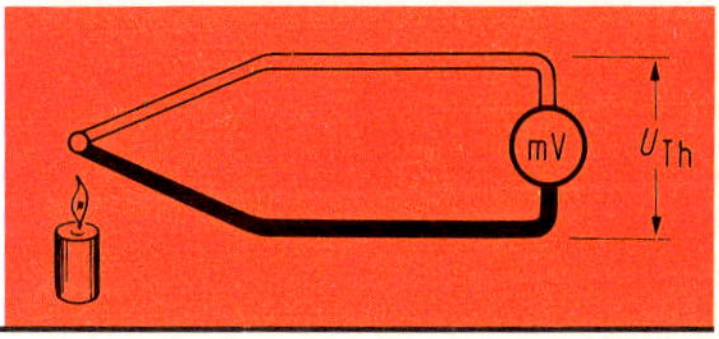


Abb. 137. Stark vereinfachtes Schema eines Thermoelementes

schiedenen Materialien einwirkt. Verschweißt oder verlötet man im einfachsten Fall nach *Abb. 137* zwei verschiedenartige Metalldrähte, schließt an die freien Enden ein Millivoltmeter an und erwärmt die Übergangsstelle, dann entsteht eine Thermospannung $U_{Th}$. Durch Erwärmen werden die freien Elektronen im Metall in Bewegung gesetzt. Jede Metallart benötigt dafür eine andere Wärmeenergie. Berühren sich zwei Metalle mit unterschiedlichen Werten, dann wirkt dies ähnlich wie in Abb. 131, das heißt so, als wenn n-leitende und p-leitende Gebiete aneinandergrenzen. Zwischen ihnen tritt eine Spannung auf, und über eine äußere Verbindung kommt ein Stromfluß zustande. Diese Thermospannung steigt proportional zur Temperaturerhöhung an der Übergangsstelle. Thermoelemente

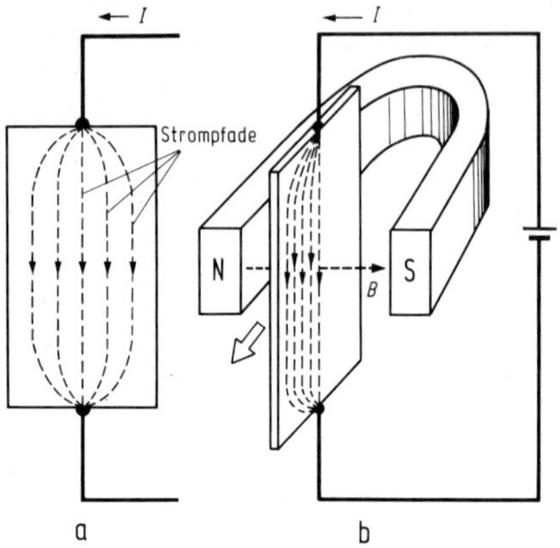


Abb. 138. Stromverlauf innerhalb einer rechteckförmigen Leiterplatte. Durch Einfluß eines Magnetfeldes werden die Strompfade ausgelenkt und zusammengedrängt. Der Leiterquerschnitt und damit der Strom werden verringert

werden deshalb vielfach zum Messen von Temperaturen verwendet. Mit bestimmten Metallpaaren kann man Meßbereiche bis zu +1600 °C erzielen.

Man bemüht sich auch, leistungsfähige Batterien aus Thermoelementen zu bauen, um ähnlich wie bei Sonnenbatterien direkt Strom aus Wärme zu erzeugen. Der Vorgang ist umkehrbar. Bei den sogenannten Peltier-Kühlelementen wird Strom über die Grenze zwischen n- und p-leitenden Materialien geschickt. Dort wird dann Wärme verbraucht, es entsteht eine Kühlzone. Der Aufwand ist aber vorerst noch zu hoch, um einen Haushalt-Kühlschrank nach diesem Prinzip zu bauen. Allenfalls reicht es, um eine Flasche Schnaps zu kühlen, wie eine Firma vor einigen Jahren auf einer Ausstellung bewies.

*Magnetisch steuerbare Widerstände*

Nicht nur Licht- und Wärmestrahlung verändern die Widerstandswerte von Bauelementen, sondern bei bestimmten Materialien ändert sich auch der Widerstandswert beträchtlich, wenn ein Magnetfeld darauf einwirkt. Zum Verständnis dient wieder der Grundsatz:

Strom + Magnetfeld ergeben eine Bewegung.

Dies wurde anschaulich dargestellt in Bild 45 auf Seite 64, und darauf soll hier weiter aufgebaut werden. In dem in *Abb. 138a* dargestellten breiten Leiterstück verteilt sich der Strom *I* gleichmäßig über die gesamte Breite. Die den Stromfluß bewirkenden Elektronen strömen gewissermaßen auf parallelen Strompfaden durch das Material.

Befestigt man nun dieses Leiterstück nach Abb. 133b zwischen den Polen eines Hufeisenmagneten, dann fließt der Strom rechtwinklig zum Magnetfluß *B*, und nach dem vorher genannten Grundgesetz erfolgt eine Ablenkung oder Auslenkung senkrecht zu den magnetischen Feldlinien und senkrecht zum elektrischen Stromfluß. Da das Leiterstück aber festgehalten wird, werden nun die Strombahnen im Leiterstück selbst ausgelenkt. Sie drängen sich daher in Abb. 133b auf die halbe Breite nach außen hin zusammen. Die andere Hälfte des Materials führt keinen Strom mehr. Halbe Leiterbreite bedeutet aber doppelten Widerstandswert gegen vorher. Der ohmsche Widerstand eines Leiters vergrößert sich also im Magnetfeld.

Dieser Effekt tritt theoretisch bei allen Leitermaterialien auf. Er ist im allgemeinen jedoch äußerst winzig und nicht meßbar. Eine nachweisbare Widerstandserhöhung zeigt sich bei dem Metall Wismut. Fühler aus Wismutdrähten werden deshalb seit langem zum Ausmessen der Feldstärke von Magnetfeldern verwendet. Je stärker das magnetische Feld ist, desto höher wird der Widerstandswert des Wismuts, und daraus läßt sich die jeweilige Feldstärke ermitteln.

Weit größere Widerstandsänderungen ergeben sich bei speziell hierfür gezüchteten Materialien. Siemens verwendet zum Beispiel dafür Indiumantimonid mit quer zur Stromrichtung liegenden Kristallzonen aus Nickelantimonid. Beim Einwirken eines Magnetfeldes werden dann die Strompfade nicht nur verengt wie in Abb. 138b, sondern die Strombahnen werden durch die Kristallschichten auch noch zickzackförmig umgelenkt. Das bedeutet längere Leitungswege, also nochmals erhöhten Widerstandswert. Wir wollen uns jedoch um diese verwickelten Innenvorgänge nicht weiter kümmern, Abb. 138 gibt eine ausreichende Deutung des Grundprinzips.

Aus solchen Materialien formt man flächenartige Bauelemente und bezeichnet sie als *Feldplatten. Abb. 139* veranschaulicht Wirkungsweise und Anwendung. Der Magnetfluß B in Abb. *139a* verläuft senkrecht durch die Widerstandsplatte mit dem Stromfluß I. Dadurch vergrößert sich dann der Längswiderstand R des Plättchens. Bringt man also die stromdurchflossene Feldplatte nach Abb. *139b* zwischen die Pole des Hufeisenmagneten, dann wird der Strom geringer, und der Zeigerausschlag des Amperemeters geht zurück.

Um die Wirkung zu vergrößern, wird bei den Feldplatten von Siemens die äußerst dünne magnetfeldempfindliche Materialschicht nach *Abb. 140*

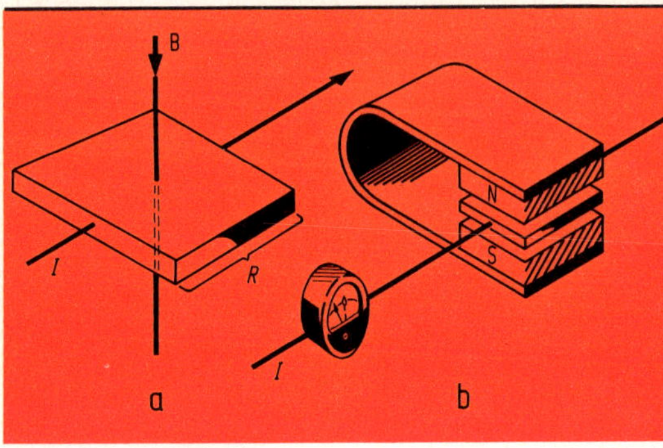


Abb. 139. Prinzip der Siemens-Feldplatten; ihr Widerstandswert R vergrößert sich, der durchfließende Strom I verringert sich beim Einbringen in ein Magnetfeld

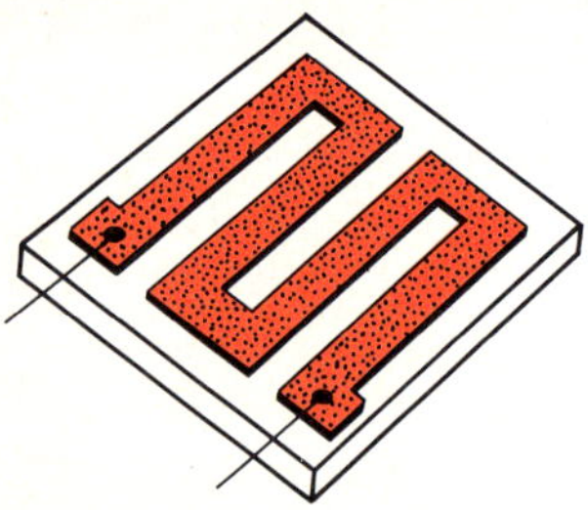

Abb. 140. Widerstandsbahn einer Feldplatte auf einem Isolierplättchen

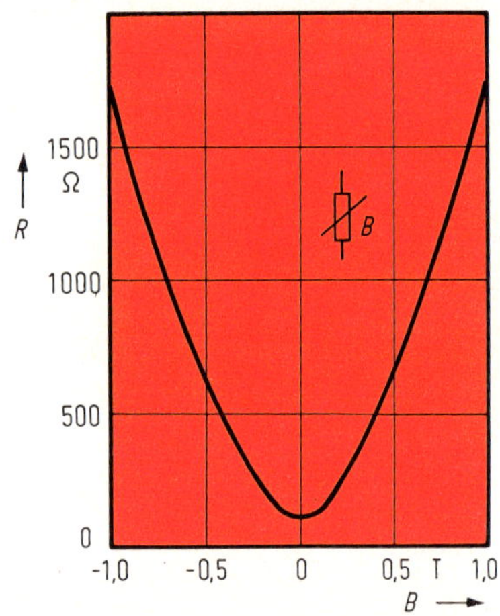


Abb. 141. Kennlinienverlauf einer Feldplatte, darüber das Schaltzeichen

mäanderförmig auf eine Isoliergrundplatte aufgebracht. Je nach Länge und Breite der Leiterbahn können Typen mit unterschiedlichen Nennwiderständen gefertigt werden. — Das Zusammendrängen der Strompfade bzw. die Erhöhung des Widerstandswertes in Abb. 138b erfolgt in jedem Fall, also auch dann, wenn man den Magneten bzw. den Magnetfluß umpolt. *Abb. 141* zeigt dies im Diagramm. Der Widerstandswert steigt dort von rund 100 Ω auf 1500 Ω, wenn die Feldplatte einer magnetischen Induktion B = 1 T oder B = —1 T ausgesetzt wird. T = Tesla ist die neuerdings verwendete Einheit für die magnetische Flußdichte B. Die früher benutzte und noch vielfach in der Fachliteratur anzutreffende

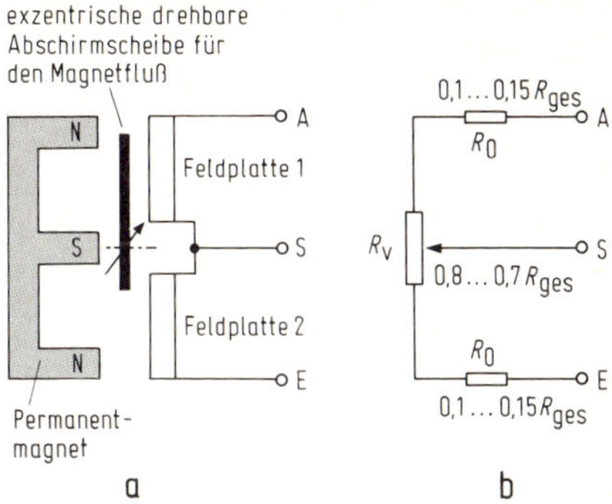


Abb. 142. Funktionsschema und Ersatzschaltung eines Feldplattenpotentiometers (Siemens)
$R_{ges}$ = Gesamtwiderstand
$R_V$ = variabler Widerstandsteil

Abb. 143. Feldplattenpotentiometer Typ FP 310 L 100 von Siemens für Fahr- und Bremspedale des batteriebetriebenen VW-Transporters

Einheit war das Gauß (G); 1 Tesla = 10000 Gauß = 10 kG. Abb. 141 enthält außerdem das Schaltsymbol für einen Feldplattenwiderstand.

Feldplatten werden vielfältig in der industriellen Elektronik angewendet, weil sich damit Ströme kontaktlos beeinflussen lassen. Allein durch das mechanische Annähern eines Permanentmagneten an die Feldplatte läßt sich ihr Widerstandswert so stark ändern, daß man elektrische Schaltvorgänge dadurch auslösen kann. Ähnlich wie mit Lichtschranken lassen sich Zählvorrichtungen und andere Ja/Nein- bzw. Digitalschaltungen damit aufbauen.

Eine sehr interessante Analoganwendung stellt das Feldplattenpotentiometer von Siemens dar. Zwei Feldplatten sind nach *Abb. 142a* im Luftspalt eines mehrpoligen Permanentmagneten so angeordnet, daß der Magnetfluß durch Drehen einer Abschirmscheibe entweder auf die Feldplatte 1 oder auf die Platte 2 konzentriert wird. Die beiden elektrisch in Reihe liegenden Feldplattenwiderstände werden beim Drehen der Kreisscheibe in ihren Widerstandswerten durch das magnetische Feld gegenläufig so verändert, daß die Einzelwiderstände steigen bzw. fallen, der Gesamtwiderstand jedoch konstant bleibt. Der kleinste einstellbare Wert richtet sich nach dem Grundwiderstand der Feldplatte, er beträgt etwa 10 bis 15% des Gesamtwiderstandes. Daraus ergibt sich die Ersatzschaltung Abb. *142b*. Man erhält einen Spannungsteiler, der sich sehr leicht betätigen läßt und keinerlei Reibungs- oder Abnutzungserscheinungen aufweist.

Eine praktische Anwendung haben solche Feldplattenpotentiometer bereits im Modell eines batteriegetriebenen VW-Transporters gefunden. Das bisher übliche Gaspedal, jetzt Fahrpedal genannt, wirkt auf ein solches Feldplattenpotentiometer, *Abb. 143*, ein. Dieses liefert dann über einen Winkelbereich von 30° analoge Steuerströme von 0 bis 20 mA für die Leistungselektronik des Autos. Die Anordnung arbeitet praktisch ohne jede mechanische und elektrische Abnutzungserscheinung.

### *Hallgeneratoren*

Ähnlich wie beim Übergang vom Fotowiderstand zum Fotoelement gibt es auch eine Weiterentwicklung vom magnetisch steuerbaren Widerstand zum magnetischen Spannungserzeuger. Man bezeichnet ihn als Hallgenerator. Der Name geht auf den Entdecker des dabei auftretenden physikalischen Effektes, den Engländer Hall, zurück. *Abb. 144* erläutert die Wirkung. Man schickt, ähnlich wie in Abb. 139, durch eine flache Leiterplatte einen Strom I und setzt sie einem Magnetfeld aus. An den

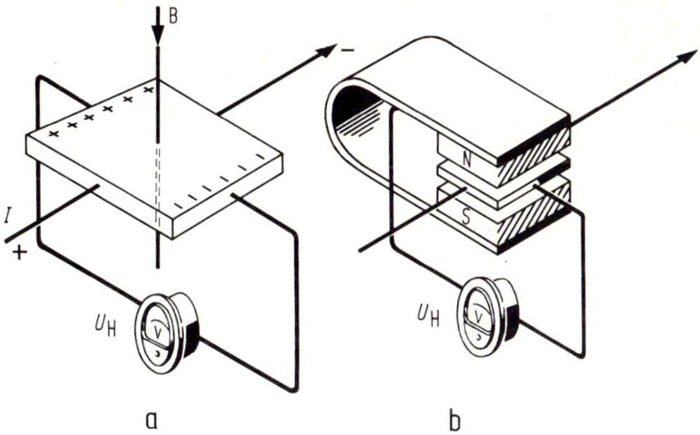


Abb. 144. Der Halleffekt; a = Ladungsverteilung auf einem stromdurchflossenen Plättchen, wenn es nach b innerhalb eines Magnetfeldes angeordnet wird

Querseiten des Plättchens entsteht dann eine elektrische Spannung, die Hallspannung $U_H$. Bei bestimmten Werkstoffen, z. B. Silizium, Indiumarsenid oder Indiumantimonid, ist die Ausbeute so günstig, daß man an den mit + und — bezeichneten Seiten des Plättchens einen Strom entnehmen kann, daher die Bezeichnung *Generator*. Hallgeneratoren liefern zwar keine große Leistung, aber sie werden ähnlich wie Feldplatten für die verschiedensten digitalen oder analog arbeitenden Steuer- und Regelschaltungen benutzt. Man kann sie sogar für bestimmte Rechenoperationen verwenden, indem man den Permanentmagneten in Abb. 144 durch einen Elektromagneten ersetzt. Erhöht man dessen Feldstrom $I_M$, dann steigt die Hallspannung. Erhöht man den Querstrom I, dann steigt die Hallspannung ebenfalls. Damit ergibt sich ein Multiplikationseffekt, die Hallspannung gibt einen Analogwert für $I_M \cdot I$.

# 6 Von Wechselströmen, Hf-Schwingungen, Mikrowellen und Lichtwellen

Die Frequenz f einer Wechselspannung gibt die Zahl der Sinusschwingungen je Sekunde an. Die für Rundfunk und Fernsehen verwendeten Wechselspannungen sehr hoher Frequenz lassen sich über Antennen als elektromagnetische Schwingungen in den freien Raum abstrahlen. Sie breiten sich etwa so aus wie Wasserwellen auf der Oberfläche eines Teiches, in den man einen Stein hineinwirft. Der Abstand zwischen zwei Wellenbergen oder, korrekter, zwischen zwei Nulldurchgängen einer solchen Welle bzw. Sinusschwingung wird Wellenlänge genannt und mit dem griechischen Buchstaben $\lambda$ (lambda) bezeichnet *(Abb. 145)*.

Elektromagnetische Wellen breiten sich mit der Geschwindigkeit des Lichtes aus, nämlich mit 300000 Kilometer je Sekunde. Das sind 300000000 m/s oder in mathematischer Form $3 \cdot 10^8$ m/s, das bedeutet eine 3 mit 8 Nullen dahinter. (Erstaunlich, wie die Wissenschaftler diese hohe Geschwindigkeit so exakt ausgemessen haben — manche Autofahrer können nicht einmal im Stadtverkehr die vorgeschriebene Geschwindigkeit von 50 km/h = etwa 14 m/s annähernd erfassen!)

Wird eine Frequenz von f = 300 kHz ausgestrahlt, dann durchlaufen 300000 Wellenzüge ($3 \cdot 10^5$) die Strecke von $3 \cdot 10^8$ m innerhalb einer Sekunde. Ein Wellenzug oder eine Schwingung hat dann die Wellenlänge

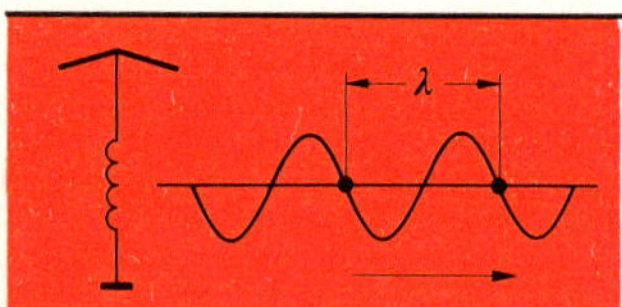


Abb. 145. Wellenlänge einer freien elektromagnetischen Schwingung

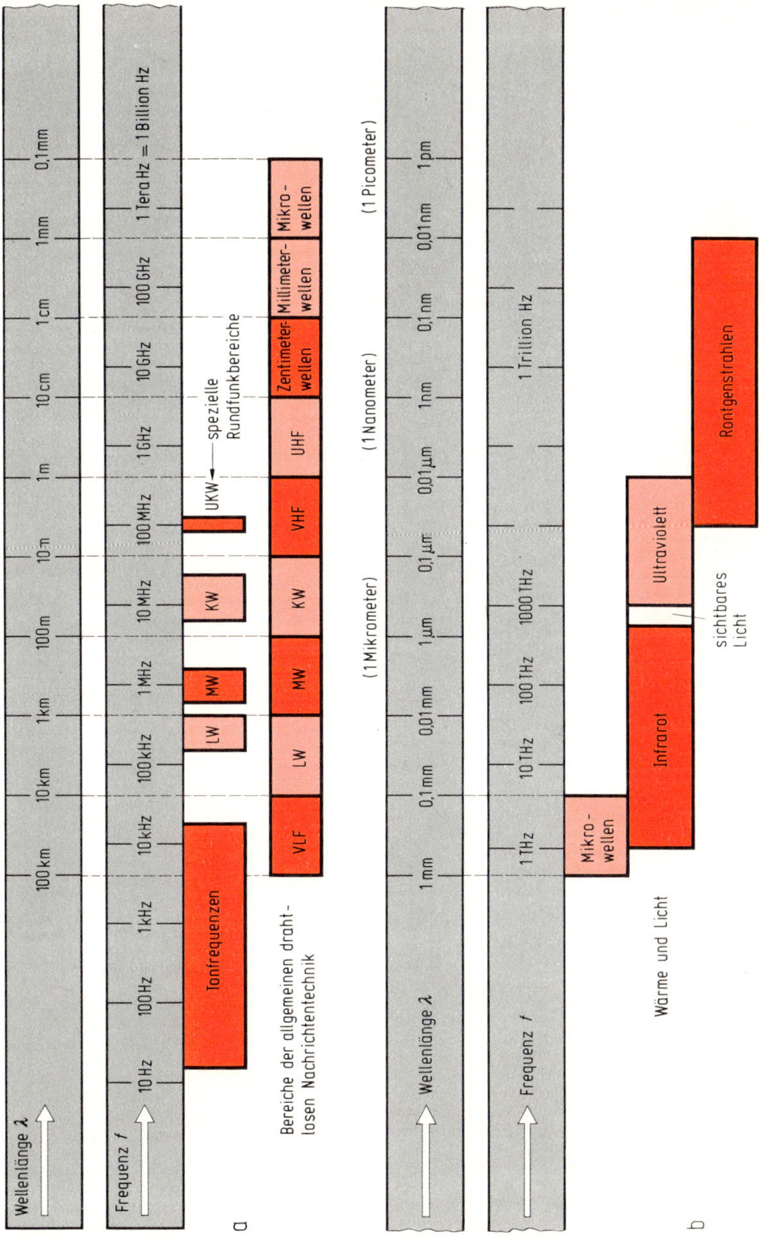


Abb. 146. Wellenlängen, Frequenzen und Wellenbereiche

$$\lambda = \frac{3 \cdot 10^8}{3 \cdot 10^5} = 10^3 = 1000 \text{ m}$$

oder allgemein

$$\text{Wellenlänge } \lambda = \frac{\text{Lichtgeschwindigkeit c}}{\text{Frequenz f}}$$

$$\lambda = \frac{c}{f} \text{ [m]} \qquad f = \frac{c}{\lambda} \text{ [Hz]}$$

In den Anfangsjahren der drahtlosen Nachrichtentechnik rechnete man vorzugsweise mit Wellenlängen, weil das anschaulicher war. Daher stammt noch die Einteilung in Wellenbereiche. Um die Funktion von Schaltungen zu untersuchen, ist es günstiger, mit Frequenzen zu rechnen. Aus der Grundgleichung ergibt sich:

Je kleiner die Wellenlänge wird, desto höher steigt die Frequenz an.

Im Ultrakurzwellenbereich, abgekürzt UKW, sowie in den Fernsehbereichen I und II liegen die Wellenlängen von 10 m bis 1 m und die zugehörigen Frequenzen zwischen 30 MHz und 300 MHz. Nachrichtensatelliten arbeiten im Zentimeterwellenbereich bei 12 bis 13 GHz (1 GHz = 1 Gigahertz = 1 Milliarde Hertz). Um sich eine Vorstellung von diesen gegenseitigen Beziehungen zu machen, trägt man zweckmäßig Wellenlänge und Frequenz in Form logarithmischer Skalen übereinander auf. *Abb. 146a* zeigt diese Skalen mit Kennzeichnung des Tonfrequenzgebietes und der Rundfunkbereiche. Infolge der logarithmischen Teilung erscheint in der Zeichnung zum Beispiel der UKW-Rundfunkbereich viel schmaler als der Tonfrequenzbereich. Nach den vorher genannten Zahlen umfaßt aber der gesamte UKW-Bereich das Frequenzband von 30 bis 300 MHz. Er hat also eine Breite von

$$300 - 30 = 270 \text{ MHz} = 270\,000 \text{ kHz}.$$

Darin lassen sich nebeneinander viele einzelne Frequenzbänder von z. B. je 50 kHz Breite unterbringen. (Trotzdem reicht das in der Praxis nicht für die vielen Interessenten von Musiksendern und Funksprechgeräten aus!)

Die in *Abb. 146* dargestellten Schwingungen lassen sich rein elektrisch durch Generatoren oder Oszillatoren erzeugen. Elektrische Tonfrequenzschwingungen entstehen meist durch Umformen von Schallwellen mit Hilfe von Mikrofonen.

In den vorhergehenden Kapiteln wurde mehrmals von Licht- und Wärmestrahlung gesprochen. Auch dies sind im physikalischen Sinn elektromagnetische Schwingungen, allerdings mit noch weit höheren

Frequenzen, also unvorstellbar winzigen Wellenlängen. Abb. *146b* stellt die Fortsetzung der Skalen von Abb. 146a dar und zeigt hauptsächlich das Gebiet der Wärme- und Lichtwellen. Das sichtbare Licht umfaßt ein relativ schmales Band darin. Nach längeren Wellen zu schließt sich das Infrarotgebiet an, das wir bereits als typische Wärmestrahlung kennengelernt hatten[1]).

Wärme- und Lichtwellen werden vorzugsweise auf thermischem Wege erzeugt, z. B. durch Heizdrähte in Elektroherden oder weißglühende Drähte in Glühlampen. Das Wärme- und Lichtwellengebiet von Abb. 146b überschneidet sich aber mit den elektromagnetischen Mikrowellen von Abb. 146a. Dadurch wird klar, daß ein Infrarotgrill in der Wirkung gar nicht so sehr verschieden von einem Mikrowellenherd sein kann, wie er von der Haushaltgeräte-Industrie angeboten wird. Beim Infrarotgrill dienen stromdurchflossene Heizstäbe als Wärmestrahler. Beim Mikrowellenherd allerdings werden die Speisen dadurch aufbereitet, indem Wirbelströme von sehr hoher Frequenz in die tiefgefrorenen Hühnerkeulen induziert werden. Letztlich läßt sich aber erklären, daß in beiden Fällen viele kleine Elektronen durch Energieanregung den Wärmeeffekt bewirken.

Noch ein Blick zurück zum Tonfrequenzgebiet. Unser musikalisches Tonleitersystem beruht darauf, daß eine Oktave stets einem Frequenzverhältnis von 1 : 2 entspricht. Für den Normalstimmton oder Kammerton A mit f = 440 Hz liegt die benachbarte untere Oktave von 220 Hz bis 440 Hz. Die folgende obere Oktave reicht von 440 Hz bis 880 Hz. Das menschliche Gehör, besonders wenn es darauf geschult ist, hat die erstaunliche Eigenschaft, diese jeweils doppelte Frequenz gut zu erkennen.

Insgesamt ergibt sich damit ebenfalls eine Art logarithmische Skala mit gleichen Abschnitten für die Frequenzschritte, nämlich:

| Frequenz-Verhältnis | Beispiel | Musikalische Tonbezeichnung |
|---|---|---|
| 1 : 2 | 110 : 220 | A : a |
| 2 : 4 | 220 : 440 | a : a1 |
| 4 : 8 | 440 : 880 | a1 : a2 |

[1]) Die Bezeichnung Infra bedeutet eigentlich „unterhalb“. Man muß also dabei in Frequenzen denken. Infrarotfrequenzen liegen *unterhalb* der Frequenz des sichtbaren Lichtes. Andere Experten bevorzugen den Ausdruck Ultrarot, von ultra = oberhalb der Mikrowellen. Infrarot ist demnach gleich Ultrarot. Bei Ultraviolett sind sich allerdings die Gelehrten einig in der Bezeichnung.

Pytagoras — lehrt Musik und Mathematik

Für die harmonischen Zwischentöne einer Tonleiter ergeben sich gleichfalls recht klare Abstufungen, z. B. 2 : 3 für das mit Quinte bezeichnete Tonintervall. Diese Zusammenhänge wurden bereits 550 v. Chr. von dem alten Griechen Pythagoras erfaßt, der uns auch den nach ihm benannten mathematischen Lehrsatz vermittelte. Er experimentierte mit verschieden lang festgehaltenen tönenden Saiten, ohne damals zu ahnen, daß sich, mathematisch betrachtet, die Schwingungszahl im umgekehrten Verhältnis zur Saitenlänge ändert. Allgemein gilt:

Je kürzer die Saite, desto höher der Ton.

Bei jedem Gitarrenspieler kann man das beobachten, wenn er eine Saite dadurch verkürzt, daß er sie hinter einem Steg am Griffbrett hinunterdrückt.

Je kürzer die Wellenlänge, desto höher die Frequenz, das ist aber auch der Sinn der Wellenlängenformel. Wieder einmal zeigt sich, daß die Physik eine recht umfassende Wissenschaft ist.

Wiederholen wir uns zum Schluß noch die Gleichung für Kreisfrequenz $\omega$ (omega) aus dem Kapitel 4:

$$\omega = 2 \pi f$$

Wir brauchen sie in den folgenden Abschnitten.

# 7 Kondensatoren und RC-Glieder

## Kondensatoren

Zwei leitende „Beläge“ sind durch eine dünne Isolierschicht voneinander getrennt. Legt man eine Gleichspannung U an die Belegungen, dann fließt ein kurzer Stromstoß und ladet den Kondensator auf diese Spannung U auf. Danach fließt dann kein Strom mehr. Schaltet man die Spannungsquelle ab, dann verbleibt die Ladung Q auf dem Kondensator. Sie ist um so größer, je größer die Kapazität C und je größer die Spannung U sind:

$$Q = C \cdot U$$

(hatten wir bereits kennengelernt)[1].

Das Fassungsvermögen eines Kondensators wird Kapazität genannt, Formelzeichen C. Einheit der Kapazität ist das Farad (F). Es entstammt einer wissenschaftlichen Definition und ist für technische Kondensatoren viel zu groß. Unterteilung in

| | | |
|---|---|---|
| Mikrofarad | ($\mu$F) | 1 000 000 $\mu$F = 1 F |
| Nanofarad | (nF) | 1 000 nF = 1 $\mu$F |
| Pikofarad | (pF) | 1 000 pF = 1 nF |

Zwei Pfennigstücke, die durch eine dünne Glimmerscheibe isoliert werden, haben eine Kapazität von etwa 10 pF gegeneinander. Man unterscheide *Kondensator* und *Kapazität*. Der Kondensator ist keine Kapazität, sondern er hat eine Kapazität.

[1]) Die veränderliche Kondensatorladung, Seite 21.

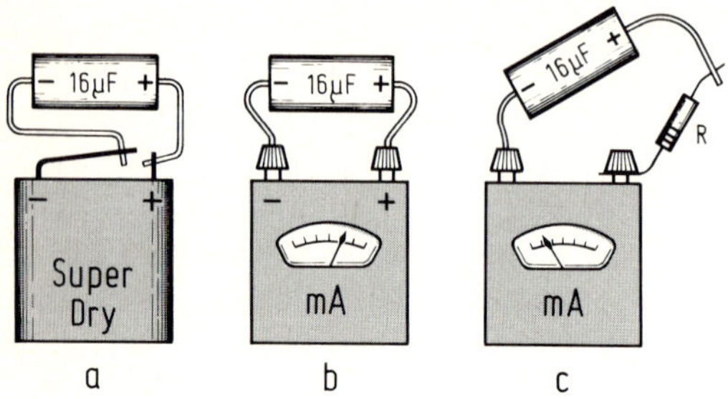


Abb. 147. Der an einer Taschenlampenbatterie aufgeladene Kondensator (a) gibt beim Entladen über ein Milliamperemeter (b) einen kräftigen Stromstoß. Schaltet man einen Widerstand vor (c), dann ist der Strom geringer, klingt aber langsamer ab

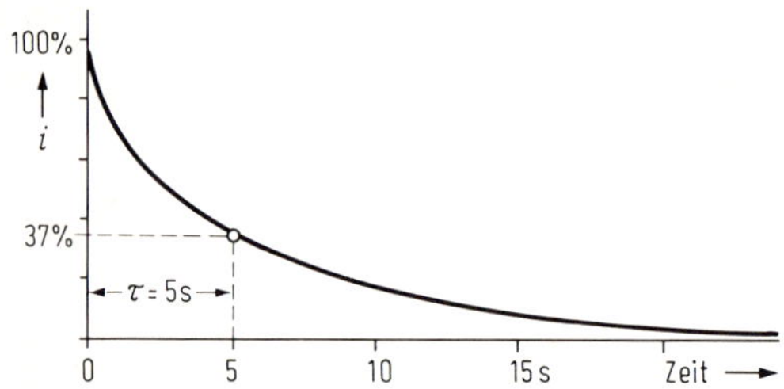


Abb. 148. Abklingen des Entladestromes und Begriff der Zeitkonstante $\tau$ bei 37% Abfall

Zum Verhalten des Kondensators bei Gleichspannung ein einfacher Versuch: Nach *Abb. 147a* wird ein Kondensator mit einer Kapazität von z. B. 16 $\mu$F kurzzeitig an eine 4,5-V-Taschenlampenbatterie gelegt. Darauf wird er, ohne die blanken Anschlußenden zu berühren, in der gleichen Polung mit den Klemmen eines Milliamperemeters verbunden (Abb. *147b*). Das Instrument schlägt stoßartig aus und geht sofort wieder auf Null zurück. Nimmt man einen Kondensator mit größerer Kapazität, dann wird auch der Entladestrom größer. Der Kondensator hatte mehr „Ladung“ aufgenommen. Schaltet man nach Abb. *147c* einen Widerstand R von vielleicht 500 Ω in Serie, dann ist der Entladestromstoß geringer. Klar, muß ja so sein, nach dem Ohmschen Gesetz, aber man kann dabei beobachten, daß der Stromstoß jetzt langsamer abklingt.

Wir haben damit bereits eine Grundeigenschaft einer RC-Serienschaltung entdeckt. Wird ein aufgeladener Kondensator über einen Widerstand entladen, dann klingt der Strom nach einer charakteristischen Kurve wie in *Abb. 148* ab. Dieser Kurvenverlauf ist streng gesetzmäßig und hängt vom Kapazitätswert C und vom Widerstand R ab. Ein markanter Punkt dieser Kurve ist die Zeit, bei welcher der Strom auf 37% des Anfangswertes abgeklungen ist. Für diesen Zeitwert oder diese Zeitkonstante $\tau$[1]) gilt:

$$\tau = R \cdot C$$

In diese elegant einfache Formel ist R in Ohm und C in Farad einzusetzen, dann erhält man die Zeit in Sekunden. Die sehr große Kapazitätseinheit Farad hat also auch ihre Vorteile, denn dadurch ergibt sich die einfache Formel mit der gebräuchlichen Zeiteinheit. Die Kurve in Abb. 148 gilt für ein RC-Glied mit der Zeitkonstanten $\tau = 5$ Sekunden. Dies entspricht zum Beispiel einer Kapazität von 20 $\mu$F und einem Widerstand von 250 k$\Omega$. Die zahlenmäßige Rechnerei bleibe hier außer Betracht. Wesentlich ist, zu erkennen, daß man mit keineswegs ungewöhnlichen Werten die Entladezeiten bereits auf mehrere Sekunden ausdehnen kann.

Soweit das Gleichspannungsverhalten des Kondensators. Legt man einen Kondensator an Wechselspannung, dann wird er bei jeder Halbwelle umgeladen. Die Lade- und Entladeströme bewirken einen ständigen Wechselstromfluß. Der Strom ist um so höher, je öfter der Kondensator in der Sekunde umgeladen wird, also je höher die Frequenz oder die Schwingungszahl der Wechselspannung ist. (Bei einer Wasserpumpe fließt insgesamt auch ein größerer Wasserstrom, wenn man in der Minute zwanzigmal pumpt, gegenüber dem, wenn man nur dreimal pumpt.)

Außerdem sind die Lade- und Entladeströme eines Kondensators um so größer, je größer seine Kapazität ist. Der Kondensator wirkt für Wechselspannung als frequenz- und kapazitätsabhängiger Widerstand. Für diesen kapazitiven Widerstand $X_C$ gilt ebenfalls eine recht übersichtliche Formel:

$$X_C = \frac{1}{\omega C}$$

Darin gibt der kleine griechische Buchstabe $\omega$ (omega) einen Wert für die Frequenz f der Wechselspannung. Das Zeichen begegnete uns bereits in der Bedeutung *Winkelgeschwindigkeit* oder *Kreisfrequenz* bei der Besprechung der Sinusschwingung, und zwar ist

$$\omega = 2\,\pi\,f$$

Der griechische Buchstabe $\pi$ (pi) ist wohl jedem von Kreisberechnungen her geläufig. Man setzt dafür den Zahlenwert 3,14. Die Gleichung für den kapazitiven Widerstand lautet dann:

$$X_C = \frac{1}{\omega C} = \frac{1}{2\,\pi\,f\,C} = \frac{1}{6{,}28\,f\,C}$$

[1]) $\tau$ = kleiner griechischer Buchstabe tau.

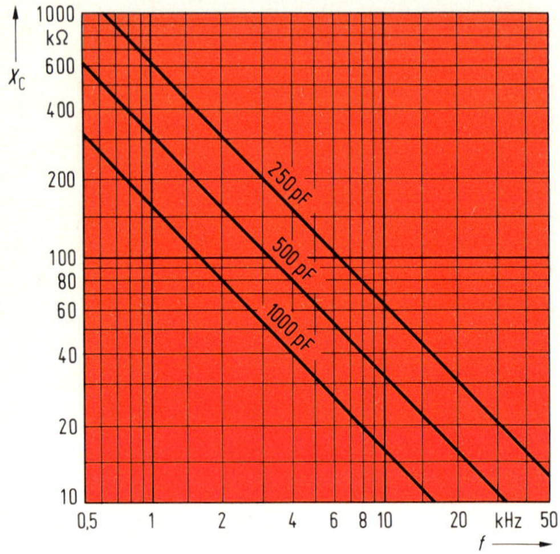


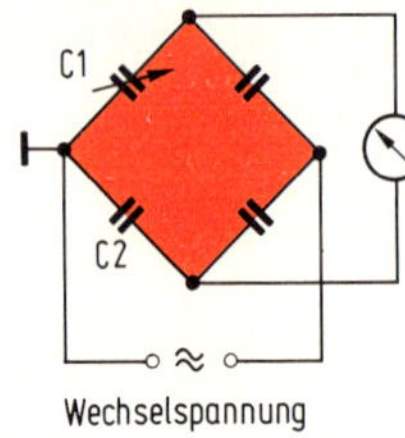


Abb. 150. Brückenschaltung aus vier Kondensatoren

Abb. 149. Verlauf des kapazitiven Widerstandes

Auf Rechenbeispiele sei verzichtet. Freuen wir uns aber auch hier über die so einfache Grundformel. Die Physiker haben damit recht übersichtliche Verhältnisse geschaffen. $X_C$ ergibt sich in Ohm, wenn die Frequenz f in Schwingungen pro Sekunde (Hz) und C in Farad eingesetzt werden. In der Praxis muß man allerdings recht sorgfältig die Kommastelle und die vielen Nullen beachten, die sich ergeben, wenn die Werte in $\mu$F, pF oder kHz gegeben sind und das Ergebnis in kΩ herauskommen soll.

Grundsätzlich gilt: Je höher die Frequenz, desto geringer ist der kapazitive Widerstand. In *Abb. 149* ist dieser Verlauf für drei Kondensatoren mit den Werten 250 pF, 500 pF und 1000 pF dargestellt. In einem linearen Liniennetz würden sich gekrümmte Kurven nach Art einer Hyperbel ergeben[1]). In Abb. 149 sind beide Achsel logarithmisch geteilt. Die Kurven strecken sich dann zu geraden Linien, die im Winkel von 45° zu den Achsen verlaufen. — Mit noch größeren Kapazitätswerten lassen sich recht niedrige Widerstandswerte erzielen. Ein Kondensator von 5 $\mu$F hat z. B. bei 800 Hz einen kapazitiven Widerstand von nur 40 Ω.

Mit Kondensatoren können Meßbrückenschaltungen aufgebaut werden, genau wie mit ohmschen Widerständen. Die Brücke muß dann allerdings mit Wechselspannung gespeist werden. Bildet man nach *Abb. 150* einen

[1]) Vgl. Abb. 62 auf Seite 92.

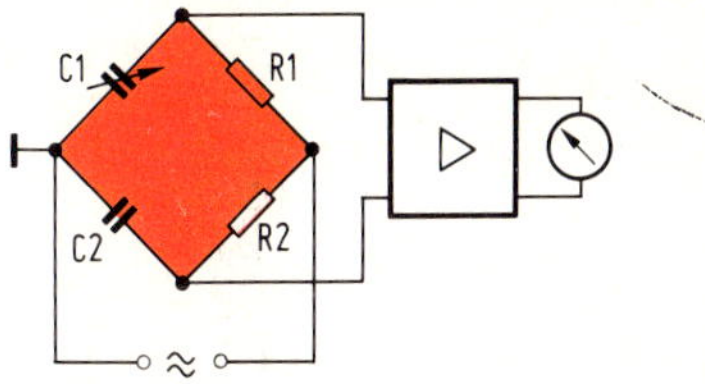


Abb. 151. Wechselspannungsbrücke mit Verstärker

der Kondensatoren so aus, daß sich seine Kapazität C 1 durch äußere Einwirkungen verändern läßt, dann verstimmt sich die Brücke. Der Ausschlag am Instrument gibt einen Analogwert für die zu messende Größe.

In der Prinzipschaltung *Abb. 151* sind zwei Brückenzweige als ohmsche Widerstände R 1 und R 2 ausgeführt. Damit läßt sich die Brücke einfacher auf Null abgleichen und besser an den Verstärkereingang anpassen. Der Verstärker erhöht die Empfindlichkeit der Anordnung.

Einen kapazitiv wirkenden Meßwertaufnehmer für solche Schaltungen wurde bereits in Bild 12 besprochen[1]). Andere kapazitive Meßwertaufnehmer sind so ausgebildet, daß sich ihre Kapazität erhöht, wenn ein als Isolator wirkendes Material zwischen die Kondensatorplatten gebracht wird. Solche Aufnehmer dienen zum Beispiel zum Messen der Füllstandshöhe von Getreidesilos oder von Öltanks.

Um mit kapazitiven Meßwertaufnehmern genügend empfindliche und dabei wenig störanfällige Meßbrücken zu erhalten, muß man mit höheren Frequenzen arbeiten, damit die kapazitiven Brückenzweige relativ niedrige Widerstandswerte erhalten (vgl. Bild 148).

## RC-Glieder

Den Begriff der Zeitkonstanten hatten wir bereits in Abb. 148 kennengelernt. Der dort gezeichnete Kurvenverlauf gilt auch für den Aufladevorgang über einen Widerstand sowie für das Ansteigen und Absinken der Spannung am Kondensator, wenn er aufgeladen oder entladen wird. Dazu die technische Prinzipschaltung *Abb. 152*. Stellt man den Schalter S auf „Laden“, dann fließt der Ladestrom i zum Kondensator und klingt

[1]) Abb. 12 auf Seite 25.

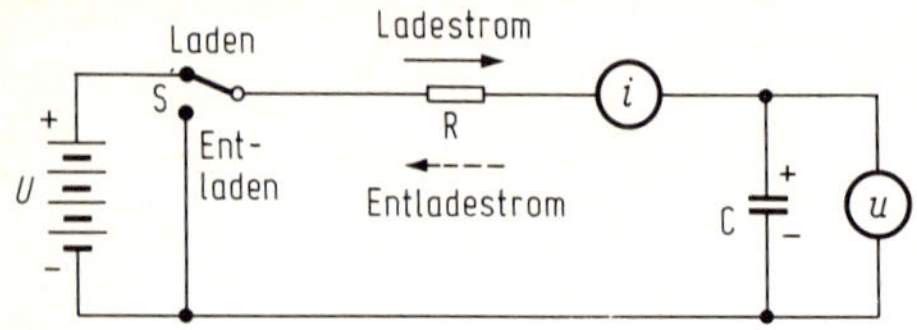


Abb. 152. Schaltung zum Untersuchen der Lade- und Entladevorgänge

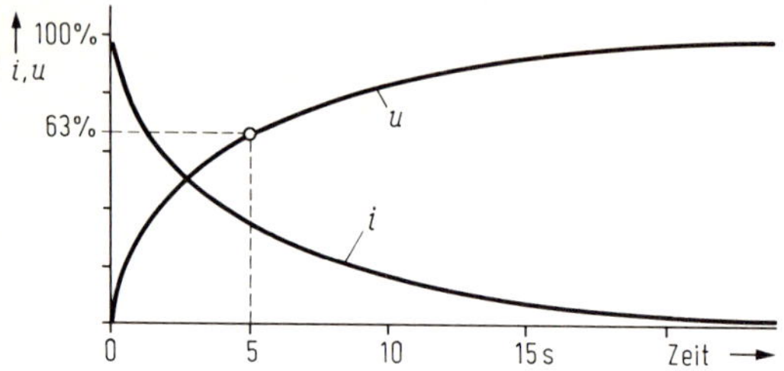


Abb. 153. Die Spannung U am Kondensator beim Aufladen steigt nach einer gegenläufigen Kurve zum Aufladestrom I

langsam ab. Am Kondensator baut sich dadurch mit einem ähnlichen Kurvenverlauf die Spannung u auf. Also: Erst Strom hinein, danach ist die Spannung da! Man spricht von einer Phasenverschiebung. Sie spielt eine große Rolle bei Kondensatoren, die in Wechselstromkreisen liegen und somit ständig umgeladen werden. Die hierfür geltenden Berechnungsunterlagen sind wichtig für Starkstromtechnik und Leistungselektronik.

*Abb. 153* erläutert das Verhalten für Gleichspannung in der Prinzipschaltung Abb. 152. Beim Anschalten des RC-Gliedes an die Spannungsquelle U fließt sofort der schnell abklingende Ladestromstoß i. Außerdem steigt die Spannung u erst steil und dann langsamer an. Einer der Kurvenpunkte entspricht wieder der Zeitkonstanten $\tau = R \cdot C$. Er liegt hier gewissermaßen um 37% tiefer als der Höchswert, also bei 63%. Wird der vollständig aufgeladene Kondensator auf Entladen geschaltet, dann fließt ein Entladestrom in umgekehrter Richtung durch den Widerstand R. Der Kondensator wirkt jetzt als Spannungsquelle mit der eingezeichneten Polung. Diese Spannung klingt mit einem ähnlichen Kurvenverlauf ab wie der Strom beim Aufladen.

*Impulsverhalten von RC-Gliedern*

Dieses Verhalten von RC-Gliedern ist äußerst wichtig sowohl für die Fernsehtechnik als auch für die moderne Digital-Elektronik, die mit kurzen rechteckförmigen Spannungssignalen, d. h. mit Rechteckimpulsen,

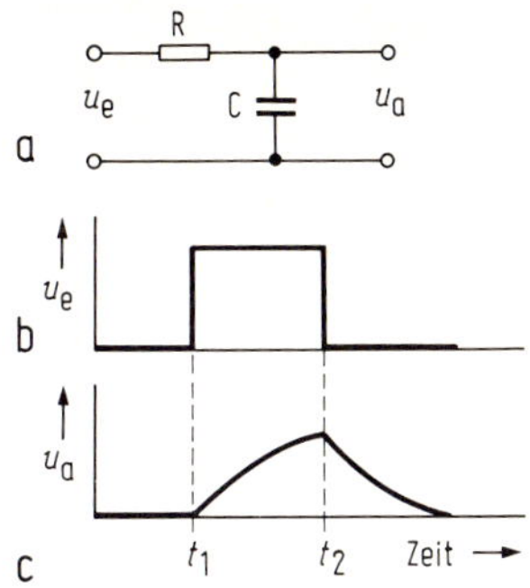


Abb. 154. RC-Glied und sein Verhalten bei Rechteckimpulsen

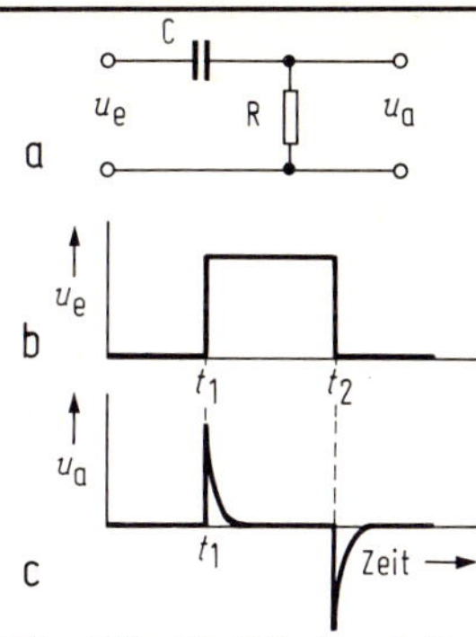


Abb. 155. CR-Glied und Nadelimpulsbildung

arbeitet. Legt man an ein RC-Glied nach *Abb. 154a* eine Eingangsspannung $u_e$ mit dem rechteckigen Impulsverhalten von Abb. *154b*, dann ladet die ansteigende Flanke im Zeitpunkt $t_1$ dieses Impulses den Kondensator C über den Widerstand R langsam auf. Die Anstiegsflanke stellt gewissermaßen das Anschalten einer Gleichspannung dar. Die Spannung $u_a$ am Kondensator bzw. am Ausgang des RC-Gliedes steigt nach Abb. *154c* vom Zeitpunkt $t_1$ aus allmählich an.

Die abfallende Rechteckflanke im Zeitpunkt $t_2$ entlädt den Kondensator nach einer ähnlichen Kurve.

Auf- und Entladezeiten sind durch die Werte von R und C einstellbar. Je größer R und C sind, desto flacher und geradliniger verlaufen Anstieg und Abfall dieser „Sägezahnspannung“.

Vertauscht man nach *Abb. 155a* die Lage von Widerstand und Kondensator und gibt wieder den Rechteckimpuls Abb. *155b* auf den Eingang, dann ergibt sich folgendes: Der steile Spannungssprung der ansteigenden Rechteckflanke im Zeitpunkt $t_1$ bewirkt einen kurzen Ladestromstoß und einen steilen positiv gerichteten Spannungssprung am Ausgang, denn der fließende Strom erzeugt am Widerstand einen Spannungsabfall. Der aufgeladene Kondensator führt keinen Strom mehr. Die Spannung $u_a$ am Ausgang fällt auf Null zurück. Dies ergibt den positiv gerichteten „Nadelimpuls“ in Abb. *155c*.

Bei der steil abfallenden Flanke des Rechteckimpulses im Zeitpunkt $t_2$ wird der Kondensator entladen. Am Ausgang entsteht ein Nadelimpuls in umgekehrter Richtung.

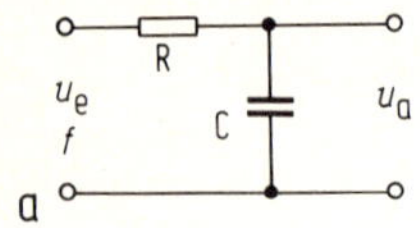


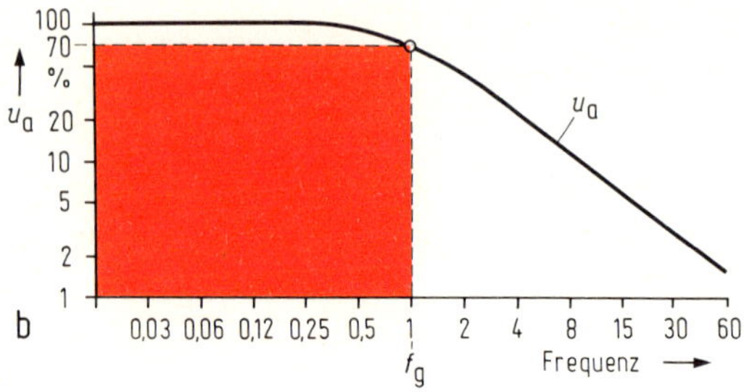


Abb. 156. Tiefpaß und sein Frequenzverhalten. Spannungs- und Frequenzskala sind logarithmisch geteilt, dadurch ergibt sich zeichnerisch ein recht gleichmäßiger Kurvenverlauf

Das Umformen von Rechteckspannungen in Sägezahnspannungen und in Nadelimpulse mit Hilfe von RC-Gliedern wird vielfältig in der elektronischen Impuls- und Digitaltechnik angewendet. Eine wichtige Bemessungsgrundlage hierfür ist wieder die Zeitkonstante $\tau$.

Bis jetzt haben wir das Zeitverhalten von RC-Gliedern betrachtet. Wichtig ist aber auch, besonders für die Rundfunk- und Fernsehtechnik, das Verhalten bei verschiedenen Frequenzen. Erinnern wir uns: Der kapazitive Widerstand eines Kondensators sinkt bei höheren Frequenzen ständig ab, fast bis zum Kurzschluß. Legt man an den Eingang des RC-Gliedes nach *Abb. 156a* nacheinander Wechselspannungen $u_e$ von immer höheren Frequenzen, zweckmäßig in Art einer logarithmischen Skala gestaffelt, also z. B. 1 — 2 — 4 — 8 — 15 — 30 — 60 — 120 kHz usw., dann ist bei niedrigen Frequenzen der kapazitive Widerstand des Kondensators so hoch, daß die gesamte Eingangsspannung auch am Ausgang liegt, $u_a = u_e$. Bei höher werdender Frequenz sinkt aber der kapazitive Widerstand immer mehr ab. Dadurch tritt eine Spannungsteilung auf. Die Teilspannung an C wird immer niedriger. Der Rundfunktechniker sagt, die Höhen, nämlich die hohen Frequenzen, werden gedämpft. Für diesen Kurvenzug, Abb. *156b*, hat man einen charakteristischen Punkt festgelegt. Dies ist die Grenzfrequenz $f_g$, nämlich die Frequenz, bei welcher die Ausgangsspannung auf 70% des Maximalwertes abgesunken ist. Man bezeichnet ein solches RC-Glied als Tiefpaß, weil die tiefen Frequenzen gut passieren können, also gut durchgelassen werden. Die nach hohen Frequenzen abfallende Kurvenflanke ist verwandt mit den nach Abb. 149 absinkenden Widerstandswerten des Kondensators C.

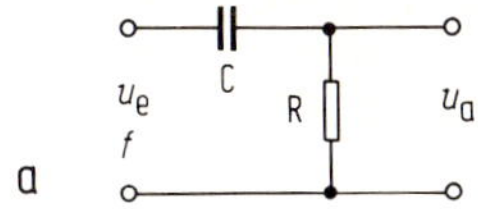


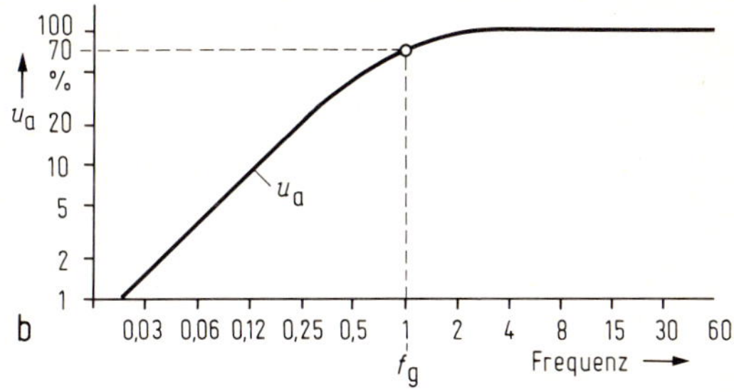


Abb. 157. Hochpaß (CR-Glied) und seine Frequenzkurve

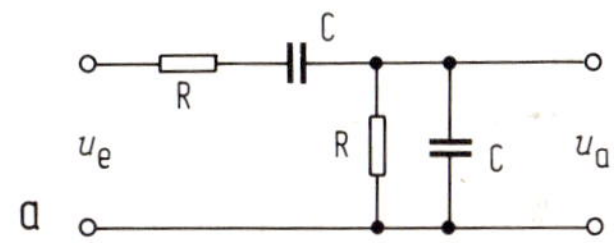


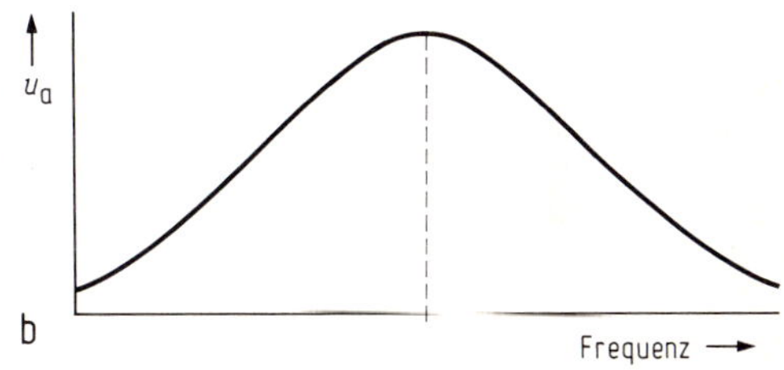


Abb. 158. Kombiniertes RC-Glied (Wien-Glied) mit bei niedrigen und hohen Frequenzen abfallender Durchlaßkurve

Das Gegenstück zu Abb. 156 ist das CR-Glied oder der Hochpaß, *Abb. 157.* Für tiefe Frequenzen hat der in der Zuleitung zum Ausgang liegende Kondensator C einen so großen kapazitiven Widerstand, daß kaum eine Spannung zum Ausgang gelangt. Bei mittleren Frequenzen steigt sie dann langsam an, und bei hohen Frequenzen ist der kapazitive Widerstand so klein, daß fast die volle Spannung am Ausgang liegt. Auch hier gibt man die Grenzfrequenz $f_g$ für 70% des Maximalwertes an.

Dieses CR-Glied spielte zur Zeit der Röhrentechnik eine große Rolle bei allen Verstärkerschaltungen. Man mußte damals solche CR-Glieder in den Signalweg legen, um mit Hilfe des Kondensators C die hohen Anodengleichspannungen der Röhren (100...250 V) von den anderen Teilen der Schaltung abzuriegeln. Das bedeutete stets aber auch einen Verlust an tiefen Tonfrequenzen, eine Baßbeschneidung. Dies erforderte Kondensatoren mit großer Kapazität und höherem Preis, um die Grenzfrequenz genügend tief zu legen. Tiefpässe, Hochpässe und andere RC-Glieder werden auch als Siebglieder oder Filter bezeichnet.

Eine Kombination aus einem Tiefpaß und einem Hochpaß ergibt die in *Abb. 158a* dargestellte und mit „Wien-Glied“ bezeichnete RC-

Schaltung[1]). Sie läßt ein bestimmtes Frequenzgebiet, abhängig von den Werten für C und R, bevorzugt hindurch, wie Abb. *158b* andeutet. Die Wirkung ist vergleichbar mit einem Farbfilter, das ebenfalls eine bestimmte Farbtönung oder Farbfrequenz bevorzugt und die anderen Farben dunkler erscheinen läßt.

[1]) Max Wien, geboren 1866 in Königsberg (Preußen), einer der Pioniere der Funktechnik.

# 8 Spulen und Schwingkreise

## Induktivitäten und Drosseln

Eine Spule besteht aus einer Anzahl gleichmäßig aufgewickelter Drahtwindungen. Meistens wird außerdem ein Eisenkern eingefügt. Schickt man Gleichstrom durch die Spule, dann wirkt sie als Elektromagnet, wie im Kapitel „Magnetfelder und elektrische Ströme“ behandelt worden ist[1]). Die elektrischen Eigenschaften einer Spule werden durch einen bestimmten Wert, den Selbstinduktions-Koeffizienten L, bestimmt. Je größer L ist, desto größer wird die beim Ändern oder Abschalten des Stromes an der Spule selbst entstehende („induzierte“) Spannung e. Deswegen spricht man von Selbstinduktion. Dieser Begriff gilt aber nur für den Vorgang der Spannungserzeugung, nicht als Bezeichnung für eine Spule. Die Spule hat eine Induktivität L, sie ist jedoch keine Selbstinduktion (wird oft verwechselt).

Einen größeren Selbstinduktionswert L erhält man, wenn man der Spule mehr Windungen gibt oder wenn man Eisenkerne aus speziellen Materialien verwendet, die von sich aus den Wert L erhöhen. Die verschiedensten Legierungen sind hierfür entwickelt worden, so für Spulen und Transformatoren der Starkstrom- und Niederfrequenz-Technik das sogenannte Dynamoblech, eine Legierung aus reinem Eisen und Silizium. Im Eisenkern entstehen Verluste durch die darin induzierten Wirbelströme[2]). Um diese energiefressenden Stromwirbel klein zu halten, unter-

[1]) Abb. 37, Seite 56.

[2]) Seite 76.

teilt man den Eisenkern in dünne, voneinander isolierte Bleche. Für Spulen in Rundfunk- und Fernsehempfängern, die bei Hochfrequenz verlustarm arbeiten sollen, verwendet man Kerne aus pulverförmigen, mit einem isolierenden Bindemittel zusammengepreßten Eisenpartikeln oder aus Ferriten. Dies sind spezielle chemische Verbindungen aus Eisen und anderen Metallen, die einen besonders hohen inneren Widerstand aufweisen. Dies verhindert die Ausbildung schädlicher Wirbelströme.

Erinnern wir uns der physikalischen Vorgänge beim Anlegen einer Gleichspannung an eine Spule. Die Spule wird an die Spannungsquelle angeschaltet, ein Strom beginnt zu fließen. Er baut das Magnetfeld der Spule auf. Das gelingt nicht schlagartig, sondern der Strom muß zunächst einen gewissen Widerstand überwinden. Die Stromstärke steigt daher von kleinen Werten im Einschaltzeitpunkt nach einer ähnlichen Kurve an, wie wir sie für den Spannungsverlauf beim Einschalten eines Kondensators kennengelernt hatten (vgl. Abb. 153).

Fließt Wechselstrom durch eine Spule, dann wird bei jedem Richtungswechsel ihr magnetisches Feld abgebaut und umgepolt wieder aufgebaut. Der dazu je Sekunde erforderliche Energieaufwand vergrößert sich, je schneller das Umpolen erfolgt, je kürzer also die Zeit dt bzw. je höher die Frequenz ist. Die Induktivität der Spule setzt demnach dem Wechselstrom einen Widerstand $X_L$ entgegen. Er ist größer als der Gleichstromwiderstand und wächst bei höheren Frequenzen an. Dafür gilt die Gleichung:

$$X_L = \omega L = 2\pi f L$$

Die Einheit für die Selbstinduktion L ist das Henry (H)[1]. Setzt man L in Henry und f in Hertz in die Formel ein, dann erhält man den induktiven Widerstand $X_L$ in Ohm. Teileinheiten für L:

| | | |
|---|---|---|
| Millihenry | (mH) | 1000 mH = 1 H |
| Mikrohenry | ($\mu$H) | 1000 $\mu$H = 1 mH = 0,001 H |

In einem logarithmischen Liniennetz ergibt sich für den induktiven Widerstand bei verschiedenen Frequenzen eine unter dem Winkel von 45° ansteigende gerade Linie. *Abb. 159* gilt für den induktiven Widerstand einer im Mittelwellenbereich von Rundfunkempfängern üblichen Spule mit L = 2 mH bei verschiedenen Frequenzen.

Legt man demnach eine Spule in einen Wechselstromkreis, dann drosselt sie infolge ihres induktiven Widerstandes den Stromfluß. Man bezeichnet

[1]) Joseph Henry, 1797 bis 1878, USA; grundlegende Arbeiten auf dem Gebiet des Elektromagnetismus.

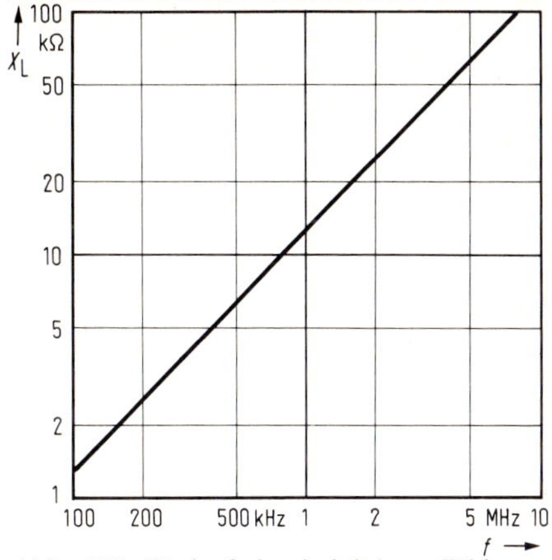


Abb. 159. Verlauf des induktiven Widerstandes in einem Liniennetz mit logarithmischen Teilungen

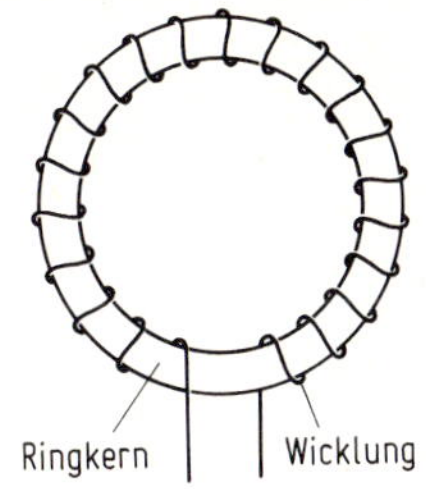


Abb. 160. Schema einer Ringdrossel

Abb. 161. Technische Ausführung einer Ringdrossel

sie daher auch als Drosselspule oder kurz als Drossel. Damit in elektronischen Schaltungen das Magnetfeld einer solchen Drossel möglichst auf den Spulenkern konzentriert wird und keine Wirbelströme in anderen Schaltungsteilen induziert, bildet man den Kern nach dem Prinzip von *Abb. 160* ringförmig aus und spricht von einer Ringdrossel. *Abb. 161* zeigt das Aussehen solcher Ringdrosseln.

Nochmals ein kurzer Rückblick: Schaltet man eine Spule an Gleichspannung, dann liegt sofort die volle Spannung an den Spulenenden. Der Strom steigt jedoch relativ langsam an, weil das magnetische Feld erst aufgebaut werden muß. Das bedeutet: Die Spannung eilt vor, der Strom eilt nach! — Legt man Wechselspannung an, dann tritt der Höchstwert des Stromes mit einer Phasenverschiebung von 90° gegenüber der Sinuskurve der Spannung auf. Man sagt, der induktive Widerstand $X_L$ ist ein Blindwiderstand. Er wirkt nicht als echter Leistungsverbraucher, denn die zugeführte und in ein Magnetfeld umgewandelte Energie wird beim Ausschalten oder Umpolen wieder zurückgeliefert.

Jede Spule besitzt außerdem einen Wirkwiderstand r. Er besteht aus dem Gleichstromwiderstand der Wicklung und dem Verlustwiderstand für Wechselstrom, der infolge der Wirbelstrombildung entsteht. Für die exakte Berechnung der Wirkung von Spulen in Schaltungen sind daher mehrere Größen wie Phasenwinkel, Frequenz und Verlustwiderstand zu berücksichtigen. Vorerst genügt uns jedoch der Begriff des bei höheren Frequenzen größer werdenden induktiven Widerstandes $X_L$.

## Schwingkreise

Man kann aus Spulen und Widerständen oder aus Spulen und Kondensatoren ähnliche Filter aufbauen, wie bei RC-Gliedern besprochen, und ihr Zeitverhalten und ihr Frequenzverhalten untersuchen. Wir konzentrieren uns jedoch auf den für die Funktechnik sehr wichtigen Spezialfall der Parallelschaltung von Spule und Kondensator. Wir bauen dazu nach *Abb. 162a* aus einem Widerstand R und einen Kondensator C einen Tiefpaß (vgl. Abb. 156) und schalten außerdem eine Spule mit der Induktivität *L* parallel zum Kondensator. Führt man diesem Schwingkreis aus L und C kleine Ströme i von verschiedener Frequenz f zu, dann entsteht bei einer bestimmten „Resonanzfrequenz“ $f_{res}$ eine besonders hohe

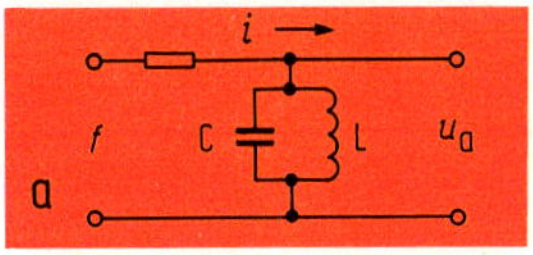


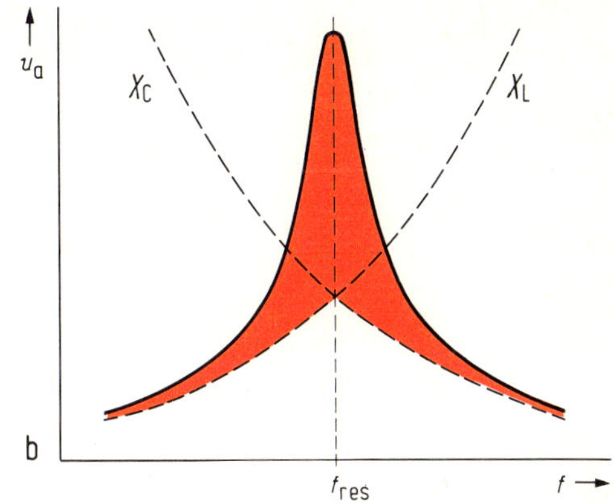


Abb. 162. Parallelschwingkreis und sein Frequenzverhalten

Spannung $u_a$ an diesem Kreis. Sie ist bei dieser Frequenz weit größer als die Eingangsspannung $u_e$ oder die nur an einem Kondensator C oder nur an einer Spule L auftretende Teilspannung.

Für Abb. *162b* wurden im Gegensatz zu den Abb. 156b und 157b keine logarithmischen Skalen, sondern lineare Maßstäbe angenommen, weil sich dadurch die Form der Resonanzkurve besonders prägnant heraushebt. In diesem Bild sind außerdem unabhängig voneinander eingetragen der Verlauf des kapazitiven Widerstandes $X_C$ (steigt bei niedrigen Frequenzen) und des induktiven Widerstandes $X_L$ (steigt bei hohen Frequenzen). Die Resonanzfrequenz $f_{res}$ liegt dort, wo $X_C = X_L$ ist. Formelmäßig ergibt sich

$$f_{res} = \frac{1}{2\pi}\sqrt{\frac{1}{L \cdot C}}$$

Aber das braucht man keinesfalls auswendig zu lernen.

Die hohe an Schwingkreisen auftretende Resonanzspannung wird in der Nachrichtentechnik ausgenutzt, um die gewünschte Signalfrequenz deutlich aus allen Nachbarfrequenzen und Störsendern herauszuheben. So stimmt man die Schwingkreise von Rundfunk- und Fernsehempfängern durch geeignete Bemessung von L und C auf den gewünschten Sender ab.

Warum tritt aber mit einem kleinen Strom i eine so hohe Spannung $U_a$ bei „Resonanz" auf? Man denke an eine Jahrmarktsluftschaukel. Durch leichtes Einknicken des Körpers in den Kniekehlen (kleiner Strom!)

Durch leichtes Einknicken des Körpers im richtigen Rhythmus schwingt die schwere Schaukel

stets im richtigen Zeitpunkt (richtige Frequenz) gelingt es, die schwere Schaukel mit den Insassen rhythmisch viele Meter hoch schwingen zu lassen. Ohne Schaukel könnte man sich vom Erdboden aus unmöglich so hoch in die Luft bewegen. Diese mechanische Schaukelei läßt sich sogar noch in weitere Beziehungen zum elektrischen Schwingkreis bringen. Beim Schwingkreis pendelt die elektrische Energie vom statisch aufgeladenen Kondensator in die Spule und baut dort das sich ändernde magnetische Feld auf. Dann hört der Stromfluß auf, und infolge des Induktionsgesetzes entsteht eine Induktionsspannung mit umgekehrten Vorzeichen, diese ladet nun wieder den Kondensator auf usw.

Bei der mechanischen Schaukel herrscht beim höchsten Schaukelausschlag ein statisches Schwerefeld. Die Schaukel will zur Erde zurückfallen. Sie erhält dadurch einen solchen dynamischen Antrieb, daß sie den „Nullpunkt" überfährt und nach der anderen Seite, also mit entgegengesetzt gerichtetem Vorzeichen, wieder aufwärts schwingt. (Das hatten wir übrigens schon einmal bei dem Beispiel mit der Pendeltür auf Seite 66 kennengelernt!) Der kleine taktmäßige Anstoß mit der richtigen Schaukelfrequenz entspricht beim Schwingkreis dem kleinen Strom i mit der richtigen elektrischen Frequenz. Um mechanische oder elektrische Schwingungen aufrecht zu erhalten, muß also auch noch eine Energiequelle vorhanden sein, die im richtigen Rhythmus in den Vorgang eingreift oder ge-

Abb. 163. Antrieb einer Pendeluhr. Die Pendelfrequenz bestimmt die Drehzahl des Zahnrades und die Zeitanzeige

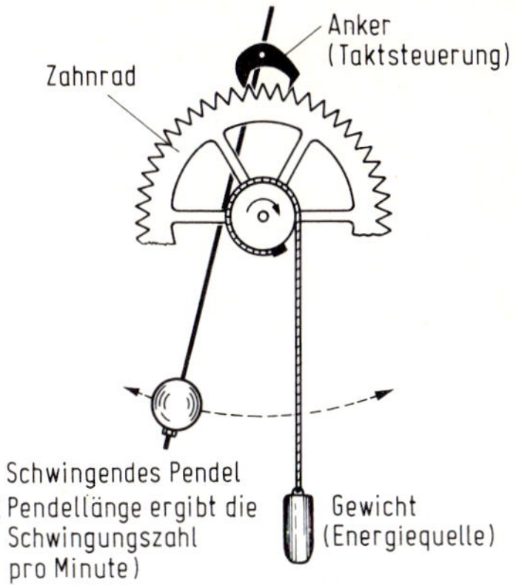


steuert wird. Bei der Schaukel liefert der Mensch die Energie und die taktmäßige Steuerung.

Ein weiteres typisches mechanisches Beispiel: die gute alte Pendeluhr, *Abb. 163.* Das Pendel schwingt in seiner durch die Pendellänge gegebenen Eigenfrequenz hin und her. Am oberen Ende des Pendels befindet sich der starr damit verbundene Anker. Seine beiden Zähne greifen während des Pendelns in die Zähne eines Zahnrades ein. Dieses wird durch ein Gewicht „unter Spannung" gehalten. Es will sich drehen, wird aber durch den Anker blockiert. Nur im Umkehrpunkt des Pendels wird jeweils der sperrende Ankerhaken hochgeschwenkt und dadurch ein „Steuerimpuls" in das System gegeben. Das Zahnrad dreht sich um einen kurzen Ruck, stößt den anderen Ankerhaken weiter und liefert somit dem Pendel ein wenig Energie nach, damit es nicht „auspendelt" und zur Ruhe kommt. Ist der Energievorrat verbraucht (das Gewicht abgelaufen), dann steht die Uhr.

Diese Schwingbewegung mit Steuerung durch einen Anker ist auch bei der Taschen- oder Armbanduhr wesentlich. Das Pendel wird dort durch die sogenannte Unruh gebildet, und die aufgezogene Uhrfeder liefert die Energie. Bei elektrischen Uhren ist die Batterie der Energielieferant. Auch hier kommt die Uhr zum Stehen, wenn der Strom ausbleibt.

Dieses physikalische System des in seiner Eigenschwingung angestoßenen und durch eine Energiequelle in Gang gehaltenen Pendels läßt sich genau auf den Generator oder Oszillator zum Erzeugen elektrischer

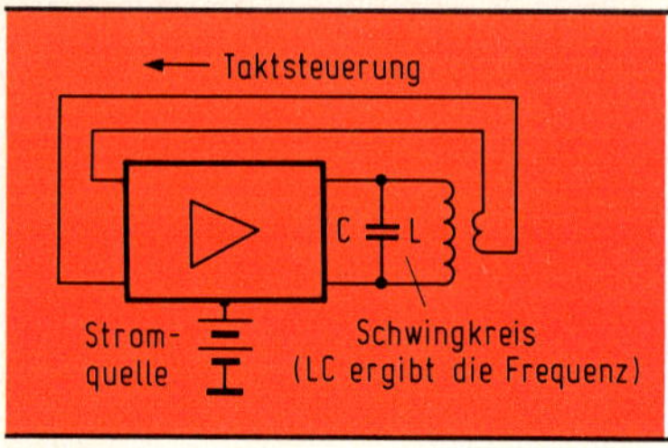


Abb. 164. Schwingschaltung (Oszillator) zum Erzeugen von elektrischen Schwingungen

Schwingungen übertragen. Nach *Abb. 164* ist dazu ein Pendel, d. h. ein Schwingkreis, notwendig. Ihm wird über eine Kopplungswicklung eine Teilspannung entnommen. Diese steuert über eine Verstärkerstufe taktmäßig die Stromversorgung des Systems, der Schwingkreis erhält seine „Anstöße" im richtigen Rhythmus, und die Geschichte schwingt! Die entstehenden Wechselspannungen verlaufen sinusförmig, und ihre Frequenz entspricht der Schwingkreisgleichung

$$f_{res} = \frac{1}{2\pi}\sqrt{\frac{1}{LC}}$$

Die Schwingungen erregen sich dabei von selbst im Augenblick des Einschaltens der Stromquelle. Man kann dies so deuten, daß der Kondensator C dadurch einen Ladestromstoß erhält, der dann die weiteren Vorgänge auslöst.

In Nachrichtengeräten stoßen die vom Sender kommenden Schwingungen die Empfangskreise an. Man schaltet über Verstärkerstufen mehrere Kreise hintereinander, um die Resonanzkurven (vgl. Abb. 162b) noch steiler und „trennschärfer" zu machen. Ferner kann man L und C in Reihe schalten und erhält dann bei Resonanz ein Strom-Maximum.

Resonanzglieder sind auch wichtige Mittel zur Frequenzumsetzung, nämlich um Signale in andere Frequenzgebiete zu transponieren. Die gesamte elektrische Nachrichtentechnik beruht darauf, daß die ursprünglichen Bild- und Tonsignale in andere Frequenzgebiete umgesetzt werden, mit deren Hilfe sie sich leichter übertragen und verarbeiten lassen. Erst am Schluß der gesamten Nachrichtenkette werden die hochfrequenten Informationen wieder in die ursprünglichen Signale zurückverwandelt. Es zeichnet sich sogar bereits ab, daß man Sprachfrequenzen bis hinauf in das Gebiet der Lichtfrequenzen umsetzen wird, um sie dann über Glasfaserkabel störungsfrei zu übertragen. Man erinnere sich hierzu an die Frequenz- und Wellenbereichsskalen von Abb. 146.

# 9 Halbleiterwerkstoffe und pn-Grenzschichten

Im Verlauf unserer Betrachtungen erwähnten wir bereits die Begriffe *Grenzschicht* bzw. *Übergangsschicht*. Nach Abb. 1 am Anfang dieses Buches treten beim Erzeugen von Reibungselektrizität an der Grenzschicht zwischen dem Lederlappen und dem damit geriebenen Glas Ladungen verschiedener Polarität auf. Beim Fotoelement, Abb. 131, befindet sich zwischen der n-leitenden und der p-leitenden Zone eine Übergangsschicht oder pn-Grenzschicht[1]). Die Wirkung der sehr wichtigen Halbleiter-Bauelemente wie Dioden, Transistoren, Thyristoren beruht auf den Eigenschaften solcher pn-Grenzschichten und auf den unterschiedlichen Leitfähigkeiten der durch die Grenzschicht getrennten Gebiete des ursprünglich einheitlichen Halbleiterwerkstoffes. (Ähnlichkeiten mit politischen Grenzen sind rein zufällig.)

Was sind aber Halbleiterwerkstoffe? Elektrische Werkstoffe haben unterschiedliche Leitfähigkeiten. Dieses wurde im Abschnitt *Spezifischer Widerstand* mit den Abb. 80 und 81 behandelt[2]). Man unterscheidet drei Gruppen von elektrischen Werkstoffen:

Leiter (Metalle wie Kupfer, Aluminium, Silber)
Halbleiter (Germanium, Silizium, Galliumarsenid und andere)
Nichtleiter (Isolatoren)

Halbleiter haben eine wesentlich geringere elektrische Leitfähigkeit als Metalle. Sie leiten den Strom gewissermaßen nur halb so gut, daher der Name Halbleiter. Sie besitzen aber Eigenschaften, durch die sie ihre überragende Bedeutung in der Elektronik erlangt haben. Durch Zusetzen

[1]) Abb. 131 auf Seite 154.
[2]) Seite 113 und 114.

winziger Mengen bestimmter anderer Materialien läßt sich bei Halbleitern

a) die Leitfähigkeit in weiten Grenzen auf gewünschte Werte einstellen,

b) ein Überschuß an frei beweglichen Elektronen, also negativen elektrischen Ladungsträgern, erzeugen; man spricht dann von n-leitendem Material.

c) Man kann Materialien mit einem Mangel an Elektronen herstellen. Diese fehlenden Elektronen oder *Fehlstellen* geben den Atomen des Halbleiters die Eigenschaften von positiven Ionen; man erhält p-leitendes Material.

Innerhalb des gleichen Halbleiterkristalles lassen sich mit Hilfe komplizierter Herstellungsverfahren sowohl n-leitende als auch p-leitende Zonen erzeugen. Es hat sich eingeführt, ein so behandeltes Kristallplättchen kurz als *Halbleiter* zu bezeichnen, obgleich dadurch sprachlich die Abgrenzung zwischen dem ursprünglichen reinen Halbleiterwerkstoff und dem fertigen Halbleiterbauelement verwischt wird. Ebenfalls sprachlich wenig glücklich ist die wörtliche Übersetzung des englischen Ausdruckes solid state = Festkörper. Solid state bedeutet eigentlich „fester Aggregatzustand". Man führte den Ausdruck beim Anfang der Halbleiterentwicklung ein, um anzudeuten, daß der Strom hierbei nicht wie bei Bildröhren oder Glimmröhren im Vakuum oder in Gasen fließt, sondern eben in Körpern mit festem Zustand.

Der wichtigste Halbleiterwerkstoff ist Silizium. Nach Abb. 17b besitzt ein Siliziumatom auf der äußersten dritten Schale vier Elektronen. Man sagt, es ist vierwertig. Diese Außenelektronen oder Valenzelektronen[1]) fügen sich leicht in die Schalen benachbarter Atome ein. Bei reinem Silizium streben die vier Elektronen zu vier verschiedenen Nachbaratomen hin. Deren Elektronen tun das gleiche. Und so entsteht ein regelmäßiges Gitterwerk, ein Kristallgitter nach *Abb. 165*. In diesem Gitter sind alle Elektronen wieder an Atomkerne gebunden. Sie sind selbst beim Anlegen einer Spannung schwer davon zu trennen, reines Silizium hat einen hohen spezifischen Widerstand.

Bringt man in dieses Silizium-Kristallgitter ein Fremdatom hinein, das fünf Elektronen auf der äußeren Schale besitzt, z. B. Antimon (chemisches Zeichen Sb), dann fügt es sich nach *Abb. 166* mit vier Elektronen genauso in das Kristallgitter ein, als wäre es Silizium. Das fünfte Elektron bleibt jedoch gewissermaßen zur freien Verfügung. Legt man eine Spannung an,

[1]) Bei Abb. 17 auf Seite 33 behandelt.

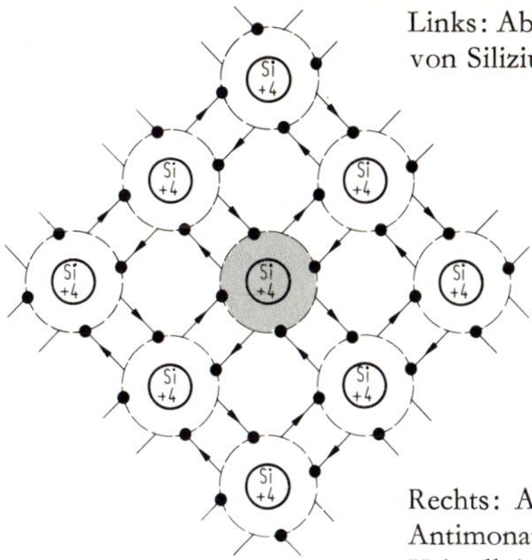


Links: Abb. 165. Kristallgitteraufbau von Silizium

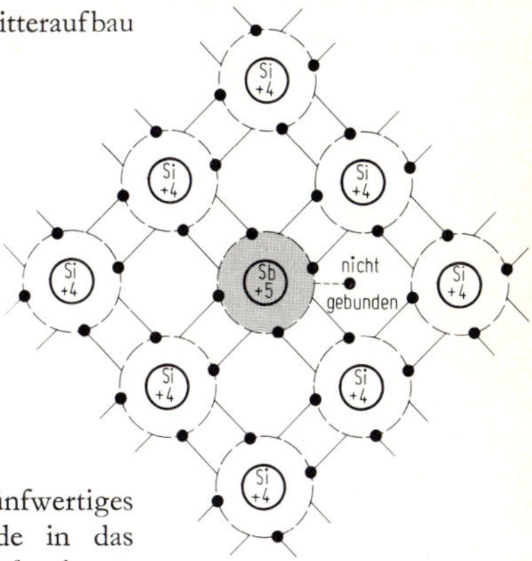


Rechts: Abb. 166. Ein fünfwertiges Antimonatom (Sb) wurde in das Kristallgitter eindotiert, dadurch entsteht ein freies Elektron

dann wandert dieses negative Elektron zum positen Pol der Spannungsquelle, man sagt, das Material ist n-leitend.

Das Einbringen solcher Fremdatome nennt man Dotieren, und die Fremdatome dieser Art, die also das Gesamtmaterial n-leitend machen, bezeichnet man als Donatoren[1]). Obgleich man sich die größte Mühe gibt, solche Dotierungen in das Silizium hineinzubringen, spricht man dann von Verunreinigungen des Kristallgitters und von Störstellenleitung. Übrigens ist der Anteil solcher „Verunreinigungen“ sehr gering. Es genügt zum Beispiel ein Fremdatom auf 10000 Siliziumatome, um die gewünschte n-Leitfähigkeit zu erzielen.

Dotiert man in reines Silizium ein dreiwertiges Atom, z. B. Indium mit nur drei Valenzelektronen, dann fehlt nach *Abb. 167* im Kristallgitter ein Elektron. Derartige Fehlstellen geben dem Material p-leitende Eigenschaften. Wenn negative Elektronen fehlen, dann verhält sich das Material so, als wenn es positive Ladungen enthält. Bisweilen findet man deshalb auch in den Skizzen, mit denen diese Verhältnisse erklärt werden sollen, kleine Pluszeichen in den Kreisen für die Fehlstellen. Diese Pluszeichen sind aber nicht recht am Platz, denn die positiven Ladungen stellt man sich im Atomkern vor. Man spricht auch von Defektelektronen, aber das wirkt genauso abwertend wie Störstellen. Hier sind keine Verunreinigun-

[1]) dotieren (lateinisch) = ausstatten, donare (lateinisch) = schenken; die Donatoren schenken freie Elektronen.

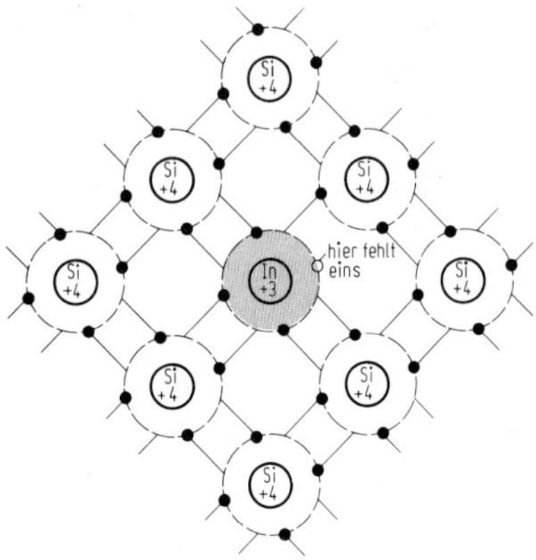


Abb. 167. Ein dreiwertiges Indiumatom im Silizium ergibt eine Elektronen-Fehlstelle

gen, Störungen oder Defekte vorhanden, sondern diese Wirkungen sind erwünscht und werden mit Hilfe komplizierter Herstellungsverfahren methodisch erzeugt.

Noch ein drittes Verfahren ist für die Herstellung von Halbleiterbauelementen sehr wichtig, das Oxidieren. Man läßt bei hohen Temperaturen Sauerstoff, chemische Bezeichnung Oxygen (O), über die Siliziumoberfläche strömen. Zwei Atome Sauerstoff verklammern sich mit den Elektronen ihrer äußeren Schale mit einem Atom Silizium zu einem Molekül Siliziumdioxid ($SiO_2$). Man vergleiche hierzu die Bildung eines Wassermoleküls, Abb. 18 auf Seite 33.

Siliziumdioxid oder Quarz ist eines der besten Isoliermaterialien, die es gibt. Man kann also nicht nur n- und p-leitende Zonen, sondern auch vollständig nichtleitende Bezirke auf dem gleichen Siliziumplättchen erzeugen. Dies ist einmal wichtig für die Herstellungsverfahren aller Halbleiter, sie zu behandeln würde jedoch zu weit führen. Außerdem benötigt man solche isolierenden Oxidschichten für die Funktion des später zu besprechenden MOS-Transistors. Bei ihm spielt eine isolierende Siliziumschicht eine wichtige Rolle.

# Halbleiterdioden 10

Mit Hilfe der Dotierungsverfahren ist es möglich, im gleichen Siliziumkristallstück nebeneinander eine p-leitende und eine n-leitende Zone zu erzeugen. Wo sie aneinanderstoßen, ergibt sich nach *Abb. 168* eine pn-Grenzschicht. Das n-Material hat einen Überschuß an Elektronen. Sie sind durch schwarz ausgefüllte Kreise angedeutet. Die Fehlstellen im p-Material sind durch leere Kreise gekennzeichnet. Solange man die Elektronen in Ruhe läßt, bleiben sie friedlich in ihrer Zone. Legt man jedoch nach *Abb. 169* eine Gleichspannung an den Halbleiter, dann stürzen sich die im n-Material zusammengedrängten Elektronen freudig erregt durch die Löcher oder Fehlstellen im p-Material zum positiven Pol der Batterie. Die Grenzschicht wird zur *Übergangsschicht*, ein Strom fließt. Formelzeichen, die sich auf diese Vorwärtsrichtung oder Flußrichtung beziehen, erhalten ein tiefgestelltes F, also

$U_F$ = Vorwärtsspannung
$I_F$ = Vorwärtsstrom

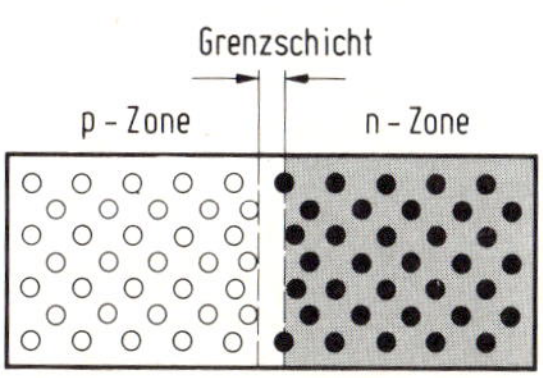


Abb. 168. Grenzschicht im spannungslosen Zustand

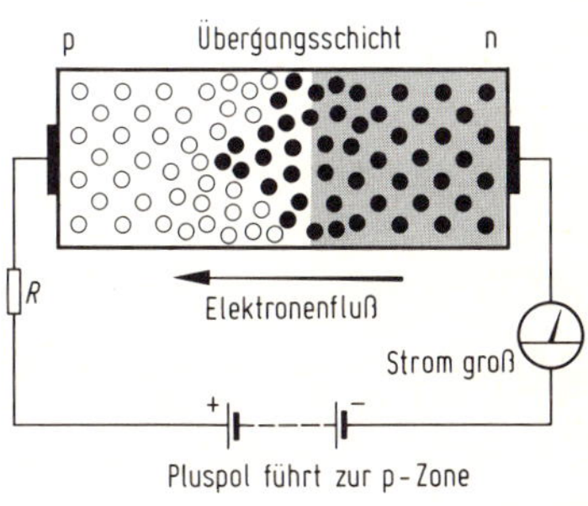


Abb. 169. pn-Verbindung in Flußrichtung an Spannung gelegt

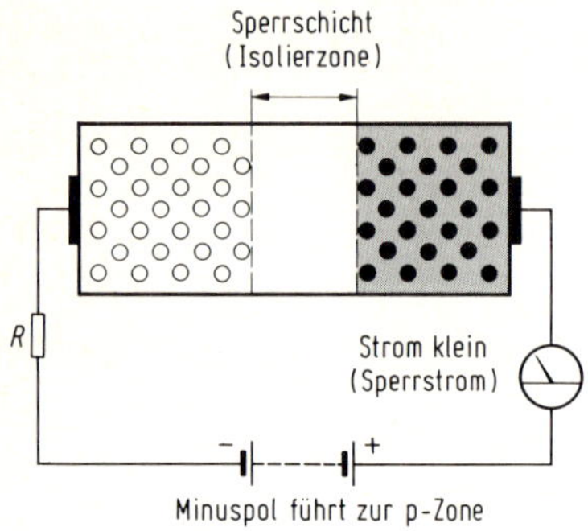


Abb. 170. pn-Verbindung in Sperrichtung vorgespannt

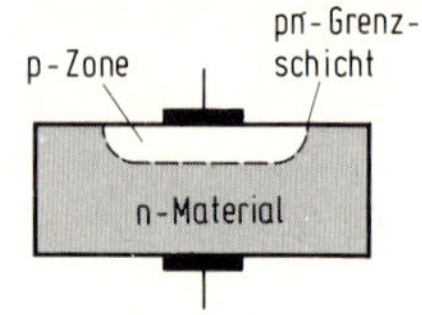


Abb. 171. Schema einer Planardiode; in das n-Material ist eine p-Zone eindiffundiert

Polt man die Batterie nach *Abb. 170* um, dann drängen sich zwar die negativen Elektronen wieder zum positiven Pol der Batterie hin, die Fehlstellen im p-Material ziehen sich jedoch verärgert zum negativen Pol zurück. Elektronen und Fehlstellen kommen also nicht zusammen, ein Strom kann nicht fließen, die Grenzschicht wird zur *Sperrschicht*. Die Gegend dort verarmt an Ladungsträgern, es entsteht eine Isolierzone, der Halbleiter sperrt.

Man bezeichnet derartige Halbleiter-Bauelemente mit zwei Anschlüssen und zwei verschieden leitenden Zonen als Dioden. Der Ausdruck stammt aus der klassischen Sprache und bedeutet „Weg“. Eine Diode bietet also den Elektronen einen Weg in einer Richtung, es ist eine Art Einbahnstraße oder, besser gesagt, ein Ventil. Ein Autoreifenventil läßt auch nur die Luft vom Druckluftschlauch zum Reifen hindurch, nicht aber umgekehrt. — Diode = Weg klingt auch in der Bezeichnung „Einweggleichrichter“ für eine der grundlegenden Diodenschaltungen an.

Nun sind allerdings sperrende Halbleiterzonen keine vollständigen Isolatoren. Ein winziger Kriechstrom überwindet trotzdem die Sperrschicht in umgekehrter, also Rückwärtsrichtung, nämlich vom p- zum n-Material. Ströme und Spannungen, die sich auf diese Rückwärtsrichtung beziehen, erhalten deshalb ein tiefgestelltes R beim Formelzeichen:

$U_R$ = Rückwärtsspannung
$I_R$ = Rückwärtsstrom oder kurz Rückstrom

Bei Dioden nennt man den Rückstrom auch Sperrstrom, bei Transistoren bezeichnet man den dort ebenfalls auftretenden Rückwärtsstrom als Reststrom.

Abb. 172. a = Schaltsymbol, Bezeichnungen und Flußstromrichtung einer Diode; b = neueres Schaltsymbol

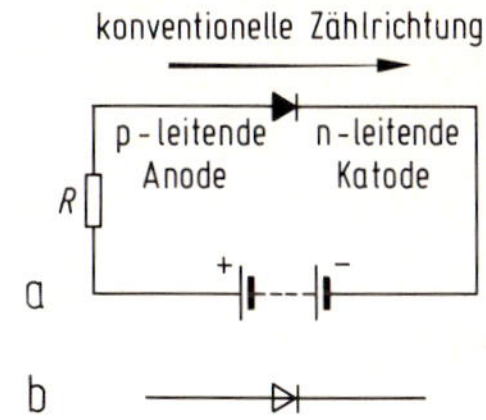


Die Abb. 168 bis 170 erläutern lediglich die Grundfunktion einer Halbleiterdiode. Technisch wählt man einen anderen Aufbau. Man geht nach *Abb. 171* von einem bereits n-leitenden Siliziumplättchen aus und dotiert oder diffundiert von oben eine p-leitende Zone hinein. Man muß dazu etwas mehr Indium hineingeben, um die n-leitenden Atome dieses Gebietes in p-leitende umzufunktionieren. Das Herstellungsverfahren bezeichnet man als Planartechnik. Jede Zone erhält außerdem einen Metallanschluß, an den die Zuleitungsdrähte angeschweißt werden. Das Ganze wird vergossen oder verkapselt.

Dioden gibt es in den verschiedensten Abmessungen, von winzigen Stäbchen bis zu massigen Metallgehäusen mit Schraubanschlüssen, je nachdem, welche Stromstärke die Diode verarbeiten soll.

*Die konventionelle Stromrichtung*

In der Zeit der guten alten Kupferdrahtelektrizität, als man noch keine Elektronenröhren und Halbleiter kannte, hatte man die Stromflußrichtung vom Pluspol der Spannungsquelle über den äußeren Verbraucher zum Minuspol gerichtet festgelegt, also gerade entgegengesetzt wie in Abb. 169. Diese Tradition hängt der modernen Elektronik immer noch an. Wenn man sich konsequent daran hält, kann gar nichts passieren. Alle Gesetze aus der Zeit von Herrn Ampère und Herrn Maxwell gelten dann weiterhin. Im Schaltsymbol für eine Diode, *Abb. 172*, stellt der Querstrich das n-leitende Material dar, leicht zu merken:

— = Minuszeichen = negativ.

Die Pfeilspitze bedeutet die p-leitende Zone. Die konventionelle Vorwärtsstromrichtung rechnet also in Richtung der Pfeilspitze. Das gilt für die Schaltsymbole von Dioden, normalen Transistoren und Thyristoren (leider nicht mehr für die MOS-Transistoren nach neuerer Schaltzeichennorm).

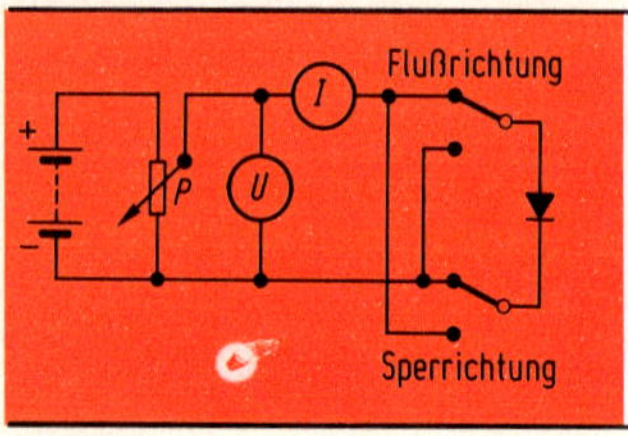


Abb. 173. Schaltung zum Aufnehmen von Diodenkennlinien

In komplizierten Schaltungen braucht man deswegen nur, vom Pluspol der Spannungsquelle ausgehend, den Strom in Richtung der Pfeilspitzen zu verfolgen, dann schließt sich der Kreis zum Minuspol der Spannungsquelle. Vom Akkumulator und aus der Röhrentechnik hat man die Bezeichnung Katode und Anode auch für Halbleiterdioden übernommen. Die Anode entspricht der p-leitenden Zone, also dem Dreieck. Man kann es sich aus einem großen Buchstaben A = Anode entstanden denken.

In der neueren Schaltungsnorm soll nach Abb. *172b* das Dreieck beim Diodensymbol nicht mehr schwarz ausgefüllt werden. Der Normenausschuß möge für Lehrzwecke das alte Symbol tolerieren, es hebt sich deutlicher ab, besonders bei umfangreichen Schaltungen.

### *Fluß- und Sperrkennlinien*

Die Eigenschaften einer Diode können mit der Schaltung *Abb. 173* untersucht werden. An dem Potentiometer P werden mit Hilfe des Voltmeters bestimmte Spannungswerte U eingestellt. Die so gewählte Spannung bewirkt einen Strom durch den Halbleiter. Er wird an dem Strommesser I angezeigt. Ein Polwender legt die Spannung entweder in Vorwärtsrichtung oder in Rückwärtsrichtung an Katode und Anode.

In Flußrichtung beginnt bereits bei sehr kleinen Spannungen der Vorwärtsstrom $I_F$ zu fließen. Er steigt bei wenigen Volt Vorwärtsspannung $U_F$ bereits stark an. *Abb. 174* zeigt oben rechts den Verlauf des Vorwärtsstromes. Bei Kleindioden werden Ströme im Milliamperegebiet erreicht, bei Leistungsdioden können sie bis zu mehreren hundert Ampere betragen.

In Sperrichtung dagegen ist der Rückstrom $I_R$ sehr klein. Auch bei großen Rückwärtsspannungen bleibt er in der Größenordnung von wenigen Mikroampere. Deshalb gibt man der Skala für den Rückstrom eine andere Skalenteilung, hier in $\mu$A. Erhöht man die Spannung in Sperrichtung zu sehr, dann hält dies allerdings die Isolierzone im Halbleiter, vgl. Abb. 170, nicht aus. Die zu hohe Spannung durchbricht die Sperrschicht, der Strom steigt stark an. Im allgemeinen wird diese Über-

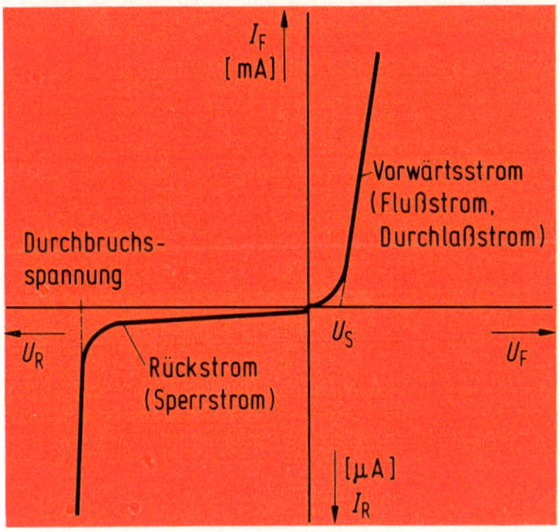


Abb. 174. Grundsätzlicher Verlauf einer Diodenkennlinie

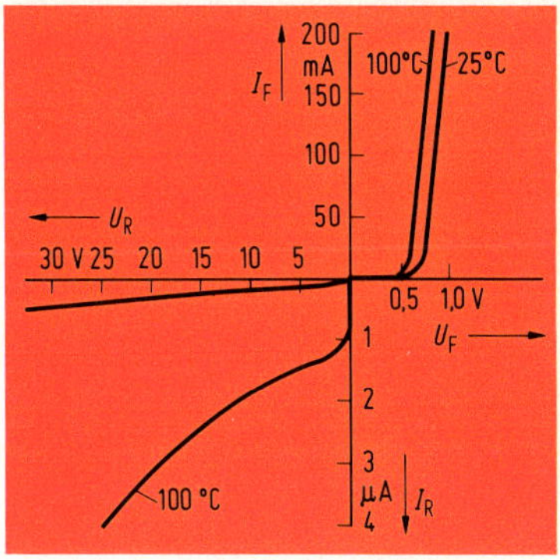


Abb. 175. Bei Temperaturerhöhung steigen alle Halbleiterströme an

lastung vermieden, denn die Diode kann zerstört werden. Bei bestimmten Typen, den Z-Dioden, wird aber dieser Stromanstieg im Sperrgebiet sogar technisch ausgenutzt.

*Abb. 175* zeigt den Verlauf der Strom-Spannungskennlinien einer Leistungsdiode für zwei verschiedene Temperaturen des Halbleiterkristalles, nämlich +25 °C und +150 °C. Die Ladungsträger, also die Elektronen, werden in der Wärme munterer und beweglicher. Sie beginnen dann schon bei geringeren Fluß- und Sperrspannungen zu fließen und ergeben bei gleicher Spannung höhere Ströme. Besonders kraß sind die Unterschiede im Rückstromgebiet.

*Leistungshalbleiter müssen gekühlt werden*

Leider ergibt sich dadurch allgemein bei Halbleitern eine große Gefahr. Erhält man z. B. bei einer Leistungsdiode für 25 °C Kristalltemperatur und 1,25 V Flußspannung einen Strom von 5 A, dann entspricht das einer Leistung $P = 1{,}25 \cdot 5 = 6{,}25$ W. Diese nicht unbeträchtliche Leistung wird innerhalb der pn-Schicht in Wärme umgewandelt. Sie heizt den Halbleiter auf, der Strom steigt weiter an, und in kurzer Zeit würde sich die Schicht weit über die zulässige Grenze erwärmen, ihre Sperrfähigkeit verlieren und in beiden Richtungen durchschlagen. Man muß deshalb die Verlustwärme möglichst schnell vom Halbleiterplättchen wegleiten. Deswegen wird es bei Hochleistungsdioden auf eine massive Kupferplatte aufgelötet, um die Wärme gut nach außen, zunächst zum Gehäuse, abzuleiten. Es entsteht ein *Wärmestrom* von der pn-Schicht zum

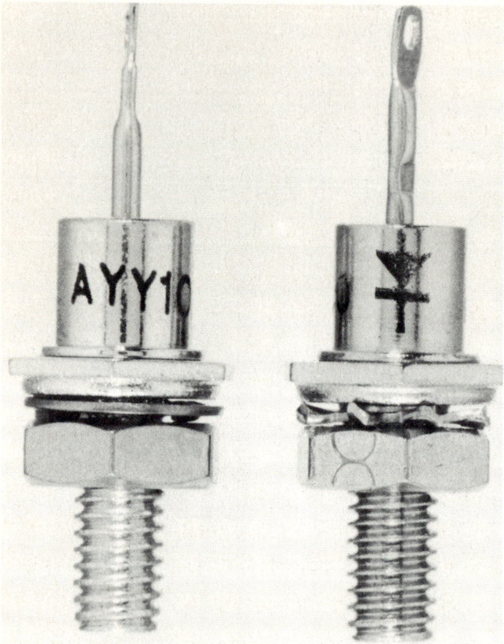


Abb. 176. Leistungsgleichrichterdioden von Valvo

Gehäuse. In den Datenblättern für Leistungshalbleiter werden deshalb Grenzwerte für die Temperatur der pn-Grenzschicht und für die Gehäusetemperatur angegeben. Die Gehäuseanschlüsse von Leistungsdioden werden außerdem nach *Abb. 176* mit Gewindeanschlüssen ausgerüstet, mit denen sie auf Kühlrippenkörpern montiert werden können.

## Dioden als Gleichrichter und Schalter

Halbleiterdioden dienen in großem Umfang als Gleichrichter, nämlich zum Umformen von Wechselspannung in Gleichspannung. Dies ist für alle elektronischen Geräte erforderlich, die aus dem Wechselstromlichtnetz betrieben werden, aber Gleichspannung zur Stromversorgung benötigen. Die einfachste Schaltung hierfür ist der Einweggleichrichter nach dem Prinzip von *Abb. 177*. Die Wechselspannung wird über einen Trans-

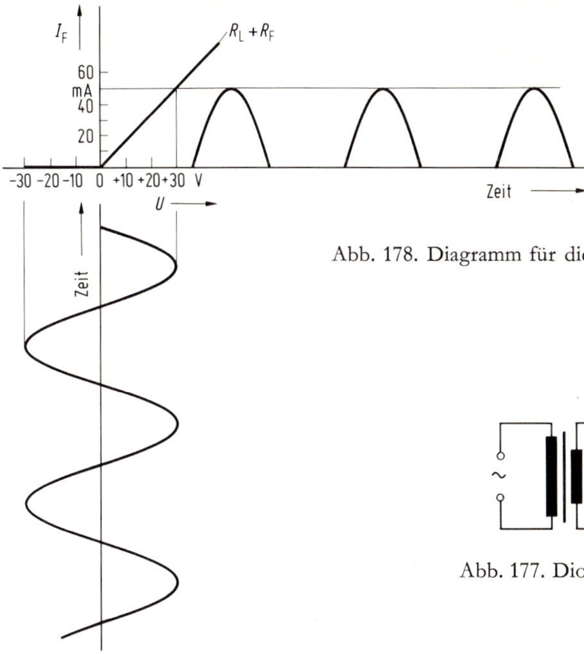


Abb. 178. Diagramm für die Gleichrichterwirkung

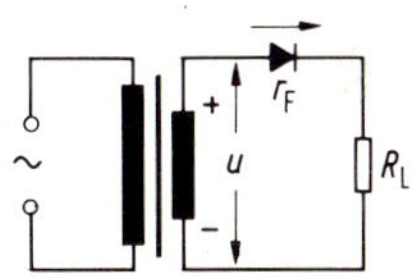


Abb. 177. Diode als Gleichrichter

formator an die Diode und den Verbraucherwiderstand $R_L$ gelegt. Der Transformator trennt die Gleichrichterschaltung galvanisch vom Lichtnetz, so daß keine gefährlichen Berührungsspannungen entstehen können. Außerdem setzt man damit die 220-V-Lichtnetzspannung auf die bei elektronischen Geräten üblichen niedrigeren Gleichspannungen herab.

Kommt nun, wie in Abb. 177 durch das Pluszeichen angedeutet, die positive Halbwelle der Wechselspannung an der Anode zu liegen, dann ist die Diode in Flußrichtung gepolt. Strom fließt über die Diodenstrecke und durch den Lastwiderstand $R_L$. Der niederohmige Durchlaßwiderstand $r_F$ wirkt wie ein geschlossener Schalter und legt die Spannung an den Verbraucher. Polt sich die Wechselspannung um, dann sperrt die Diode. Während der negativen Halbwelle fließt kein Strom, der Diodenschalter ist aufgetrennt.

*Abb. 178* zeigt dies in einer Diagrammform, die oft für die Wirkungsweise von Schaltungsstufen angewendet wird. Hierbei werden gleichzeitig die Strom/Spannungskennlinie eines Bauelementes sowie die sich

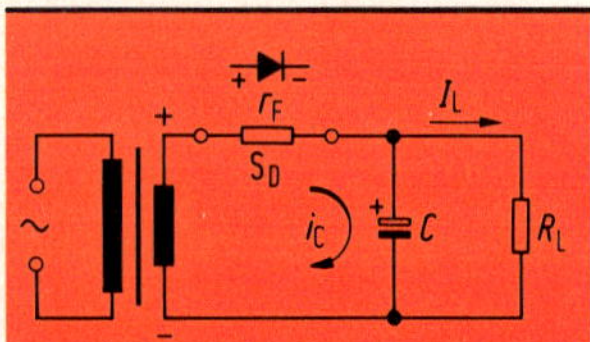


Abb. 179. Gleichrichterkreis während der Durchlaßphase

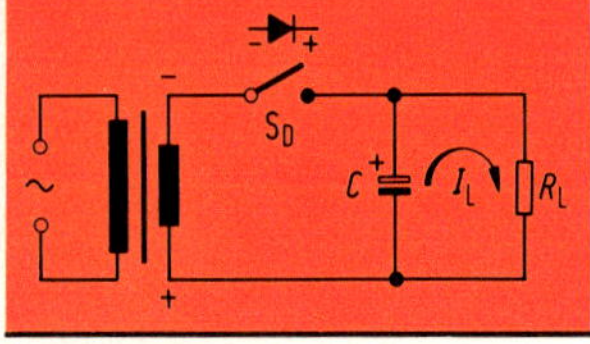


Abb. 180. Gleichrichterkreis während der Sperrphase

damit ergebenden zeitlich verlaufenden Eingangs- und Ausgangswerte dargestellt. Die geradlinige Kennlinie oben links in Abb. 178 gilt für den Belastungswiderstand $R_L$ einschließlich des sehr geringen Flußwiderstandes $r_F$ der Diodenstrecke. Der Kurvenzug links unten stellt die angelegte Eingangswechselspannung mit einem Spitzenwert von 30 V dar. Von dieser Spannung werden die positiv gerichteten Halbwellen von der Diode durchgelassen. Sie spiegeln sich gewissermaßen an der schräg verlaufenden Kennlinie und ergeben in gleicher Richtung liegende, d. h. gleichgerichtete Stromhalbwellen am Ausgang bzw. am Lastwiderstand $R_L$.

Mit einem solchen pulsierenden Gleichstrom kann man aber noch nichts anfangen. Man muß ihn glätten, sonst würde er in Rundfunkempfängern einen unerträglichen Brummton von der Lichtnetzfrequenz 50 Hz verursachen. Man schaltet deshalb entsprechend *Abb. 179* und *180* noch einen Kondensator C mit großer Kapazität parallel zum Verbraucherwiderstand $R_L$. In diesen beiden Bildern ist sinnfällig die durchgeschaltete Diode (Plusspannung an der Anode) durch ihren niedrigen Flußwiderstand $r_F$ und die sperrende Diode (Minusspannung an der Anode) durch einen geöffneten Schalter dargestellt.

Ist in Abb. 179 während der positiven Halbwelle der Diodenschalter $S_D$ geschlossen, dann ladet sich über dessen niedrigen Widerstand $r_F$ der Kondensator C infolge des hohen Ladestromstoßes sofort auf den Scheitelwert der Wechselspannung auf. Außerdem fließt der normale, gegenüber dem Aufladestromstoß geringere Verbraucherstrom $I_L$.

Gelangt die negative Halbwelle vom Übertrager an die Diodenanode, dann sperrt die Diode, denn an ihrer Katode liegt noch immer die positive Spannung vom aufgeladenen Kondensator C. Um dies deutlich zu ma-

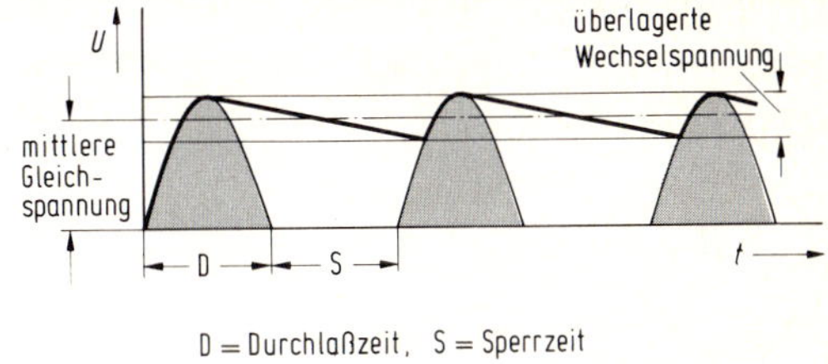


Abb. 181. Verlauf der Spannung am Ladekondensator eines Einweggleichrichters

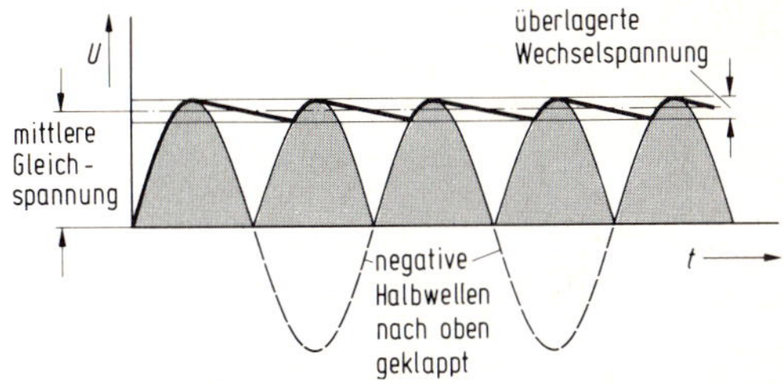


Abb. 182. Verlauf der Spannung bei Zweiweggleichrichtung

chen, sind am Diodensymbol in Abb. 169 zusätzlich die Vorzeichen für diesen Zustand eingetragen. Nun muß der Verbraucher seinen Strom $I_L$ allein aus dem aufgeladenen Kondensator C beziehen.

In *Abb. 181* ist der Verlauf der Spannung an diesem Ladekondensator dargestellt. Während der Zeit, in welcher der Kondensator den Strom liefert, sinkt natürlich dessen Spannung entsprechend einer Kondensator-Entladekurve stetig ab. Nach der Zeitdauer $\tau = R \cdot C$ wäre sie auf den 0,37fachen Anfangswert gesunken. Damit dieses Absinken recht langsam vor sich geht, denn die Verbraucherspannung soll ja annähernd konstant bleiben, muß man die Zeitkonstante groß machen. Man wählt hierfür mindestens den zehnfachen Wert von einer Periode der Wechselspannung. Die Spannung am Kondensator besteht also aus einer mittleren Gleichspannung mit einer überlagerten Sägezahnspannung. Sie würde in Geräten der Unterhaltungselektronik einen störenden Brummton mit der Grundfrequenz 50 Hz verursachen. Deshalb schaltet man solchen Netzgleichrichtern noch einen RC-Tiefpaß[1]) mit einer weit unter 50 Hz liegenden Grenzfrequenz nach, um die Störspannung zu unterdrücken.

Noch günstiger gestalten sich die Verhältnisse, wenn man beide Halbwellen der Lichtnetzwechselspannung gleichrichtet und die negativen Halbwellen nach *Abb. 182* nach oben klappt und in die Lücken einfügt.

[1]) Vgl. Abb. 156 auf Seite 176.

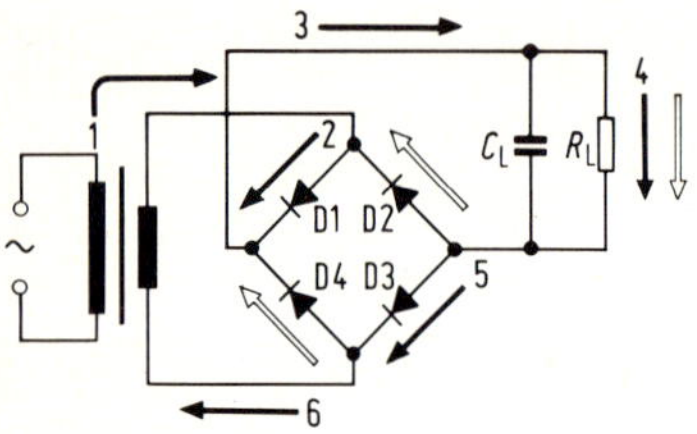


Abb. 183. Schaltung und Stromrichtungen beim Brückengleichrichter

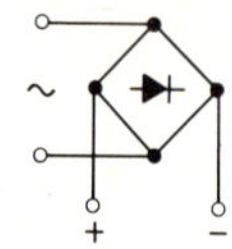


Abb.184. Vereinfachtes Schaltsymbol für einen Brückengleichrichter

Man nennt dies Zweiweggleichrichtung. Die Frequenz der Störspannung ist dann doppelt so hoch, nämlich 100 Hz, das erleichtert das Wegsieben mit Hilfe eines RC-Gliedes. Außerdem sinkt die Spannung bis zur nächsten Aufladung nicht so stark ab, der Brummanteil ist geringer, und die mittlere Gleichspannung ist höher als bei der Einweggleichrichtung.

Für diese Zweiweggleichrichter hat sich in der neuzeitlichen Schaltungstechnik der Brückengleichrichter *Abb. 183* durchgesetzt. Mit schwarzen Pfeilen ist darin der Stromweg für den Fall dargestellt, daß eine positive Halbwelle am oberen Ende der Transformatorwicklung liegt. Hierfür sind die Gleichrichterstrecken D 1 und D 3 durchlässig. Damit ergibt sich der durch die sechs schwarzen Pfeile gekennzeichnete Stromkreis. Die Gleichrichter D 2 und D 4 sperren während dieser Halbwelle. Wechselt die Polarität am Transformator, dann werden D 2 und D 4 leitend. Für diesen Stromweg sind drei weiß ausgesparte Pfeile eingezeichnet. Die andere Halbwelle lädt also den Kondensator $C_L$ in gleicher Richtung auf. Das bedeutet eine Zweiweggleichrichtung. Derartige Brückengleichrichter aus vier Diodenstrecken werden meist als gekapselte oder vergossene Bausteine geliefert. In umfangreichen Schaltungen verwendet man dafür das vereinfachte Schaltsymbol *Abb. 184*.

Ein Brückengleichrichter ist auch der Drehstromgleichrichter für Dreiphasenwechselstrom. Hierbei entfallen dann in einer Darstellung ähnlich Abb. 182 sogar sechs Halbwellen auf eine volle Periode der Wechselspannung, und die Gleichspannung wird noch sauberer. Drehstromgeneratoren haben gegenüber Gleichstromdynamos den Vorteil, daß sie keine unterteilten Kollektoren mit funkenziehenden Schleifkontakten, sondern lediglich glatte Schleifringe benötigen. Die drei phasenverschobenen Spannungen werden einfach von festen Wicklungen auf dem Generator abgenommen. Deswegen rüstet man alle neueren Kraftwagen mit Drehstromlichtmaschinen aus und gewinnt die zum Aufladen der Wagen-

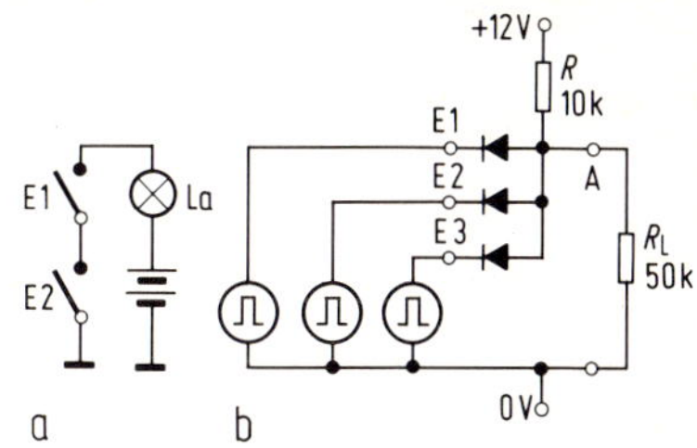


Abb. 185. UND-Gatter; a = mit Schaltern dargestellt, b = Dreifach-Diodengatter

batterie notwendige Gleichspannung über einen Brückengleichrichter mit sechs Dioden. Neuere Boschlichtmaschinen arbeiten sogar ganz ohne Schleifringe, aber mit insgesamt 15 Siliziumdioden[1]). Die Dioden sind viel weniger störanfällig und leben länger als die früheren Schleifkontakte — eines der vielen Beispiele dafür, daß elektronische Bauelemente vorteilhaft althergebrachte elektromechanische Vorrichtungen ersetzen.

Der Begriff „Gleichrichter" für Diode hat sich in Jahrzehnten so eingeführt, daß vielfach der Eindruck entstand (und manchmal noch besteht), daß eine Diode stets als Gleichrichter arbeitet. Das ist aber nicht der Fall. Die neuere elektronische Schaltungstechnik verwendet Dioden in großem Umfang als elektronisch gesteuerte Schalter, die Signalwechselspannungen unverzerrt hindurchlassen. Derartige Diodenschalter spielen zum Beispiel beim Empfang von UKW-Stereo-Rundfunksendungen eine Rolle. In der industriellen Elektronik und besonders in der Digitaltechnik werden Dioden als elektronische Schalter millionenfach verwendet. Die Wirkung läßt sich mit der eines Gas- oder Flüssigkeitsventils vergleichen. Jedem bekannt ist die Funktion eines solchen Ventils beim Fahrradschlauch oder Autoreifen. Gibt man mit der Pumpe oder mit dem Preßluftschlauch Druck von außen her auf das Ventil, dann öffnet es, und die Luft strömt in den Reifen. Nimmt man den Außendruck weg, dann schließt sich das Ventil durch den Druck von der anderen Seite her.

Ein Beispiel für die Schalterwirkung von Dioden möge hier genügen. Es handelt sich um das sogenannte UND-Gatter. Zunächst ein mechanisches Beispiel. In *Abb. 185a* leuchtet das Lämpchen La nur dann auf, wenn beide Schalter, E 1 UND E 2, geschlossen sind. Dieser elementare Fall möge zum Beispiel bedeuten, daß ein Autoscheinwerfer nur dann leuchtet, wenn der Hauptschalter am Zündschloß UND der eigentliche Scheinwerferschalter eingeschaltet sind.

[1]) Hinlopen: Auto und Elektronik, Seite 53, Abb. 46b. Franzis-Verlag.

In elektronischen Schaltungen kann man das auf drei oder mehr Schalter bzw. Steuerfunktionen erweitern. *Abb. 185b* stellt ein Gatter für die Digitaltechnik dar. Es besitzt drei Eingänge und drei Schaltdioden. Ihre Anoden liegen über einen Widerstand R = 10 kΩ an 12 V Spannung gegenüber der Nulleitung. Der Ausgang der Schaltung wird durch einen Belastungswiderstand $R_L$ = 50 kΩ gebildet. An diesem Ausgang A soll entweder das Signal **0** liegen, also keine Spannung vorhanden sein, oder das Signal **1**, gleichbedeutend mit „Spannung vorhanden" oder „Eingeschaltet"[1]).

Die Eingangssignale werden durch positiv gerichtete Rechteckspangungsimpulse gebildet, wie sie in den drei Kreisen dargestellt sind. Liegt kein Signal vor, dann ist die Spannung null, d. h. die Punkte E 1 bis E 3 liegen ebenfalls auf Null. Alle drei Dioden schalten dann durch, denn ihre Anoden erhalten über den Widerstand R positive Spannung. Die durchgeschalteten Dioden entsprechen geschlossenen Schaltern. Sie stellen also Kurzschlüsse für den Widerstand $R_L$ dar. Der Punkt A liegt daher ebenfalls auf Null, das bedeutet: kein Ausgangssignal!

Daran ändert sich auch nichts, wenn auf einem der Eingänge das Signal 1, also ein Spannungsimpuls von mindestens +12 V, gegeben wird. Die zugehörige Diode sperrt dann zwar, aber die anderen bleiben durchgeschaltet und erhalten den Kurzschluß aufrecht, so daß Punkt A auf Null bleibt. Erst wenn an allen drei Eingängen das Signal **1** liegt, dann sperren die Dioden gleichzeitig. Sie entsprechen offenen Schalterkontakten, die Kurzschlüsse sind beseitigt, und am Ausgang A wird nun ein Spannungsteiler aus dem Widerstand R = 10 kΩ und dem nun endlich nicht mehr kurzgeschlossenen Widerstand $R_L$ = 50 kΩ gebildet. Das bedeutet einen Gesamtwiderstand von 60 kΩ, und die 12 V Speisespannung teilt sich im Verhältnis 10 : 50, d. h. 2 V : 10 V, daran auf. Am Ausgang A liegen jetzt rund +10 V, dies entspricht dem Signal **1**. Man stellt diese Verknüpfung in der „Funktionstabelle" auf Seite 203

Erst in der letzten Zeile dieser Tabelle ist

E 1 UND E 2 UND E 3 = **1**

daher erscheint am Ausgang das Symbol **1**. — Infolge allzu wörtlicher Übersetzungen aus dem Englischen findet man für derartige Funktionstabellen oder Kombinationstabellen auch den Ausdruck Wahrheitstafeln.

---

[1]) Für **0** und **1** sind auch die Zeichen **0** und **L** üblich. **L** kann man sich dabei als die Abkürzung von „Leitend" merken.

| E1 | E2 | E3 | A |
|---|---|---|---|
| 0 | 0 | 0 | 0 |
| 0 | 0 | 1 | 0 |
| 0 | 1 | 0 | 0 |
| 1 | 0 | 0 | 0 |
| 0 | 1 | 1 | 0 |
| 1 | 1 | 0 | 0 |
| 1 | 0 | 1 | 0 |
| 1 | 1 | 1 | 1 |

Er wirkt recht unpassend, denn schließlich muß doch alles wahr sein, was ein Schaltungstechniker verzapft, es dürfte doch keine Falschheitstafeln geben ...

Gatterschaltungen gibt es in den verschiedensten Abwandlungen. Wie erwähnt, sind sie wichtige Bestandteile der Digitaltechnik und Rechentechnik. Sie spielen aber auch eine große Rolle bei Steuerungen aller Art. Ein Dreifach-UND-Gatter könnte zum Beispiel folgende Funktion erfüllen:
E 1 sei der Hauptschalter eines Personenaufzuges
E 2 bedeute die Lichtschranke an der Aufzugstür
E 3 sei der Schalter, mit dem das gewünschte Stockwerk gewählt wird
Der Aufzug setzt sich nur in Bewegung, hat also das Gesamtsignal „Ein", wenn der Hauptschalter und die Tür geschlossen sind und eine Stockwerkstaste gedrückt ist.

## Spezialdioden

*Kapazitätsdioden*

Nach Abb. 170 entsteht bei einer in Sperrichtung gepolten Diode eine Isolierzone[1]). Sie bildet in Verbindung mit den Ladungsträgern einen Kondensator. Seine Kapazität läßt sich beeinflussen oder steuern, indem man die angelegte Sperrspannung verändert. *Abb. 186* zeigt die Kennlinie einer solchen Siliziumdiode in Abhängigkeit von der Sperr- oder Rückwärtsspannung $U_R$. Der Kapazitätswert ändert sich hierbei von 18 pF

[1]) Abb. 170 auf Seite 192.

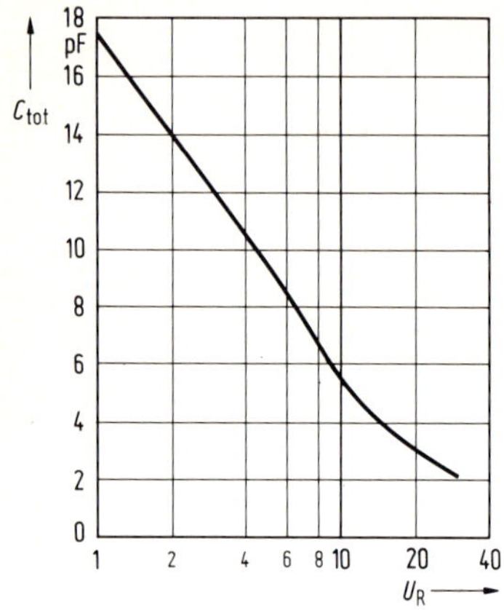


Abb. 186. Kapazität in Abhängigkeit von der Sperrspannung bei den Kapazitätsdioden BB 141 und 142 (Intermetall)

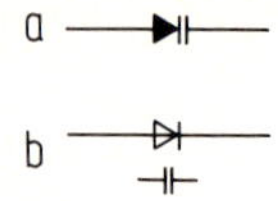


Abb. 187. Vielfach verwendetes (a) und normenmäßiges Symbol (b) für eine Kapazitätsdiode

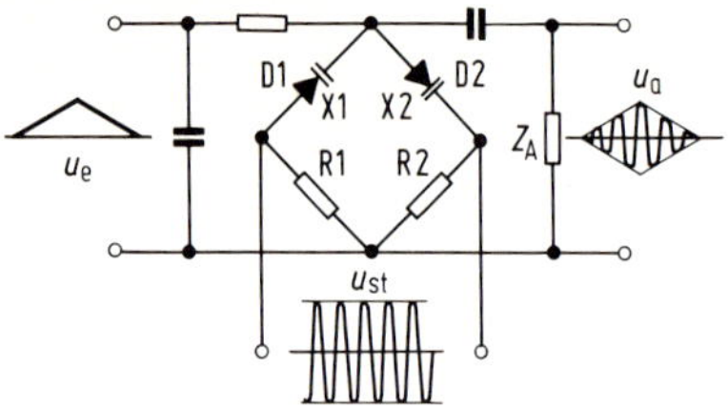


Abb. 188. Brückenschaltung mit Kapazitätsdioden zum Umsetzen von Gleichspannungen in Wechselspannungen

auf rund 2 pF, wenn man bis zu 30 V Sperrspannung anlegt. Solche speziellen Kapazitätsdioden dienen in der Unterhaltungselektronik zum Abstimmen von Schwingkreisen auf die gewünschte Empfangsfrequenz mit Hilfe einer veränderlichen Gleichspannung. Man hat für diese Dioden ein besonderes Schaltsymbol geschaffen, das die Kondensatorfunktion erkennen läßt. *Abb. 187a* zeigt ein viel verwendetes, recht sinnfälliges Zeichen. Abb. *187b* stellt das neuere normenmäßige Schaltsymbol dar.

In der industriellen Elektronik werden Kapazitätsdioden in Meßschaltungen angewendet. *Abb. 188* zeigt eine Anordnung zum Umsetzen von langsam sich ändernden Gleichspannungs-Eingangssignalen $U_E$ in Wechselspannungen mit demselben Hüllkurvenverlauf. Man erkennt eine Brückenschaltung aus zwei Kapazitätsdioden und zwei Widerständen. Die Brücke ist für die Wechselspannung $u_{st}$ im Gleichgewicht, d. h. im Ruhezustand ist die senkrechte Diagonale spannungslos. Die Kapazitätsdioden sind über eine hier zur Vereinfachung weggelassene Hilfsgleichspannung so vorgespannt, daß sie in Ruhestellung einen mittleren Kapazitätswert aufweisen. Führt man dem Eingang links eine zu verarbeitende Meßgleichspannung $U_E$ zu, dann vergrößert sie die Sperrspannung und damit die Kapazität der einen Diode und verkleinert die der anderen. Infolgedessen verstimmt sich die Brücke für die Wechselspannung $u_{st}$.

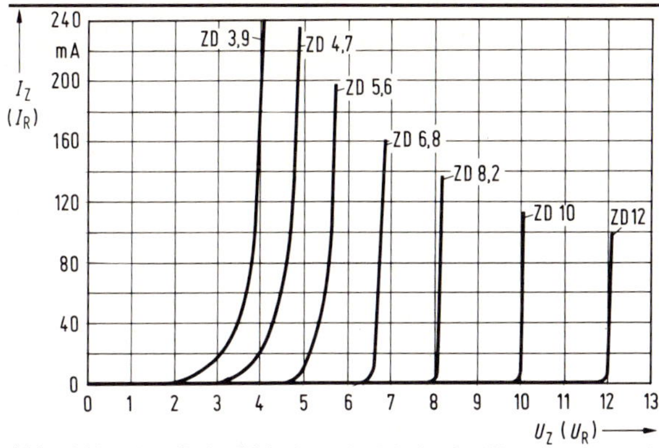


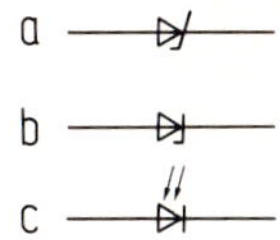


Abb. 190. Schaltzeichen von Spezialdioden; a = bisheriges, b = neues Zeichen für eine Z-Diode, c = Fotodiode

Abb. 189. Kennlinienfeld einer Z-Diodenfamilie mit unterschiedlichen Durchbruchsspannungen (Intermetall)

In der senkrechten Diagonale der Brücke tritt eine Wechselspannung auf, deren Amplitudenverlauf der Meßspannung entspricht. Man sagt, die Wechselspannung ist mit dem Meßsignal moduliert. Diese Ausgangswechselspannung $u_a$ läßt sich viel besser verstärken als die Eingangsgleichspannung $U_E$. Man kann auf diese Weise sehr kleine Meßgleichspannungen, z. B. von Dehnungsmeßstreifen, sehr hoch verstärken und problemlos über lange Leitungen übertragen, um sie dann auszuwerten und zu registrieren. Das Ganze ist ein Beispiel dafür, daß man auch in der industriellen Elektronik, ähnlich wie in der Nachrichtentechnik, ein Signal in ein anderes Frequenzband umsetzen kann, um es besser zu übertragen. — Wegen der relativ kleinen Kapazitätswerte der Kapazitätsdioden muß man mit einer hohen Frequenz arbeiten. Dies wurde im Kapitel Kondensatoren bei den Bildern 150 und 151 erläutert[1]).

*Z-Dioden*

Andere Spezialdioden, die ebenfalls im Sperrbereich betrieben werden, weisen einen Kennlinienverlauf nach *Abb. 189* auf. Beim Überschreiten der maximal zulässigen Sperrspannung schlägt gewissermaßen die isolierende Sperrzone innerhalb des Kristalles durch, und der Strom steigt auch im Sperrbereich sehr steil an. Diese Durchbruchsspannung $U_Z$ ändert sich auch bei stark unterschiedlichen Strömen nur sehr wenig. Man benutzt daher Z-Dioden zum Stabilisieren von Gleichspannungen in ähn-

[1]) Abb. 150 und 151 auf den Seiten 172 und 173.

lichen Schaltungen wie bei VDR-Widerständen[1]). Diese Begrenzerwirkung wird durch Schaltsymbole nach *Abb. 190a* oder b angedeutet.

*Fotodioden*

Dies sind gleichfalls in Sperrichtung betriebene Halbleiterdioden. Die pn-Grenzschicht wird auf der Oberfläche des Halbleiterplättchens erzeugt und durch eine Glaslinse abgedeckt. Bei Dunkelheit und in Sperrichtung angelegter Spannung fließt nur der winzige Rückstrom. Fällt Licht auf die pn-Grenzschicht, dann wirkt dies ähnlich wie Wärmestrahlung[2]), der Sperrstrom vergrößert sich und gibt ein Maß für die Helligkeit. Fotodioden sprechen noch auf sehr kurze Lichtblitze an. Man benutzt sie daher vorzugsweise für schnell arbeitende Lichtrelais, z. B. zum Abtasten der Lochgruppen von schnell laufenden Lochstreifen in elektronischen Datenverarbeitungsanlagen. Dabei ist von Vorteil, daß sich Fotodioden sehr klein herstellen und dicht nebeneinander zeilenweise anordnen lassen. Auch zum elektronischen Abtasten und Erkennen von Schriftzeichen werden Fotodiodenzeilen verwendet. Für Fotodioden empfiehlt sich das Schaltsymbol Abb. 190c, die Pfeilspitzen deuten die Lichteinstrahlung an.

Die Umkehrung der Fotodioden sind die Leuchtdioden oder lichtemittierenden Dioden, Abkürzung LED. Bei ihnen geraten die Ladungsträger am pn-Übergang beim Anlegen einer Spannung in Durchlaßrichtung so stark in Bewegung, daß sie Lichtblitze aussenden. Bei vielen der neuzeitlichen kleinen elektronischen Taschenrechner beruht die Ziffernanzeige auf dem Prinzip solcher Leuchtdioden.

Auf weitere Spezialdioden wie Tunneldioden und Mehrschichtdioden sei hier nicht eingegangen.

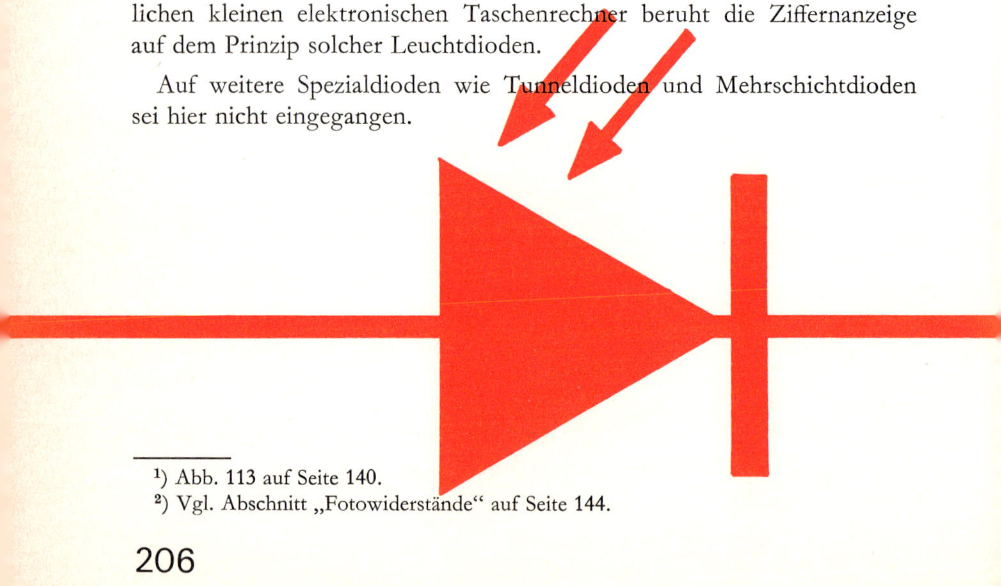

[1]) Abb. 113 auf Seite 140.

[2]) Vgl. Abschnitt „Fotowiderstände" auf Seite 144.

# 11 Transistoren

## Wirkungsweise und Kennlinien des bipolaren Transistors

Bei einem Transistor kombiniert man drei Halbleiterschichten mit wechselnder Leitfähigkeit innerhalb eines Bauelementes. *Abb. 191* zeigt das Prinzip für eine npn-Zonenfolge. Die mittlere Zone wird dabei sehr dünn gemacht. Gehen wir schrittweise vor und betrachten wir zunächst nur die beiden unteren Zonen; die obere mit C = Collektor bzw. Kollektor bezeichnete sei noch nicht angeschlossen. Die mittlere Zone trägt die Bezeichnung B = Basis, die untere wird E = Emitter genannt. Am Potentiometer P liegt eine einstellbare Spannung von maximal etwa 0,8 V.

Der Übergang von der Basis zum Emitter stellt eine in Flußrichtung gepolte Diode, also eine pn-Übergangsschicht, dar. Es fließt ein Durchlaßstrom $I_{BE}$. Verstellt man den Potentiometerschleifer von 0,5 V bis 0,9 V, dann ergibt sich für diesen Teil der Schaltung eine normale Diodendurchlaßkurve wie in *Abb. 192*. Sie gilt für einen Siliziumtransistor BF 167.

Die obere in Abb. 180 noch nicht angeschlossene n-leitende Zone bildet mit der p-leitenden Basisschicht ebenfalls eine Diodenstrecke. Ihre Polung ist in *Abb. 193* durch das zweite Diodensymbol angedeutet. Schließt man, wie in der Abb. dargestellt, den Kollektor über ein Milliamperemeter an den Pluspol der Batterie, dann ist diese Diodenstrecke eigentlich in Sperrichtung gepolt. Es dürfte kein Strom darüber fließen. Überraschenderweise ist dies aber doch der Fall, und der Strom ist sogar beträchtlich größer als der Basis-Emitterstrom $I_{BE}$. Was ist da passiert?

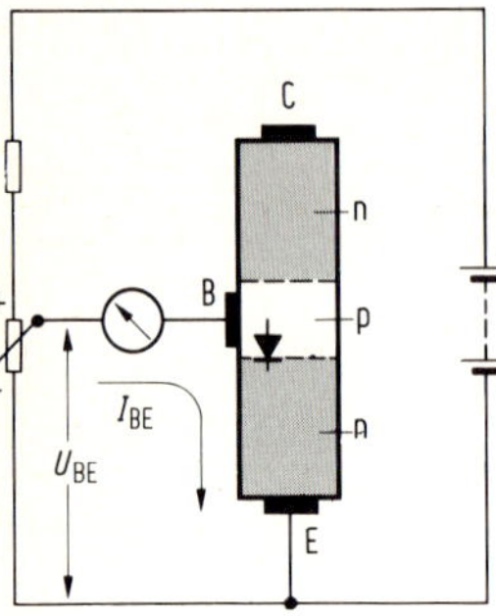


Links: Abb. 191. Prinzip der Zonenfolge eines npn-Transistors. Die Zone C ist noch nicht angeschlossen, der pn-Übergang B — E wirkt als eine in Durchlaßrichtung gepolte Diode

Rechts: Abb. 192. Eingangskennlinie. Der Verlauf des Basisstromes entspricht dem einer Diode in Flußrichtung

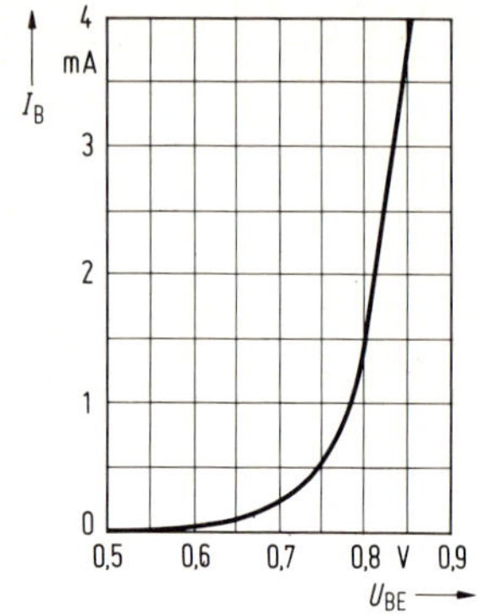


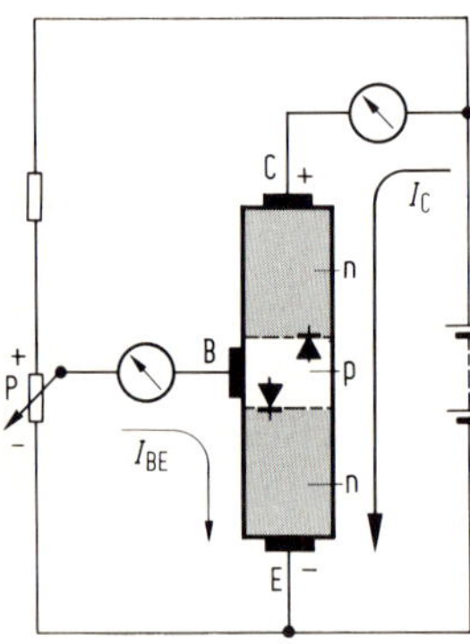


Abb. 193. Kollektor C an die Hauptstromversorgung angeschlossen. Trotz der in Sperrichtung gepolten Basis-Kollektordiode fließt ein großer Kollektorstrom $I_C$

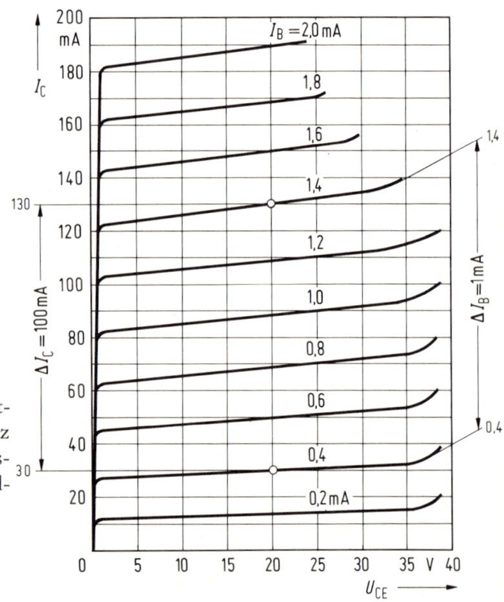


Abb. 194. Ausgangskennlinienfeld des Transistors BSX 62

Man kann sich das etwa so vorstellen: Die den Basisstrom bewirkenden Elektronen schießen mit einem gewissen Schwung in die sehr dünne Basiszone hinein und überschwemmen sie so mit Ladungsträgern, daß einige davon auch die sperrende pn-Schicht zur Kollektorzone durchdringen. Hinter der Sperrschicht liegt aber die gegenüber der Basisspannung weit höhere Kollektorspannung. Sie reißt die Lücken noch weiter auf, und nun stürzt ein kräftiger Strom vom Kollektor durch die Basiszone zum Emitter, angedeutet durch den dicken Zählpfeil für $I_C$. Da dieser Strom über die beiden verschieden gepolten Dioden fließt, bezeichnet man ein solches System als bipolaren Transistor.

Macht man in der Schaltung Abb. 182 auch die Kollektorspannung einstellbar und nimmt Meßreihen bei verschiedenen Basisströmen auf, dann ergibt sich ein Kennlinienfeld wie in *Abb. 194*. Daraus läßt sich z. B. ablesen, daß beim Basisstrom $I_B = 1{,}0$ mA Kollektorströme um 90 mA fließen. Ein einziges Milliampere Flußstrom durch die Basis-Emitterdiode bringt also rund 90 mA im Emitterkreis zum Fließen. Die Kennlinien verlaufen nach anfänglich sehr steilem Anstieg dann ziemlich flach. Man kann sich dies so vorstellen, daß ein konstanter Basisstrom nur eine begrenzte Menge von Ladungsträgern freizusetzen vermag, ganz gleich, ob 5 V oder 30 V Emitterspannung anliegen.

In Abb. 194 sind zwei Punkte markiert, um die Wirkung eines solchen Transistorsystems noch besser zu verdeutlichen. Ändert man den Basisstrom bei $U_{CE} = 20$ V von 0,4 mA auf 1,4 mA, also um ein Milliampere, dann ändert sich dadurch der Kollektorstrom von 30 mA auf 130 mA, also um 100 mA. Mit einem Milliampere Änderung im Basiskreis ergeben sich 100 mA Änderung im Emitterstromkreis. Man bezeichnet dies als Stromverstärkungsfaktor des Transistors. Einen kleinen Signalwechselstrom im Basiskreis kann man auf diese Weise auf das Hundertfache verstärken!

Allerdings sind dazu noch einige Bedingungen zu beachten. So darf die für den Transistor zulässige Leistung auch nicht kurzzeitig überschritten werden. In Kennlinienfeldern ähnlich Abb. 194 wird deswegen meistens noch eine Leistungshyperbel nach Abb. 62 eingezeichnet[1]). Ferner ist in den Kollektorkreis noch ein Arbeitswiderstand oder Lastwiderstand einzufügen, um die Stromänderungen in Spannungsänderungen umzuformen und auszunutzen. Dies läßt sich im Diagramm Abb. 194 durch eine weitere Kennlinie, die Arbeitskennlinie für den betreffenden Widerstandswert, erfassen. Das alles erfordert recht umfangreiche Erläuterungen und Berechnungen. Sie sind für den Entwurf von Schaltungen wichtig. Für das Allgemeinverständnis möge hier die aus dem Diagramm gewonnene Einsicht genügen, daß ein solches Transistorsystem eine erhebliche „Stromverstärkung“ bewirken kann.

---

[1]) Abb. 62 auf Seite 92.

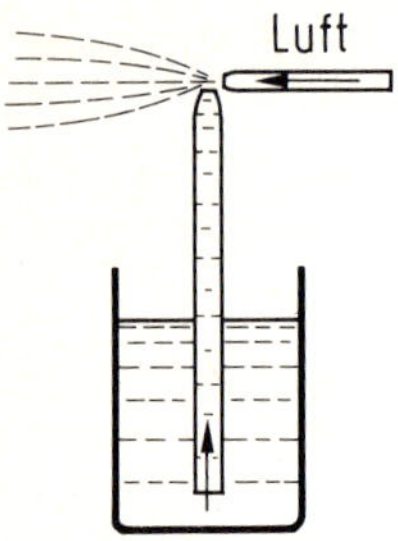


Abb. 195. Die Spritzflasche als Transistormodell

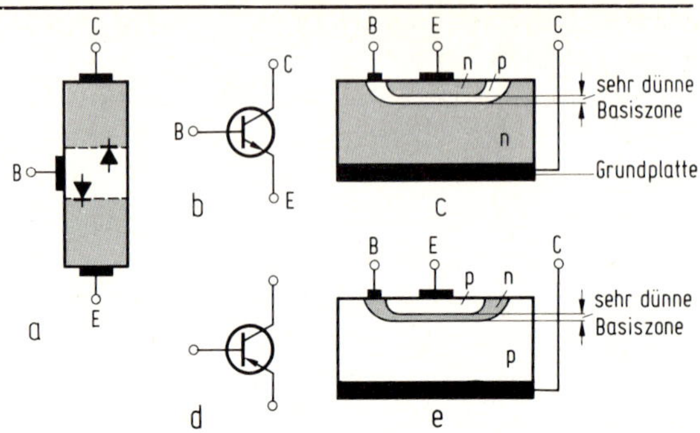


Abb. 196. Schaltzeichen und Aufbauskizzen von Transistoren; a = Prinzip der npn-Zonenfolge, b = Schaltzeichen hierfür, c = Schema eines npn-Planartransistors, d = Schaltzeichen für einen pnp-Transistor, e = Planaraufbau eines pnp-Transistors

Die Tatsache, daß der kleine Basisstrom entgegen der Sperrwirkung der Basis-Kollektor-Grenzschicht einen viel stärkeren Kollektorstrom zum Fließen bringt, läßt sich exakt nur mit den theoretischen Vorstellungen der Halbleiterphysik deuten. Dem Praktiker wird aber ein altbekanntes Beispiel aus der Strömungslehre eine gewisse Erklärung vermitteln. Beim Parfümzerstäuber oder bei der Farbspritzpistole wird nach dem Prinzip von *Abb. 195* durch einen Luftstrom (= Basisstrom), der durch eine enge Düse (= dünne Baisschicht) über ein Ansaugrohr geblasen wird, ein Flüssigkeitsstrom, also ein Stoff von viel größerer Dichte als Luft, entgegen der Schwerkraft (= entgegen der Sperrwirkung) angehoben und zum Strömen gebracht. Durch Steuern des Luftstromes, z. B. mit dem Hahn der Preßluftzuführung bei einer Spritzpistole, wird auch der Flüssigkeitsstrom proportional gesteuert.

In *Abb. 196* ist nochmals unser Denkmodell eines npn-Transistors mit den beiden Diodenstrecken dargestellt. Als Schaltzeichen hierfür gilt 196b. Der senkrechte Strich innerhalb des Kreises bedeutet die Basiszone. Die Pfeilspitze symbolisiert die in Durchlaßrichtung gepolte Basis-Emitterdiode. Diese Flußrichtung gilt also für den Basisstrom und auch für den Kollektorstrom.

Abb. 196c zeigt das Aufbauschema eines Planartransistors. Man stellt zuerst eine Diode ähnlich Abb. 171 her[1]) und dotiert nun in die p-Zone nochmals Atome hinein, die das p-leitende Material wieder n-leitend

[1]) Abb. 171 auf Seite 192.

machen. Dieser Prozeß muß mit größter Genauigkeit ausgeführt werden, damit gerade noch die für die Funktion des Transistors wichtige, sehr dünne Basiszone bestehen bleibt. Mehrere hundert oder tausend solcher Systeme lassen sich gleichzeitig auf einem größeren Siliziumplättchen erzeugen und dann entweder auseinandertrennen und zu Einzeltransistoren verarbeiten und kapseln, oder man kann sogar mehrere Transistorsysteme sinnvoll auf dem Siliziumplättchen zu Verstärkerstufen oder zu sonstigen elektronischen Schaltungen miteinander verbinden.

Nun ein kühner Gedankensprung: Die in den Abb. 191 und 193 beschriebenen Funktionen lassen sich genauso mit einem Bauelement erzielen, das die Zonenfolge pnp aufweise. Es ist dann nur notwendig, auch die Versorgungsspannung umzupolen. Das Schaltzeichen für einen solchen pnp-Transistor ist in Abb. *196d* zu sehen. Das Richtungszeichen für die Basis-Emitterdiode verläuft nun umgekehrt. Abb. 196e zeigt das Aufbauschema in Planartechnik.

Vielfach werden npn- und pnp-Transistoren mit genau gleich verlaufenden Kennlinienfeldern hergestellt, die sich eben nur durch die Vorzeichenrichtung der Ströme und Spannungen unterscheiden. Solche Transistorpaare nennt man Komplementärtransistoren[1]). Sie werden für Gegentaktverstärker in den Leistungsendstufen von Hi-Fi-Anlagen verwendet, weil man damit sowohl die positiven als auch die negativen Halbwellen von Sinusspannungen sehr sauber verstärken und auf große Leistung bringen kann. Schaltungen mit Komplementärtransistoren erfordern zwei Stromversorgungsteile, von denen das eine die positiv gegen eine Bezugsleitung gerichtete Versorgungsspannung für die npn-Transistoren und das andere die negativ gerichtete Speisespannung für die pnp-Typen liefert.

*Transistor-Grundschaltungen und ihre Eigenschaften*

An dieser Stelle müßte nun in einem Lehrbuch eine ausführliche Abhandlung über die Grundschaltungen von Transistoren mit vielen Formeln und Zahlen folgen. Aber, wie mehrfach betont, wollen wir uns nicht mit dem Entwurf und der Berechnung von Schaltungen aufhalten, sondern hauptsächlich ihre Arbeitsweise verstehen lernen. Wir haben bereits erkennt: Der Transistor muß im Basiskreis mit dem zu verstärkenden Signal gesteuert werden. Im Emitterkreis fließt dann ein Strom mit dem gleichen Signalverlauf, aber mit größeren Amplituden. Als Stromquelle dient im einfachsten Fall eine Batterie. Außerdem ist eine Hilfsspannung

[1]) komplementär (lateinisch) = ergänzend.

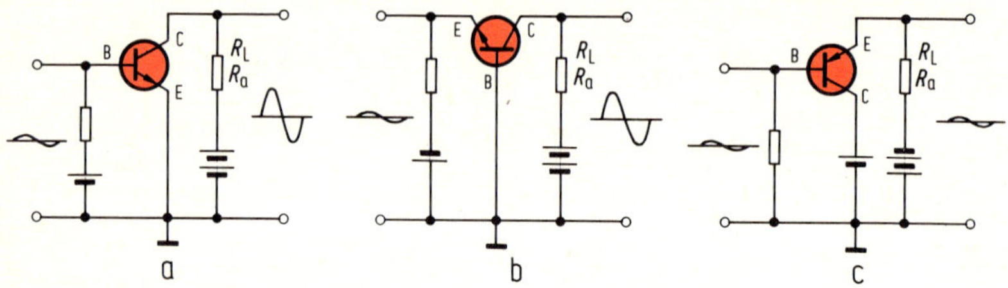


Abb. 197. Die drei Transistor-Grundschaltungen; a = Emitterschaltung, b = Basisschaltung, c = Kollektorschaltung oder Emitterfolger

im Basiskreis notwendig, um einen mittleren Basisruhestrom einzustellen, um den dann der Signalwechselstrom pendeln kann.

Je nachdem, welche Transistorelektrode bei einer solchen Verstärkerschaltung an die für Eingang und Ausgang gemeinsame Bezugsleitung gelegt wird, spricht man von Emitterschaltung, von Basisschaltung oder von Kollektorschaltung.

Die Emitterschaltung, *Abb. 197a*, wird vorzugsweise zum Verstärken von Signalspannungen vom Tonfrequenzgebiet bis zum Kurzwellenbereich verwendet. Sie ergibt eine hohe Strom- bzw. Spannungsverstärkung und hat die Eigenart, wie durch die Wechselspannungssymbole angedeutet, daß dabei eine Phasenumkehr stattfindet, d. h. am Ausgang ist aus der positiven eine negative Halbwelle geworden und umgekehrt. Bei Musikwiedergabe spielt dies keine Rolle. In der Digital-Elektronik wird jedoch dieses Verhalten oft ausgenutzt, um beispielsweise eine positiv gerichtete Impulsreihe umzukehren oder um aus Signalen mit der Bedeutung 1 solche mit der Bedeutung 0 zu machen. Man bezeichnet derartige Schaltungen als Inverterstufen[1]).

Die Basisschaltung, Abb. *197b*, ergibt eine gute Verstärkerwirkung bis zu sehr hohen Frequenzen. Sie ist deswegen besonders für den UKW-Bereich sowie für die Eingangsstufen von Fernsehempfängern geeignet.

Die Kollektorschaltung, Abb. *197c*, wird auch als Emitterfolger bezeichnet, weil der Lastwiderstand $R_L$ in der Emitterzuleitung liegt. Die Schaltung ergibt eigentlich keine Spannungsverstärkung, eignet sich aber als Zwischenstufe, um mehrere aufeinanderfolgende Verstärkerstufen gegenseitig günstig anzupassen. Außerdem ist ihr Ausgang sehr niederohmig, kann also stärker belastet werden, ohne daß die Spannung zusammen-

[1]) inversus (lateinisch) = umgekehrt.

Verstärkung — mit wenigen Kilogramm Gaspedaldruck bringt man den Wagen mit über 1000 kg Gewicht in Fahrt

bricht. Abwandlungen dieser Schaltung dienen in Verbindung mit Z-Dioden zum Stabilisieren der Ausgangsspannung von Stromversorgungsteilen.

Der Begriff „Verstärkung" begegnete uns bereits mehrmals, z. B. in Abb. 164 bei der Besprechung der Schwingschaltung[1]). Verstärkung bedeutet eigentlich das Steuern einer Energiequelle mit Hilfe kleiner Steuerleistungen. Hierfür ein ziemlich banales mechanisches Beispiel — das Gaspedal am Automobilmotor. Mit einer kleinen Steuerleistung, Fußdruck von höchstens einigen Kilogramm auf das Pedal, steuert man die Leistung des Motors und bringt dadurch den Wagen mit einem Gesamtgewicht von über 1000 kg in Fahrt. — In elektronischen Verstärkern wird ebenfalls durch die kleine Eingangssteuerleistung oder Steuerspannung eigentlich der Betriebsstrom aus der Stromversorgungsquelle gesteuert. Man vergißt das leicht, wenn immer nur von verstärkter Eingangsspannung die Rede ist.

Die *Tabelle* auf Seite 214 gibt einen ungefährten zahlenmäßigen Überblick über die wichtigsten Eigenschaften der drei Grundschaltungen von bipolaren Transistoren. Aus allen bisherigen Betrachtungen ergibt sich, daß diese Transistortypen mit Basisströmen gesteuert werden müssen. Diese

[1]) Abb. 164 auf Seite 186.

Eigenschaften der drei Transistor-Grundschaltungen

| | Emitter-Schaltung | Basis-Schaltung | Kollektor-Schaltung |
|---|---|---|---|
| Spannungsverstärkung | 200 oder mehr | 200 oder mehr | wenig kleiner als 1 |
| Stromverstärkung | etwa 50 | wenig kleiner als 1 | etwa 50 |
| Leistungsverstärkung | etwa 10000 | 200 oder mehr | etwa 50 |
| Phasenumkehr | ja | nein | nein |
| Eingangswiderstand | 20 Ω...5 kΩ | 10 Ω...50 Ω | 5...100 kΩ |
| Ausgangswiderstand | 50 Ω...50 kΩ | 2...50 kΩ | 5 Ω...5 kΩ |
| Eingangssignal an | Basis | Emitter | Basis |
| Ausgangssignal an | Kollektor | Kollektor | Emitter |

Ströme fließen über den Eingangswiderstand, darin wird Leistung verbraucht (wenn auch nur sehr wenig), aber man benötigt eine Steuerleistung.

In den drei Schaltungen von Abb. 197 ist die zur Arbeitspunkteinstellung im Basiskreis dienende Hilfsspannung oder Vorspannung durch ein Batteriezeichen symbolisiert. In der Praxis erzeugt man diese Basisvorspannung durch geeignete Schaltmittel, ähnlich wie in Abb. 191 und 193 aus der Hauptstromversorgung. Dafür gibt es zahlreiche Schaltungsvarianten, besonders auch, um diese Vorspannung bei Speisespannungs- und Temperaturänderungen konstant zu halten. Auf alle diese Einzelheiten sei hier verzichtet.

*Der Transistor als Schalter*

In der industriellen Elektronik und in der Digitaltechnik verwendet man Transistoren als Schalter. Die Funktion ist leicht zu übersehen. Ist die Basisspannung null oder sogar negativ, dann fließt kein Basisstrom, und somit kann auch kein Kollektorstrom fließen. Die Strecke Emitter — Kollektor stellt den Schaltkontakt dar, er ist dann geöffnet.

Gibt man Spannung auf die Basis, so daß ein Basisstrom fließt, dann schaltet er auch den Kollektorstrom ein, der Schalter schließt sich.

Transistoren haben gegenüber Schaltdioden den Vorteil der zusätzlichen Verstärkerwirkung. Man kann Leistungstransistoren mit Hilfe winziger Basisströme durchschalten und mit den dann fließenden weit höheren Emitterströmen Ziffernanzeigeröhren, Leuchtdioden, Typen-

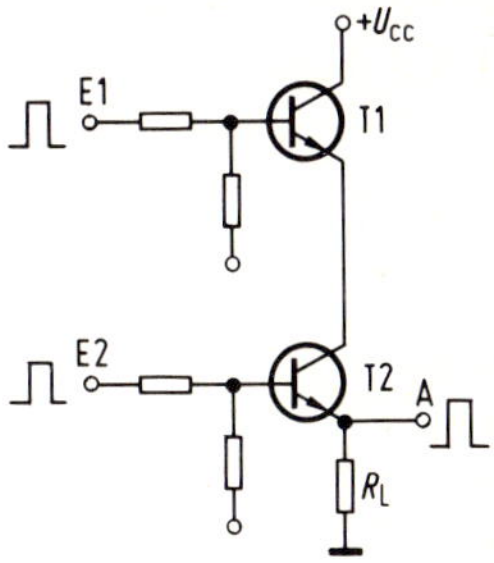


Abb. 198. Schaltung eines UND-Gatters mit zwei bipolaren Transistoren

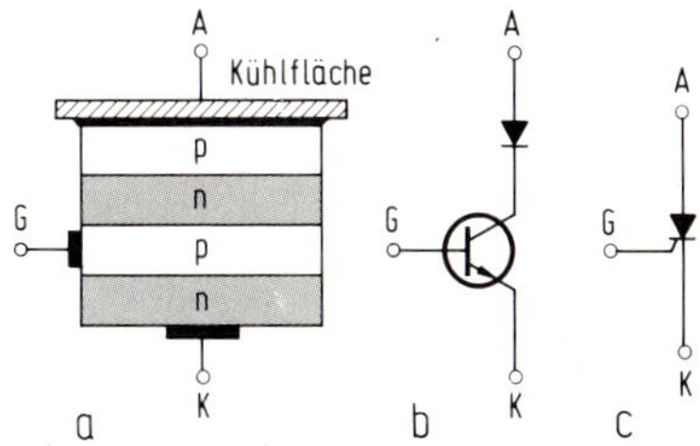


Abb. 199. Aufbau, Ersatzschaltung und Schaltzeichen eines Thyristors

hebel von elektrischen Schreibmaschinen, Relais oder sogar Motoren betreiben.

*Abb. 198* zeigt das Prinzip eines UND-Gatters mit zwei Eingängen. Die beiden Schalttransistoren liegen in Serie an der Kollektorbetriebsspannung $U_{CC}$. Transistor T 1 ist als Emitterfolger geschaltet. Beide Transistoren sind im Ruhezustand durch eine negative Basisvorspannung $U_{BB}$ gesperrt. Nur wenn die Eingänge E 1 *und* E 2 gleichzeitig durch Signalimpulse aufgetastet werden, schalten beide Transistorstrecken durch, Strom fließt, und am Lastwiderstand $R_L$ erscheint ein ebenfalls positiv gerichtetes Ausgangssignal.

Umfangreiche TTL-Schaltungen werden in Planartechnik gleichzeitig auf einem Siliziumplättchen erzeugt bzw. integriert[1]).

*Thyristoren für Leistungsschalter*

Mit Transistoren kann man bereits ziemlich hohe Ströme ein- und ausschalten. Müssen jedoch sehr große Leistungen geschaltet werden, z. B. im Maschinenbau, dann verwendet man dafür Thyristoren. Dies sind Halbleiterbauelemente, die nach *Abb. 199* nicht nur aus drei, sondern

[1]) integrieren (lateinisch) = sich zusammenschließen, ein Ganzes bildend.

aus vier Schichten mit wechselnder Leitfähigkeit bestehen. Wie Transistoren besitzen sie drei Anschlüsse. Diese werden aber anders benannt, nämlich mit A = Anode, K = Katode und G = Gate. Dieser Anschluß wird auch mit Z = Zündelektrode oder St = Steuerelektrode bezeichnet.

Man kann die drei unteren Schichten in Abb. *199a* als Transistorsystem auffassen. Die mittlere davon mit dem Anschluß G entspricht der Basiszone eines normalen Transistors. Die beiden oberen Schichten stellen eine Diode dar, die in bezug auf den Arbeitsstrom des Transistors in Durchlaßrichtung gepolt ist. Abb. *199b* bedeutet die Ersatzschaltung des Thyristors. Die zusätzliche Diodenstrecke verbessert die Sicherheit und Leistungsfähigkeit des Systems gegenüber einem normalen Transistor. Das Gesamtsystem wirkt als steuerbarer Gleichrichter, dies wird durch das Schaltsymbol *199c* gekennzeichnet.

Gibt man auf das Gate einen positiven Steuerstromimpuls, dann schaltet der Thyristor durch, man sagt, er zündet, und der hohe Arbeitsstrom kann nun von der Anode zur Katode fließen. Die Eigenart des Thyristors besteht darin, daß er zunächst weiter leitend bleibt, wenn er gezündet hat. Er läßt sich nicht durch Wegnehmen des Steuerimpulses am Steuereingang sperren, auch nicht durch negativ gerichtete Steuerspannungen. Nur durch Unterbrechen der Hauptspannung zwischen Katode und Anode fällt der Thyristor in den sperrenden Zustand zurück. Das ist bei Netzbetrieb bei jedem Nulldurchgang der Fall. Kommt die positive Halbwelle wieder an die Anode zu liegen, dann bleibt der Thyristor immer noch blockiert. Erst wenn ein neuer Steuerimpuls an das Gate gelegt wird, zündet er und läßt wieder Strom durch.

Dieses Zünden läßt sich sehr exakt innerhalb einer Halbwelle beeinflussen. *Abb. 200* zeigt den Verlauf der Netzspannung und die durchgelassenen Ströme für zwei verschiedene Zündzeitpunkte. Ein Impulssteuergerät liefert netzsynchrone Zündimpulse, die sich zeitlich gegen den Nulldurchgang der Wechselspannung verschieben lassen. Der Thyristor wird nur während der positiv gerichteten Halbwellen gezündet. Im Zündzeitpunkt schaltet er durch, und Nutzstrom fließt. Der Phasenwinkel bis zum Einschaltzeitpunkt wird Zündwinkel, Steuerwinkel oder Phasenanschnittwinkel genannt und mit bezeichnet. Zum stromführenden Teil der Halbwelle gehört der Stromflußwinkel. Bei jedem Nulldurchgang des Stromes wird der Thyristor gelöscht. Durch zeitliches Verschieben der Steuerimpulse kann man den wirksamen Wert des Verbraucherstromes ändern. Man bezeichnet diese Betriebsart als Phasenanschnittsteuerung.

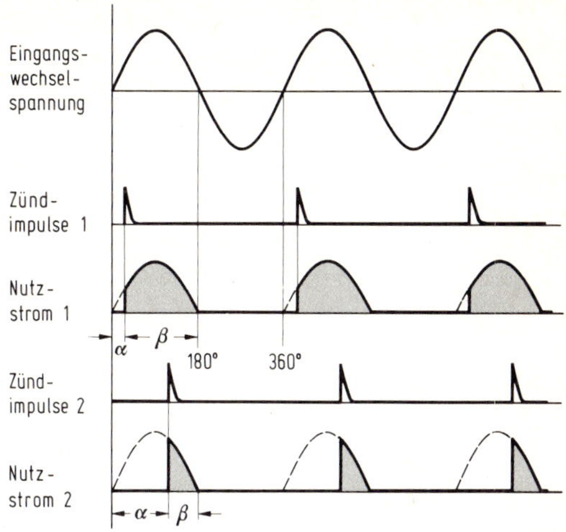


Abb. 200. Leistungssteuerung durch Phasenanschnitt mit Hilfe einer Thyristorschaltung. Durch Verkleinern des Stromflußwinkels werden kürzere Stromabschnitte hindurchgelassen, und die Leistung wird herabgesetzt

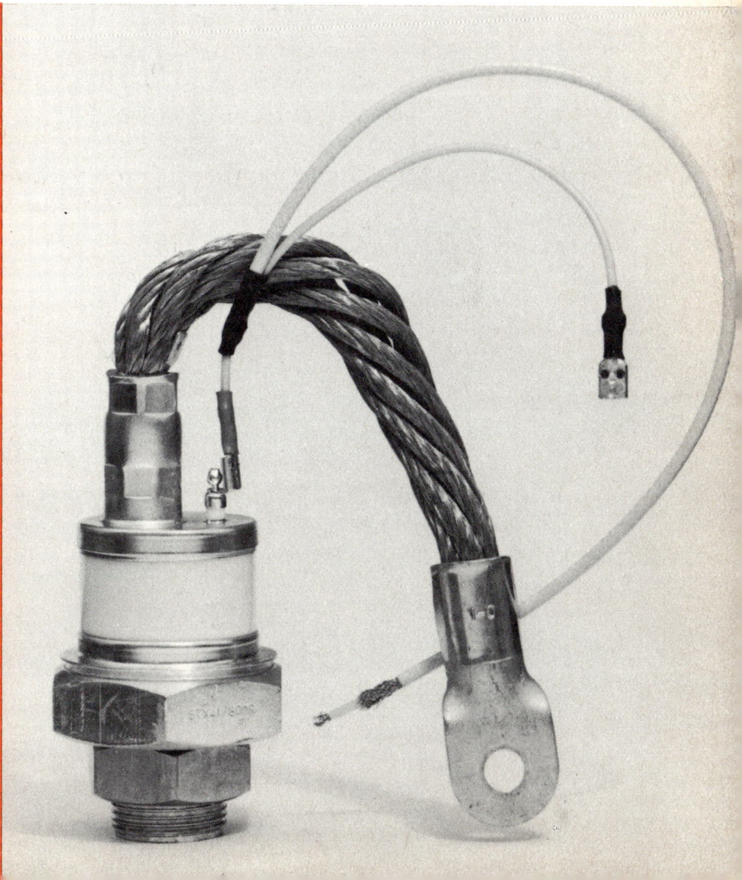

Abb. 201. Hochstromthyristor Valvo BTX 41

Mit einer Thyristor-Brückenschaltung lassen sich beide Halbwellen einer 50-Hz-Lichtnetzwechselspannung in dieser Weise anschneiden. Man kann damit die einem Verbraucher zugeführte Leistung in sehr weiten Grenzen ändern. So steuert man nach diesem Verfahren Helligkeiten von Leuchten, Drehzahlen von Staubsaugern und Handbohrmaschinen, die Heizleistung von Herden und Öfen und sogar Leistungen und Drehzahlen von Großmaschinen und Elektrolokomotiven. Thyristoren gibt es in allen Leistungsklassen. *Abb. 201* zeigt einen Hochstromthyristor, mit dem sich Ströme von mehreren hundert Ampere schalten lassen.

## Sperrschicht-Feldeffekttransistoren

Bipolare Transistoren benötigen einen Steuerwechselstrom, der über die in Flußrichtung gepolte Basis-Emitterdiode fließt. Dabei wird im relativ niederohmigen Basiskreis eine Leistung verbraucht, die man am Eingang von Verstärkerstufen ungern verliert. Deswegen entwickelte man Transistorsysteme, die sich nur mit Spannungen steuern lassen, also keinen Steuerstrom benötigen und beträchtlich höhere Eingangswiderstände aufweisen. Zu diesem Zweck benutzt man als Steuerstrecke eine in Sperrichtung gepolte Diode. *Abb. 202* erläutert das Prinzip. In Planartechnik ist in ein n-leitendes Siliziumplättchen eine p-leitende Zone eindotiert. Legt man eine in Sperrichtung gepolte Spannung an, dann werden die negativen Elektronen vom negativ gepolten Anschluß abgestoßen. Es bildet sich eine elektronenfreie Grenzschicht. Wo keine Elektronen sind, da fließt auch kein Strom. Die Grenzschicht wird zur isolierenden Sperrschicht zum Dielektrikum eines Kondensators. Dies ist in Abb. 202 rechts symbolisch dargestellt. Man erhält eine Sperrschichtkapazität C.

Erhöht man die Sperrspannung, dann weichen die negativen Elektronen noch weiter zurück, und die Isolierzone wird noch dicker.

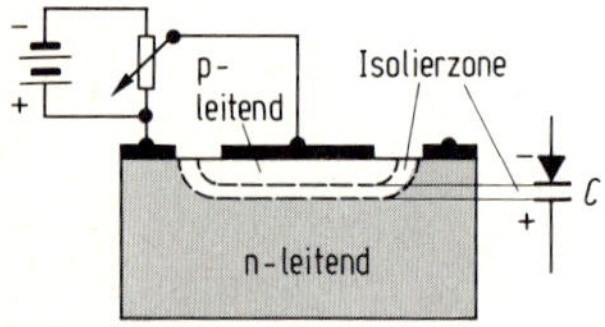


Abb. 202. Die Isolierzone einer Kapazitätsdiode ist die Grundlage des Feldeffekttransistors

Abb. 203. Feldeffekttransistoren mit Beispielen für die Betriebsspannung; a = Spannung $U_{GS}$ = 1 V, b = die Spannung $U_{GS}$ wurde vergrößert, der leitende n-Kanal verengt sich und wird stark eingeschnürt

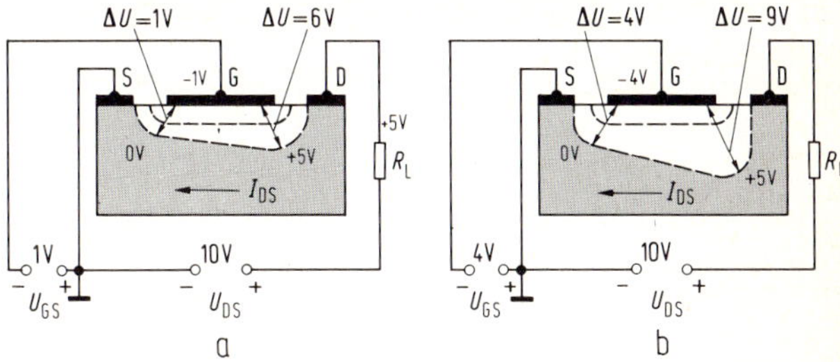


*Abb. 203* stellt die Anwendung dieses Prinzips zum Steuern eines Stromes im Silizium, also ein Transistorsystem, dar. Wir nennen die beiden Diodenanschlüsse der Kürze halber zunächst nur S und G und legen in Abb. *203a* eine Sperrspannung $U_{GS}$ = —1 V an. Zwischen S und einem weiteren Anschluß D an der anderen Seite des Systems wird die Spannung $U_{DS}$ = +10 V über einen Lastwiderstand $R_L$ angeschlossen. Über die n-leitende Zone des Siliziumplättchens fließt dann ein Strom $I_{DS}$, denn n-lcitend bedeutet ja, daß freie Elektronen vorhanden sind, die den Stromfluß ermöglichen. Vom Anschluß G ist diese Strombahn durch die Sperrschicht-Isolierzone getrennt.

Nehmen wir außerdem an, daß durch den fließenden Strom im Arbeits- bzw. Lastwiderstand eine Teilspannung von 5 V abfällt, dann herrscht am Anschluß D im Innern des Siliziumkristalls nur eine Spannung von +5 V gegen die durch ein Massesymbol gekennzeichnete Bezugsleitung. An der linken Seite im Kristall herrscht dagegen das Potential 0 V, denn hier ist die Bezugsleitung unmittelbar angeschlossen.

Die Elektrode G der Sperrschichtdiode führt über ihre gesamte Breite die Spannung —1 V. Das bedeutet, daß an der linken Seite im Innern des Kristalls eine Sperrspannung von 0 V gegen —1 V, also eine Differenz $\Delta$U = 1 V, herrscht. An der rechten Seite dagegen reicht diese Differenz sogar von —1 V bis +5 V, also $\Delta$U = 6 V. Größere Sperrspannung ergibt eine dickere Isolierzone, sie verbreitert sicht daher keilförmig an der rechten Seite.

Erhöht man die Sperrspannung $U_{GS}$ von 1 V auf 4 V, dann ergeben sich die in Abb. *203b* dargestellten Verhältnisse. Links im Kristall herrscht jetzt eine Spannungsdifferenz $\Delta$U = 4 V und rechts sogar von —4 V auf +5 V, also $\Delta$U = 9 V. Die Isolierzone wird nochmals beträchtlich dicker. Dadurch verengt sich der leitende Querschnitt an dieser Stelle erheblich.

Geringerer Leiterquerschnitt ergibt aber einen kleineren Strom. Das bedeutet, daß man durch Verändern der Spannung am Anschluß G den Strom zwischen den Anschlüssen S und D steuern kann. Wenn man's genauer nimmt, dann ergibt dieser verringerte Strom auch eine verringerte Teilspannung an $R_L$, so daß nicht nur +5 V, sondern vielleicht sogar +8 V am D-Anschluß zu liegen kommen. Die Sperrspannung an dieser Stelle erhöht sich dann sogar auf

$$\Delta U = 4 + 8 = 12\ \text{V}$$

und die enge Strombahn hier schnürt sich noch weiter ein. Man spricht sogar von einer „Abschnürgrenze".

Dieses Zusammendrängen der Strombahnen durch ein elektrisches Feld, nämlich durch die Ladespannung dieses Sperrschichtkondensators, kann man vergleichen mit dem Zusammendrängen der Strombahnen durch ein magnetisches Feld, wie es in Abb. 138 gezeigt wurde[1]). Von diesem Effekt der Steuerwirkung durch ein elektrisches Feld hat dieses Transistorsystem seinen Namen

Feldeffekttransistor, abgekürzt FET.

Wenn man ganz exakt sein will, sagt man Sperrschicht-Feldeffekttransistor, weil das elektrische Feld durch die Sperrschicht einer Kapazitätsdiode gebildet wird. Der FET ist also ein Halbleiterwiderstand, dessen Wert durch eine Spannung an einer Kapazitätsdiode gesteuert wird. Seine geistigen Väter haben den Anschlüssen Bezeichnungen gegeben, die nicht mit denen des bipolaren Transistors übereinstimmen, und zwar entsprechen:

| Transistor | FET | Kurzzeichen | Bedeutung |
|---|---|---|---|
| Emitter | Source | S | Quelle |
| Basis | Gate | G | Tor |
| Kollektor | Drain | D | Abfluß[2]) |

Die englischen Bezeichnungen werden etwa ausgesprochen wie: Surß, Geht, Drehn. Die Bedeutungen sind recht gut gewählt, denn zwischen Quelle und Abfluß fließt ein Elektronenstrom, und das Tor oder Gatter reguliert seine Stärke. Der Strom wird nur durch Elektronen, also eine einzige Art von Ladungsträgern, bewirkt. Man bezeichnet daher den FET auch als Unipolartransistor, im Gegensatz zum bipolaren Tran-

[1]) Abb. 138 auf Seite 158.

[2]) Vgl. das auch bei uns bekannte Wort Drainage = Entwässerung von Erdböden.

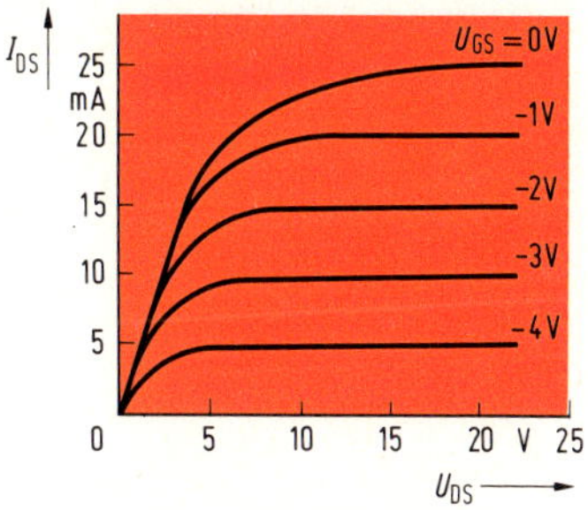


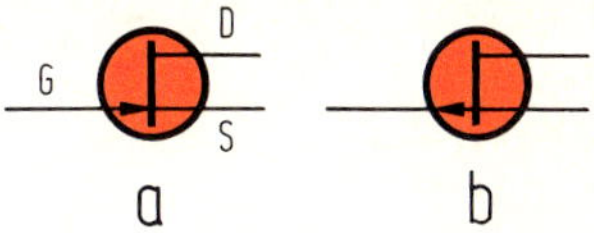


Abb. 205. Schaltzeichen für Feldeffekttransistoren; a = p-Kanaltyp, b = n-Kanaltyp

Abb. 204. Kennlinienfeld eines Sperrschicht-Feldeffekttransistors

sistor, bei dem man beide Ladungsträgerarten, Elektronen und Fehlstellen, für den Stromfluß voraussetzt.

*Abb. 204* zeigt das Kennlinienfeld eines FET. Je geringer die Sperrspannung $U_{GS}$ ist, desto dünner wird die Isolierzone und desto breiter der leitende Querschnitt. Es fließt ein höherer Strom. Gesteuert wird nur mit negativen Sperrspannungen $U_{GS}$ an der Gate-Elektrode. Man kann aus dem Diagramm leicht abschätzen, daß zum Beispiel mit einer Steuerspannungsänderung von —4 V auf —1 V sich eine Stromänderung von 5 mA auf 20 mA ergibt. Die Kennlinien steigen zunächst steil an und verlaufen dann infolge der erwähnten Abschnürwirkung fast waagerecht weiter. Wenn sich die Spannung an der Drain-Elektrode erhöht, erhöht sich auch die Sperrspannung, der Drainstrom schnürt seinen Leitungskanal selbst zu. Man benutzt diesen Kennlinienverlauf bisweilen, um Ströme auf einem konstanten Wert zu stabilisieren. Zur Hauptsache aber dienen Feldeffekttransistoren als Verstärkerelemente und als Schalter. Mit geringen Steuerspannungen lassen sich Ströme steuern, die dann bedeutend größere Spannungsänderungen am Arbeitswiderstand bewirken.

Das bisher besprochene FET-System nennt man sinngemäß, da der Arbeitsstrom durch einen n-leitenden Kanal im Silizium fließt, n-Kanal-FET. Feldeffekttransistoren lassen sich aber auch mit umgekehrter Zonenfolge herstellen. Ihre Betriebsspannungen werden gleichfalls umgepolt, dann funktionieren die Kapazitätsdioden wieder in derselben Weise. Anstelle eines n-leitenden Kanals entsteht ein p-Kanal, in dem Fehlstellen als Ladungsträger den Stromtransport bewirken.

*Abb. 205* zeigt die normgemäßen Schaltzeichen für Sperrschicht-Feldeffekttransistoren. Bei ihnen ist die Pfeilspitze nicht im Sinn der

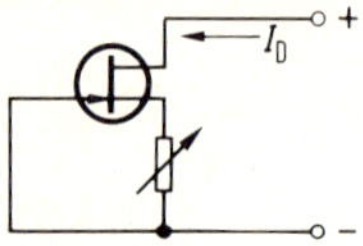


Abb. 206. Feldeffekttransistor als Stromkonstanthalter

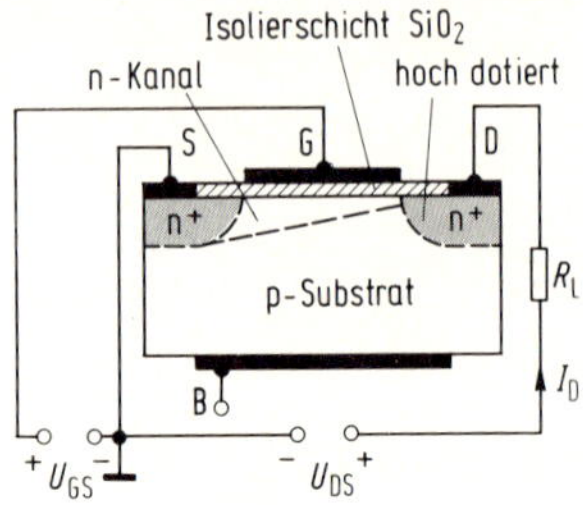


Abb. 207. Schematischer Querschnitt durch einen MOSFET

Arbeitsstromrichtung vorgesehen, sondern sie kennzeichnet die Sperrschichtdiode, man vergleiche hierzu Bild 202.

Ein sehr einfaches Anwendungsbeispiel möge diesen Abschnitt beschließen. Die fast waagerecht verlaufenden Arbeitsströme im Diagramm Abb. 204 ermöglichen es, den Feldeffekttransistor zum Stabilisieren von Gleichströmen zu verwenden. Solche Konstantströme werden oft in der Transistorschaltungstechnik benötigt. Nach *Abb. 206* fügt man dazu einfach einen Stellwiderstand R in die Sourcezuleitung ein. Damit kann man dann die Gatevorspannung und somit die Drainstromstärke auf gewünschte Werte einstellen. Der eingestellte Strom $I_D$ bleibt konstant, auch wenn sich die Versorgungsspannung bzw. der Wert $U_{DS}$ ändert.

## MOS-Feldeffekttransistoren

Trotz der guten Isolation der in Sperrichtung gepolten Steuerstrecke des FET fließt über diese Strecke doch noch ein winziger Sperrstrom oder Reststrom, wie in Abb. 174 erläutert wurde[1]). Um ihn auch noch zu beseitigen, hat man eine weitere Verbesserung geschaffen. Man verwendet für den Steuerkreis keine Sperrschichtkapazität, sondern einen echten Kondensator mit hochwertiger Quarzisolation. Eine solche Schicht aus Quarz oder $SiO_2$ läßt sich durch Eindiffundieren von Sauerstoff, chemisches Zeichen O, direkt auf dem Siliziumplättchen erzeugen.

*Abb. 207* zeigt schematisch den Aufbau. In ein p-leitendes Siliziumplättchen oder p-Substrat werden zwei hochdotierte, sehr gut leitende

[1]) Abb. 174 auf Seite 195.

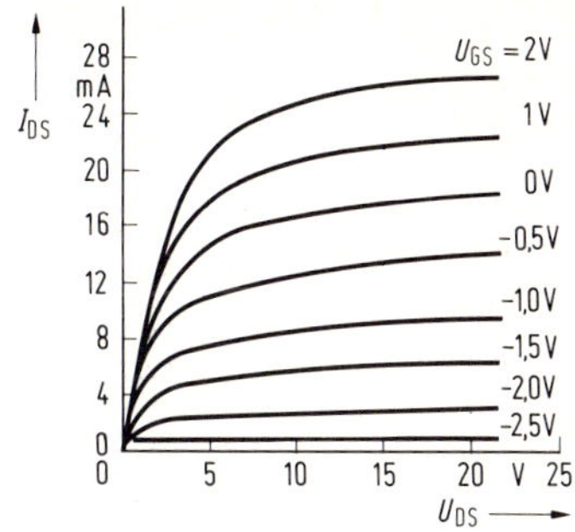


Abb. 208. Kennlinienfeld eines MOSFET

n-Zonen als S-Pol und D-Pol eindiffundiert. Dann läßt man in Planartechnik eine dünne Quarzschicht $SiO_2$ als Isolierschicht aufwachsen und dampft aus Aluminium bestehende Metallanschlüsse für S, G und D auf. Die breitflächige Gate-Elektrode wird durch die Oxidschicht elektrisch sehr gut vom Halbleiterkristall isoliert. Hier ist also keine pn-Sperrschicht, sondern ein festes Dielektrikum vorhanden. Man nennt dieses Bauelement deshalb *Isolierschicht*-Feldeffekttransistor. Noch bekannter ist die Bezeichnung MOS-Transistor, abgekürzt aus der Schichtenfolge **M**etall — **O**xid — **S**ilizium.

Beim Anlegen einer nach Abb. 207 gepolten Spannung $U_{GS}$ zwischen Gate und Source bzw. dem Substrat werden die Fehlstellen, also die positiven Ladungsträger im Substrat, von der auf positivem Potential liegenden Gate-Elektrode abgestoßen. Dadurch entsteht dort ein n-Kanal, der als Leiterbahn für die Spannung $U_{DS}$ wirkt, und ein Drainstrom beginnt zu fließen. Seine Stärke läßt sich durch die Gatespannung steuern. Nicht nur bei schwach negativen, sondern auch bei positiven Spannungen am Gate wird der leitende Kanal breiter, denn die Fehlstellen werden dadurch noch weiter zurückgedrängt. Bei dem Kennlinienfeld *Abb. 208* steigen daher die Drainströme bei positiven Werten der Gatespannung $U_{GS}$ noch weiter an. Da in Abb. 207 im Innern des Kristalls ebenfalls unterschiedliche Spannungsdifferenzen vom leitenden n-Kanal zur Gate-Elektrode herrschen, ergibt sich hier ebenfalls eine Art Abschnürwirkung. Weil man aber nicht mehr auf die einseitige Sperrwirkung einer Diode angewiesen ist, sondern die hochwertige Quarzisolation benutzt, kann man sogar ausschließlich mit positiven Steuerspannungen arbeiten. Das kommt allerdings auf den jeweiligen Transistortyp an. Außerdem läßt sich auch hier das gesamte Prinzip umkehren, und man erhält MOS-

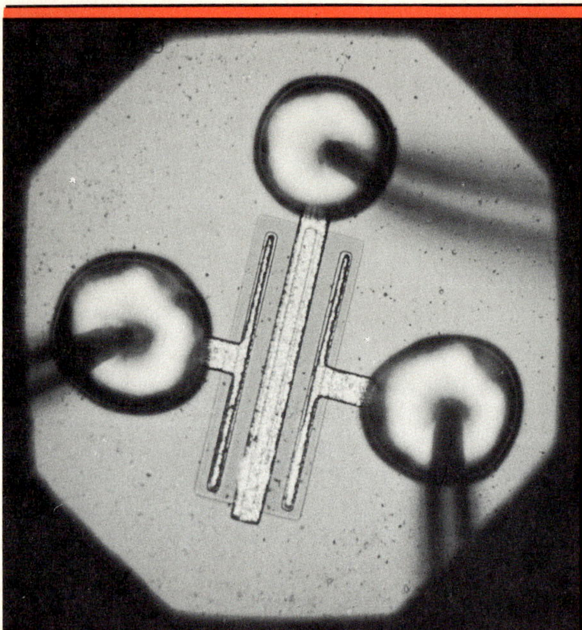

Abb. 209. Foto eines MOSFET; rechts und links die D-Pol- und S-Pol-Anschlüsse, dazwischen die isolierte Gate-Elektrode (SGS Fairchild)

Transistoren mit p-leitendem Kanal. Diese verschiedenen Varianten seien hier jedoch außer Acht gelassen, ebenso wie gelegentlich verwendete andersartige Bezeichnungen wie IG FET, MIS FET oder MNS FET. Wesentlich ist, daß MOS-Transistoren äußerst hohe Eingangswiderstände aufweisen, nämlich bis zu vielen tausend Megaohm.

*Abb. 209* zeigt die Aufsicht auf ein MOSFET-Einzelsystem. Rechts und links liegen die schmalen, aber langgestreckten Zonen für Source und Drain mit ihren Anschlüssen. Dazwischen bzw. darüber, durch die Isolierschicht getrennt, befindet sich die breite metallische Gate-Elektrode.

MOS-Transistoren werden speziell in der elektronischen Meßtechnik verwendet, z. B. für kapazitive und piezoelektrische Meßwertaufnehmer, die sehr hohe Anpassungswiderstände erfordern. *Abb. 210* zeigt Schaltzeichen für MOS-Feldeffekttransistoren. Leider ist bei ihnen die Pfeilspitze nicht mehr im Sinne der Arbeitsstromrichtung vorgesehen. Bei den älteren, aus den USA kommenden Symbolen war das noch der Fall. Die deutlich von den DS-Strecken getrennten Gate-Elektroden geben einen guten Hinweis auf die rein kapazitive Steuerung. Die unterteilte DS-

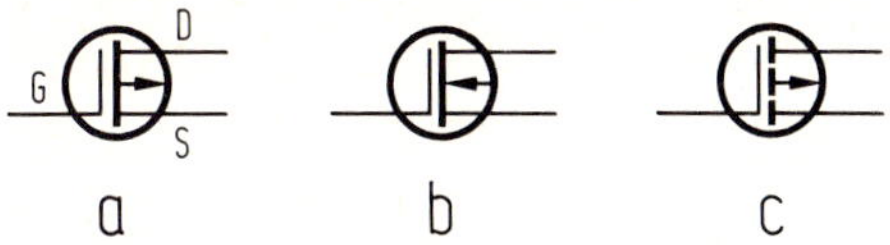


Abb. 210. Schaltzeichen für MOS-Feldeffekttransistoren; a = p-Kanaltyp; b = n-Kanaltyp; c = wie b, aber nur mit positiv gerichteten Spannungen zu steuern

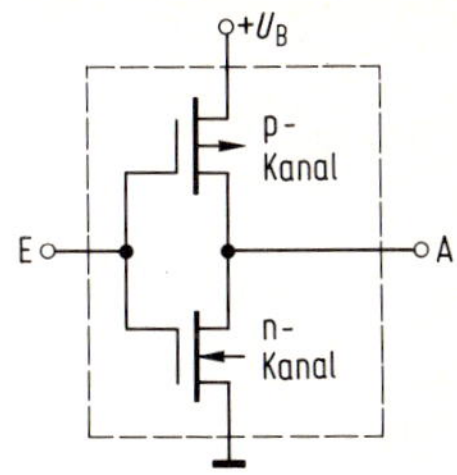


Abb. 211. CMOS-Systeme auf dem gleichen Siliziumplättchen

Strecke in Abb. *210c* soll einen Typ bedeuten, der nur mit positiven Steuerspannungen arbeitet. Diese Einzelheiten belasten aber nur beim Zeichnen und beim Lesen von Schaltungen. Die Spannungsangaben in einem Schaltplan und die Typenbezeichnungen der Transistoren geben meist bessere Anhaltspunkte über die Arbeitsweise als allzu unterschiedliche Symbole.

Auch bei Feldeffekttransistoren gibt es Komplementärtypen. Man kann sogar im gleichen Siliziumplättchen nach *Abb. 211* solche Komplementärsysteme erzeugen und spricht von CMOS-Technologie oder CMOS-Logik. Bei dem Beispiel Abb. 211 ist stets ein System durchgeschaltet und das andere gesperrt, je nachdem, ob das Signal 0 oder 1 am Eingang liegt. Alle Gatterfunktionen lassen sich auch in CMOS-Technik realisieren. Dabei ist es möglich, mit geringen Betriebsspannungen von 1...2 V auszukommen, außerdem ist dann der Stromverbrauch sehr gering. Deshalb arbeiten zum Beispiel integrierte Schaltungsbausteine für Armbanduhren in CMOS-Technik. Eine winzige 1-V-Batterie hält dabei die Uhr über ein Jahr lang in Gang.

*MOS oder TTL?*

MOS-Bausteine haben den Vorteil der sehr hohen Eingangswiderstände. Andererseits ergeben ihre an sich äußerst winzigen Gate-Kapazitäten Schwierigkeiten beim Verarbeiten hoher Frequenzen. Das Umladen dieser Kapazitäten bedingt eine gewisse Zeitkonstante. Dies verzögert und verschmiert steile Spannungssprünge. In sehr schnellen Rechenschaltungen, z. B. zum Verarbeiten von Radarsignalen, die von mit Überschallgeschwindigkeit fliegenden Flugzeugen herrühren, sind MOS-Schaltungen dager zu träge. Man verwendet dann besser bipolare Transistoren bzw. TTL-Logik. Für andere Zwecke, z. B. Werkzeugmaschinensteuerungen, benötigt man dagegen eine Logik, die äußerst unempfindlich gegen Störimpulse aus stoßweise belasteten unruhigen Lichtnetzen ist. Zum Glück sinkt die Anfälligkeit gegen Störimpulse, wenn man die Schaltzeiten bzw. die Taktfrequenzen eines Digitalsystems herabsetzt. Zum Steuern von Maschinenschlitten sind Steuersignale mit Taktfrequenzen um 100 kHz noch schnell genug. Siemens schuf dafür zum Beispiel eine langsamere, also störunempfindliche Logikserie FZ 100. Die Halbleiterhersteller sind ständig bemüht, weitere Verbesserungen zu erzielen. So gibt es Logikbausteine und integrierte Schaltungen in RTL-, DTL-, LSL-, ECL-, DDL-, TTL-, CMOS-, CDI-, $I^2L$-Technik usw. Man lasse sich nicht zu sehr durch die diffizilen Unterschiede in der inneren Struktur solcher Logikfamilien verwirren. Es genügt zu wissen, welche Funktionen die Schaltungen erfüllen und welche Betriebsdaten sie haben.

# 12 Integrierte Grundschaltungen

Unterhaltungselektronik, kommerzielle Nachrichtentechnik sowie die industrielle Steuer- und Regeltechnik benötigen Linear- oder Analogverstärker, um die meist sehr kleinen Eingangssignale kräftig und unverzerrt zu verstärken. Neben den in Abb. 197 besprochenen Grundschaltungen haben sich noch weitere herausgebildet. Sie werden vielfach in integrierter Technik hergestellt. Die folgenden Prinzipschaltungen sind deshalb in dieser Art gezeichnet. Man läßt dabei die Kreise um die Transistorsysteme weg, denn die Systeme sind nicht einzeln gekapselt, sondern sie befinden

Die Halbleiterhersteller haben eine große Gewandtheit erlangt...

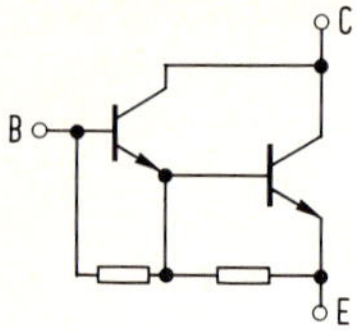


Abb. 212. Zweistufiger Darlington-Verstärker

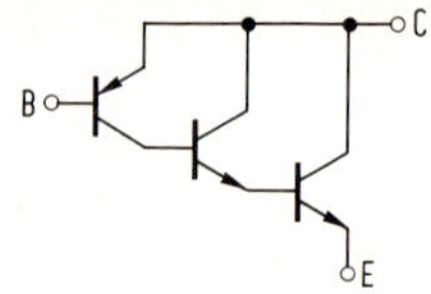


Abb. 213. Dreistufiger Darlington-Verstärker

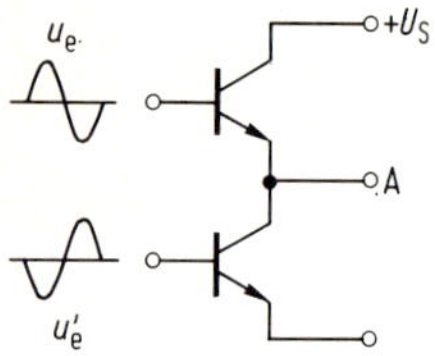


Abb. 214. Gegentaktverstärker mit zwei gleichen Transistortypen

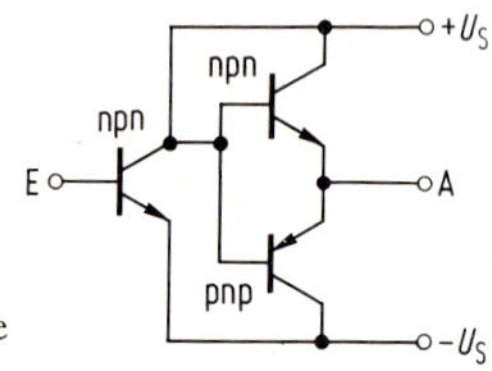


Abb. 215. Gegentaktverstärker mit Komplementärtransistoren und Vorstufe

sich zusammen auf dem gleichen Siliziumplättchen. Um das eigentliche Schaltungsprinzip klar zu erkennen, wurden alle Hilfskreise, Vorwiderstände und Spannungsteiler, die lediglich zur Stromversorgung dienen, in den Bildern weggelassen. Übrigens werden Widerstände in integrierter Technik auf dem gleichen Substrat zusammen mit den Transistorsystemen erzeugt. Silizium ist ein Halbleiter, also ein „Halbwiderstand". Dotiert man einen kleinen Bezirk in geeigneter Weise, dann ergibt sich dort ein Widerstandselement. Auch Kondensatoren lassen sich integrieren. Man sieht dafür pn-Übergänge vor und betreibt sie als Sperrschichtkapazitäten. Die Halbleiter-Hersteller haben eine große Gewandtheit erlangt, die kompliziertesten Schaltungen in dieser Weise auf einem winzigen Siliziumplättchen herzustellen.

*Abb. 212* ist eine zweistufige Anordnung, bekannt unter dem Namen Darlington-Verstärker. Ein über den Eingang zugeführtes Signal wird im zweiten System nochmals verstärkt. Das erste Transistorsystem arbeitet als Emitterfolger. Die Anordnung hat einen hohen Eingangswiderstand und ergibt eine große Stromverstärkung. Man kann sie als ein einziges Transistorsystem mit Emitter-, Basis- und Kollektoranschluß betrachten.

*Abb. 213* zeigt einen dreistufigen Darlington-Verstärker mit noch höherem Verstärkungsgrad. Man braucht nicht unbedingt die Einzelfunktionen der Transistorsysteme zu analysieren, sondern faßt die Anordnung einfach als in sich geschlossene Verstärkerstufe oder als hochverstärkenden Transistor mit den drei üblichen Anschlüssen E, B und C auf.

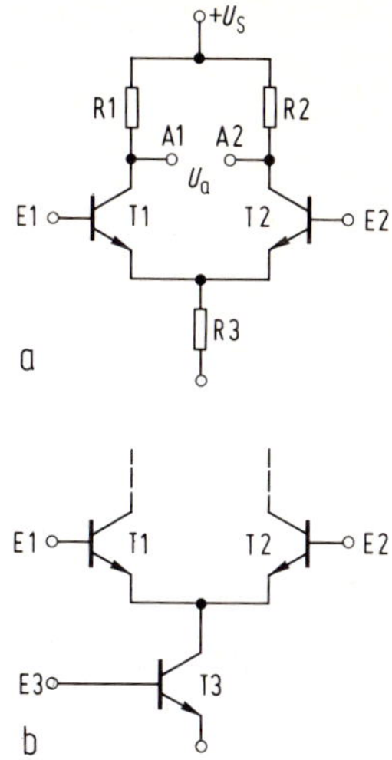


Abb. 216. Differenzverstärker; a = mit festem Emitterwiderstand R 3, b = Emitterwiderstand durch eine steuerbare Transistorstrecke ersetzt

*Abb. 214* stellt das Prinzip des bereits erwähnten Gegentaktverstärkers dar. Zwei gleichartige Transistorsysteme (hier vom npn-Typ) liegen in Reihe. Sie müssen an den Eingängen E 1 und E 2 mit gegenphasigen Spannungen gesteuert werden, damit am Ausgang A das vollständige Signal mit großer Leistung erscheint. Man erzielt noch größere Ausgangsspannungen und spart Betriebsstrom, wenn man die Schaltung so auslegt, daß die Transistoren wechselweise nur die positive und die negative Halbwelle der Signalspannung verstärken. Man spricht dann vom B-Betrieb.

*Abb. 215.* Benutzt man Komplementärtransistoren in der Gegentaktstufe, dann braucht man nicht mit gegenphasigen Spannungen zu steuern, sondern kann über eine einfache Vorstufe das Signal direkt den Basisanschlüssen des Gegentaktverstärkers zuführen.

*Abb. 216.* Diese für die Meßtechnik und für die industrielle Elektronik sehr wichtige Prinzipschaltung wird als Differenzverstärker bezeichnet. Hierbei werden nach *216a* zwei Transistorsysteme an den Eingängen E 1 und E 2 im Gegentakt gesteuert. Die beiden Systeme bilden mit den beiden Widerständen R 1 und R 2 eine Brückenschaltung. Man kann die Emitter-Kollektorstrecken der beiden Transistoren ebenfalls als Widerstände auffassen, deren Werte sich durch Steuerspannungen an den Basiseingängen verändern lassen. Die Brücke verstimmt sich dadurch, und in der Brücken-

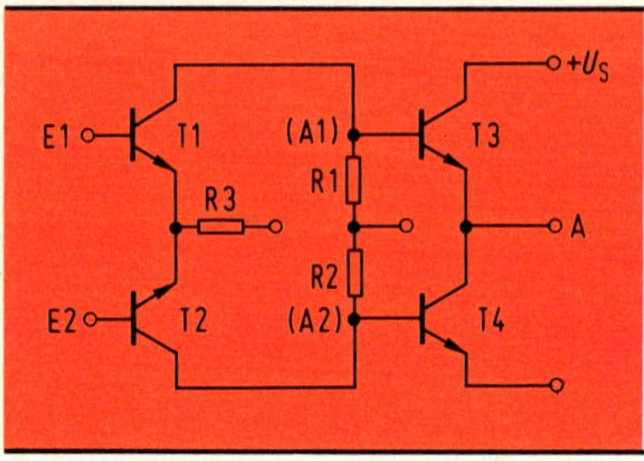


Abb. 217. Differenzverstärker oder Operationsverstärker mit Gegentaktausgangsstufe

diagonale A 1 — A 2 tritt eine verstärkte Ausgangsspannung $u_a$ auf. Im Ruhezustand ist die Brücke auf $u_a = \mathbf{0}$ abgeglichen. Ist der Differenzverstärker als integrierte Schaltung auf einem Siliziumplättchen erzeugt, dann ist dieser Brückenabgleich sehr konstant, weil die Systeme stets die gleiche Temperatur haben.

Abb. *216b* zeigt eine wichtige Variante des Differenzverstärkers. Anstelle des Emitterwiderstandes R 3 aus Abb. 216a ist hier ein weiteres Transistorsystem T 3 eingefügt worden. Man kann es als Stellwiderstand auffassen, dessen Widerstandswert sich durch die Spannung am Eingang E 3 steuern läßt. Führt man eine solche Steuerspannung zu, daß dieses System T 3 sehr hochohmig wird, dann fällt der größte Teil der Betriebsspannung daran ab, und die eigentliche Brückenschaltung arbeitet nur noch mit einer kleinen Teilspannung. Im Ruhezustand bleibt die Brücke trotzdem abgeglichen. Wird sie aber durch Spannungen an den Eingängen E 1 und E 2 verstimmt, dann kann sie wegen der kleinen anliegenden Betriebsspannung nur noch entsprechend geringere Ausgangsspannungen liefern. Das heißt, daß man mit einer Steuergleichspannung am Eingang E 3 den Verstärkungsgrad des Differenzverstärkers beeinflussen kann, um z. B. in Empfängern die Lautstärke von Hand einzustellen oder eine automatische Verstärkungsregelung zu bewirken

*Abb. 217.* Die erste Stufe dieser Schaltung entspricht dem Differenzverstärker Abb. 216a. In der Brückendiagonale, also zwischen den Punkten (A 1) und (A 2), ändern sich daher bei Brückenverstimmungen infolge angelegter Eingangssignale die Spannungen gegenläufig bzw. gegenphasig. Damit läßt sich eine entsprechend Abb. 214 aufgebaute Gegentaktstufe mit den Transistorsystemen T 3 und T 4 steuern. An ihrem Ausgang erhält man nun eine verstärkte Ausgangsspannung, deren Wert von der Spannungsdifferenz zwischen den beiden Eingängen E 1 und E 2 abhängt. Dies kann eine symmetrische sinusförmige Spannung sein, aber

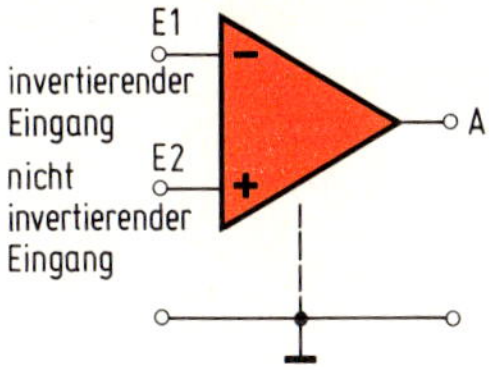


Abb. 218. Schaltsymbol eines Operationsverstärkers

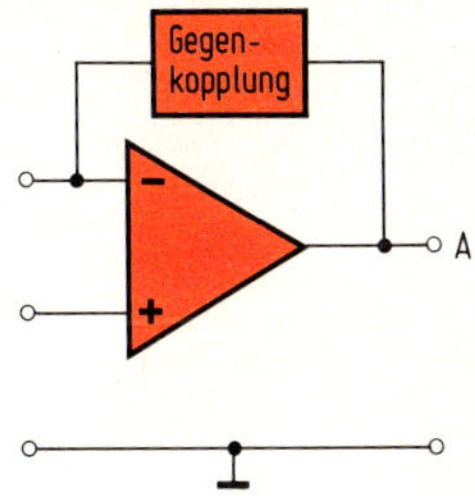


Abb. 219. Operationsverstärker mit Gegenkopplung vom Ausgang auf die invertierende Eingangsklemme

man kann auch einen Eingang unbenutzt lassen und allein den anderen steuern, zum Beispiel mit einer Impulsspannung.

Der Differenzverstärker ist also im Prinzip ein Gegentaktverstärker, der mit gegenphasigen Spannungen an den beiden Eingängen gesteuert wird. Gleichtaktsignale haben keinen Einfluß. Man kann den Verstärker aber auch unsymmetrisch nur an einem Eingang steuern. Auch dann erhält man eine Brückenverstimmung in der Eingangsstufe und ein verstärktes Signal am Ausgang.

Die Grundschaltung Abb. 217 wird in integrierter Technik noch stark erweitert. So werden die Transistor-Einzelsysteme durch Darlingtonstufen ersetzt, um höhere Gesamtverstärkung zu erzielen. Andere Schaltungszusätze verbessern die Stabilität gegen Temperatur- und Speisespannungsschwankungen. Ferner lassen sich zusätzliche Steuermöglichkeiten nach Abb. 216b einfügen. Integrierte Schaltungsanordnungen dieser Art werden als Operationsverstärker bezeichnet, weil man eine Vielzahl von elektronischen Aufgaben oder Operationen damit durchführen kann. Man verwendet für solche Operationsverstärker das stark vereinfachte Schaltungssymbol *Abb. 218*. Es zeigt nur die gegenphasig zu steuernden Eingänge E 1 und E 2 sowie den Ausgang A. E 1 wird durch ein Minuszeichen gekennzeichnet. Es ist ein invertierender Eingang, d. h. das von ihm bewirkte Ausgangssignal hat die entgegengesetzte Phasenlage wie das Eingangssignal. Man vergleiche hierzu die Ausführungen über die Inverterstufe, Abb. 197a[1]). Ausgang E 2 ergibt dagegen die gleiche Phasenlage am Ausgang, er ist nichtinvertierend.

Operationsverstärker-Bausteine haben im Leerlauf einen ungewöhnlich hohen Verstärkungsfaktor. Dies ermöglicht, durch eine sogenannte Gegenkopplung nach *Abb. 219* die Eigenschaften eines solchen Bausteins weit-

[1]) Abb. 197 auf Seite 212.

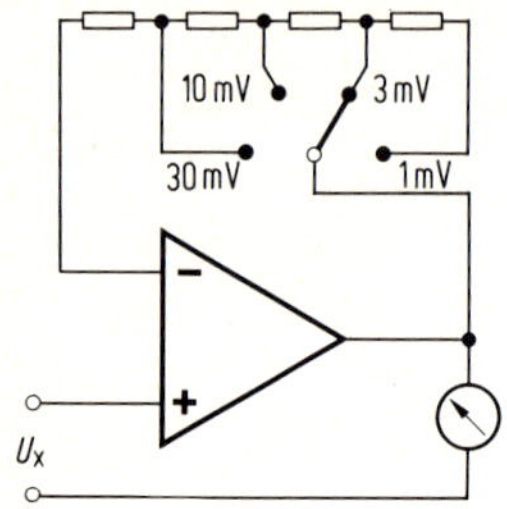


Abb. 220. Millivoltmeter mit Operationsverstärker und Umschaltung der Meßbereiche im Gegenkopplungsweg

gehend zu beeinflussen. Führt man über eine Gegenkopplung aus rein ohmschen Widerständen einen Teil der Ausgangsspannung auf den mit Minus bezeichneten Eingang zurück, dann wird die am Ausgang abgegriffene Teilspannung invertiert oder gegenphasig auf den Eingang gegeben. Das bedeutet, daß die verstärkte Ausgangsspannung der eigenen Eingangsspannung entgegenwirkt, so daß die Verstärkung des Gesamtsystems herabgesetzt wird. Dadurch erhöht sich aber die Stabilität des Verstärkers gegen Belastungsschwankungen und andere ungünstige Einflüsse. Es ist leider nicht möglich, ein einleuchtendes physikalisches Beispiel für diesen Gegenkopplungseffekt zu finden. Allenfalls könnte man die hohe Grundverstärkung vielleicht mit einem Auto mit hoher Antriebsleistung vergleichen. Besitzt es einen 100-PS-Motor, dann wird es bei starker Belastung durch Zuladung oder auf steilen Bergstrecken doch noch seine Geschwindigkeit beibehalten.

Über die Gegenkopplungsschleife kann man dem Operationsverstärker beliebige andere Eigenschaften geben. Mit Hilfe von RC-Gliedern läßt sich der Frequenzgang beeinflussen. Operationsverstärker können als Addierer, Multiplizierer, Integratoren oder Differenzierglieder dienen. Bauelemente mit nichtlinearer Kennlinie im Gegenkopplungsweg ergeben Ausgangsspannungen, die quadratisch oder logarithmisch zur Eingangsspannung verlaufen. Verwendet man Operationsverstärker zum Beispiel für elektronische Voltmeter, dann lassen sich durch Umschalten von Widerständen im Gegenkopplungskanal die Meßbereiche auf elegante Weise ändern, ohne daß die Meßspannung belastet wird. *Abb. 220* zeigt das Prinzip.

Führt man die Gegenkopplung über einen Schwingkreis oder über ein Wien-Glied (vgl. Abb. 158[1]) an die nichtinvertierende Eingangsklemme

[1]) Abb. 158 auf Seite 177.

Abb. 221. Operationsverstärker im Transistorgehäuse (National Semiconductor Corporation)

E 2, dann wirkt die Schaltung als Schwingungserzeuger für die Mittenfrequenz des betreffenden Gliedes. Man erhält einen Oszillator, der entsprechend Abb. 164 arbeitet[1]).

Integrierte Operationsverstärker werden als vergossene Bausteine oder in Transistorgehäusen gekapselt geliefert. *Abb. 221* zeigt links auf der Grundplatte eines Transistorgehäuses die integrierte Schaltung des Operationsverstärkers (dunkles Plättchen). Rechts daneben (helles Plättchen) ist noch ein kleiner MOS-Kondensator eingebaut und angeschlossen. Er dient dazu, eventuelle Schwingneigungen bei sehr hohen Frequenzen zu verhindern.

[1]) Abb. 164 auf Seite 186.

# 13 Nachrichtenübermittlung und Nachrichtenelektronik

*Schon die alten Griechen ...*

Die Bestrebungen, Nachrichten schnell und über große Entfernungen zu übermitteln, reichen weit in die Vergangenheit zurück. Schon die alten

Sendestelle für Fackeltelegrafie

| | 1 | ○○ | 3 | 4 | 5 |
|---|---|---|---|---|---|
| 1 | α | β | γ | δ | ε |
| 2 | ζ | η | ϑ | ι | ϰ |
| ○○○ | λ | μ | ν | ξ | ο |
| 4 | π | ϱ | σ | τ | υ |
| 5 | φ | χ | ψ | ω | |

Abb. 222. Signalcode zur Fackel-Telegrafie im alten Griechenland. Der Buchstabe $\mu$ wird durch drei Fackelzeichen für die dritte waagerechte und zwei Zeichen für die zweite senkrechte Reihe signalisiert

Griechen sollen vor über 3000 Jahren mit Hilfe von Signalfeuern die Nachricht von der Eroberung Trojas innerhalb einer Nacht über eine Entfernung von 500 Kilometer in die Heimat übertragen haben. In späteren Kriegen, etwa um 430 v. Chr. (warum eigentlich immer zu Kriegszwecken?) entwickelten die Griechen eine Fackeltelegrafie mit einem besonderen Signalcode. Die 24 Buchstaben des griechischen Alphabets wurden nach *Abb. 222* in ein Netz mit fünf Längs- und fünf Querspalten eingeschrieben. Um einen Buchstaben zu übermitteln, wurde signalisiert, welche waagerechte und welche senkrechte Reihe zu diesem Buchstaben gehörte. Dazu war auf der „Sendestelle", einem hohen Turm mit einer Brüstung, ein Telegrafist mit zwei brennenden Fackeln stationiert. Um zum Beispiel das Zeichen $\mu$ zu übermitteln, streckte er erst auf der linken Seite die Fackel dreimal über die Brüstung hinaus. Das bedeutete die dritte waagerechte Zeile. Dann wurde die rechte Fackel zweimal hinausgestreckt, um die zum Buchstaben $\mu$ gehörende zweite senkrechte Reihe zu melden. (Überraschenderweise benutzt auch die moderne Computertechnik ein ähnliches Schema, um Buchstaben durch Zahlenangaben zu definieren.)

Die Fackeltelegrafie war eine Art Richtfunkstreckensystem. In der Entfernung, in der man nachts die Fackelzeichen gerade noch erkennen konnte, befand sich, ebenfalls auf einem Turm, die „Empfangsstelle". Der Telegrafist hier beobachtete die Fackelsignale und gab jedes einzelne Code-Zeichen zwischen 1 und 5 rechts oder links mit seinen Fackeln zum nächsten Turm weiter.

Im Prinzip kann man dabei bereits von einem digitalen Übertragungsverfahren sprechen:

| | | |
|---|---|---|
| Fackel hoch | — | Signal **1** |
| Fackel weg | — | Signal **0** |

*Die Funkentelegrafie entsteht*

Überspringen wir die Jahrtausende (es gab sogar in der ersten Hälfte des vorigen Jahrhunderts noch ein recht leistungsfähiges optisches Telegrafensystem in Europa) und wenden wir uns der elektrischen Nachrichtentechnik zu. Telegraf und Telefon waren zunächst an Drahtleitungen und Kabel gebunden. Die Telegrafentechnik führte zur Entwicklung des elektromagnetischen Relais, wie im Kapitel 4 beschrieben. 1888 und in den folgenden Jahren führte Heinrich Hertz seine Experimente über die Fernwirkung elektrischer Schwingungen durch. Die Froschschenkelversuche von Galvani waren ja ins Leere gegangen. Die Pioniere der Funktechnik, Hertz, Marconi, Braun, Slaby und andere, arbeiteten zunächst in der Weise, daß sie einen LC-Schwingkreis durch Funkenentladungen zum Schwingen anstießen, so als wenn man einem Pendel oder einer Schaukel nur von Zeit zu Zeit einen Stoß gibt. Diese Funkerei mit Hilfe einer Art Zündkerze steckt heute noch in unserem Begriff „Funktechnik", obgleich jetzt dabei keine Funken mehr knistern.

Die Themen Schwingungsabstrahlung über Antenne und Wellenausbreitung seien hier ausgelassen. Jedes Schulphysikbuch gibt Auskunft darüber, und schließlich weiß man ja vom Rundfunk und Fernsehen, daß es geht. Die Abb. 145 und 146 vermittelten auch das Grundwissen um Wellenlängen, Frequenzen und Wellenbereiche[1]).

*Vom Modulieren und Mischen*

Die gesamte elektronische Nachrichtentechnik mit Hilfe elektromagnetischer Schwingungen, also kurz die Funktechnik, beruht darauf, daß man das ursprüngliche Signalspektrum oder Frequenzband in ein höheres Frequenzgebiet *überträgt*, das eine bessere Ausbreitung und eine größere Reichweite ermöglicht. Außerdem lassen sich in den höheren Frequenzbändern, z. B. im UKW-Bereich mit rund 270 MHz Gesamtbandbreite, mehr Übertragungskanäle unterbringen als im MW-Bereich mit nur 1 MHz Bandbreite.

---

[1]) Kapitel 6, beginnend auf Seite 164.

Dieses Übertragen auf eine höhere „Trägerfrequenz“ bezeichnet man als Modulieren[1]) eben dieser Trägerfrequenz. Das Umsetzen in andere Frequenzbänder findet oft mehrmals statt, und zwar nicht nur aufwärts, sondern auch abwärts. Ein Beispiel: Telefongespräche umfassen ein Frequenzband von 300 bis 3400 Hz. Überseegespräche werden zunächst mit Hilfe der Trägerfrequenztelefonie in ein Gebiet zwischen 60 kHz und 84 kHz umgesetzt und auf Kabeln weitergeleitet. Dann überträgt man sie vielleicht in ein noch höheres Frequenzband um 2000 Hz und leitet sie auf Richfunkstrecken bis zu einer Satelliten-Erdefunkstelle. Dort werden sie wiederum in ein höheres Frequenzgebiet zwischen 4 und 6 Gigahertz, zum Nachrichtensatelliten hinaufgefunkt, dort verstärkt, nochmals ein wenig in der Frequenz umgesetzt, um Störungen zu vermeiden, und dann vom Satelliten in der gewünschten Richtung, z. B. nach USA, abgestrahlt. Dort werden sie empfangen und in mehreren Umsetzvorgängen schließlich wieder auf das Sprachband 300 bis 3400 Hz für den Fernsprechhörer heruntergebracht.

Beim Rundfunk überträgt man das von 15 Hz bis 15 kHz reichende Musikspektrum in den MW- oder UKW-Bereich. Der Empfänger nimmt es auf und setzt es zunächst in das sogenannte Zwischenfrequenzband, um 460 kHz für MW- und um 10,7 MHz für UKW-Empfang, um. Diese Zwischenfrequenz liegt also ihrer Bezeichnung gemäß zwischen dem eigentlichen Hochfrequenzband und dem niederfrequenten Nutzsignal. Für den Schaltungsteil, in dem die Umsetzung auf die Zwischenfrequenz erfolgt, hat sich der Ausdruck „Mischstufe“ eingeführt. In ihr mischt man das Empfangsfrequenzband mit einer im Empfänger erzeugten Oszillatorschwingung von anderer Frequenzlage. Dadurch entsteht eine neue Trägerfrequenz, eben die Zwischenfrequenz, der wiederum das ursprüngliche Musik- und Sprachband aufmoduliert ist. Nach weiterer Verstärkung wird nochmals umgesetzt, und nun erscheint schließlich wieder das ursprüngliche Musikband, wird nochmals verstärkt und im Lautsprecher hörbar gemacht.

Der Begriff Mischen für das Umsetzen von der Empfangsfrequenz in die Zwischenfrequenz eines Empfängers umfaßt eigentlich auch den Vorgang, daß das Signalband in ein anderes Frequenzspektrum umgeschichtet wird. Deswegen sei gestattet, alle diese Umsetzvorgänge einheitlich zu bezeichnen. Setzt man in ein höheres Frequenzband um, dann wird „her-

---

[1]) modulatio (lateinisch) = Takt; modulieren = abwandeln, in eine andere Tonart übergehen.

aufgemischt". Geht man auf ein niedriger liegendes Band oder auf das Originalspektrum zurück, dann wird heruntergemischt.

Unter Verwendung dieser Bezeichnungen sind in *Abb. 223* die verschiedenen Umsetzungen für eine Mittelwellenfrequenz in Diagrammform dargestellt. Damit das ursprüngliche Tonfrequenz-Signalband an allen Stellen gut zu erkennen ist, wurden hier keine logarithmischen Skalen, sondern lineare Skalenteilungen gezeichnet. Man muß sich vorstellen, daß die Frequenzskalen an den gestrichelten Stellen in Wirklichkeit sehr weit auseinandergezogen sind.

In Abb. *223a* ist links das zu übertragende Tonfrequenzband mit 15 kHz als oberste Frequenz schematisch so dargestellt, als ob diese höchste Frequenz auch die größte Amplitude aufweist. Zur Frequenz Null hin nehmen die Amplituden stetig ab. Das ergibt markantere Bilder bei den verschiedenen Umsetzungen.

Für das Mischen zweier Frequenzen $f_1$ und $f_2$ gibt es ein einfaches Gesetz. Unter bestimmten schaltungstechnischen Voraussetzungen entstehen aus diesen Grundfrequenzen zwei neue Frequenzen,

die Summenfrequenz $f_s = f_2 + f_1$
und die Differenzfrequenz $f_d = f_2 - f_1$

In der Skala Abb. 223a bedeutet $f_1$ die höchste Signalfrequenz von 15 kHz und $f_2$ die Trägerfrequenz $f_T$ des Senders mit 1000 kHz. Mischt oder moduliert man sie mit $f_1 = 15$ kHz, dann erhält man:

$f_s = 1000 + 15 = 1015$ kHz und
$f_d = 1000 - 15 = 985$ kHz

Diese beiden Frequenzen treten also zusätzlich rechts und links von der Trägerfrequenz auf. Alle anderen niedrigeren Frequenzen des Tonfrequenzbandes unterliegen den gleichen Regeln. Somit baut sich rechts und links von der Trägerfrequenz $f_T = 1000$ kHz je ein „Seitenband" auf, dessen Amplitudenverlauf dem ursprünglichen Signalband entspricht. Das Tonfrequenzband wird auf den Träger „hinaufgemischt" oder der Träger wird mit der Tonfrequenz moduliert.

*Im Empfänger wird herabgemischt*

Dieses Frequenzspektrum wird vom Empfänger aufgenommen. Es ist aber nicht das einzige, das dort ankommt. Man muß den Empfänger jeweils auf den gewünschten Sender abstimmen und die äußerst schwachen Eingangssignale genügend verstärken. Eine gleichmäßig hohe Verstärkung für alle Sender ist einfacher, wenn man die von der Antenne

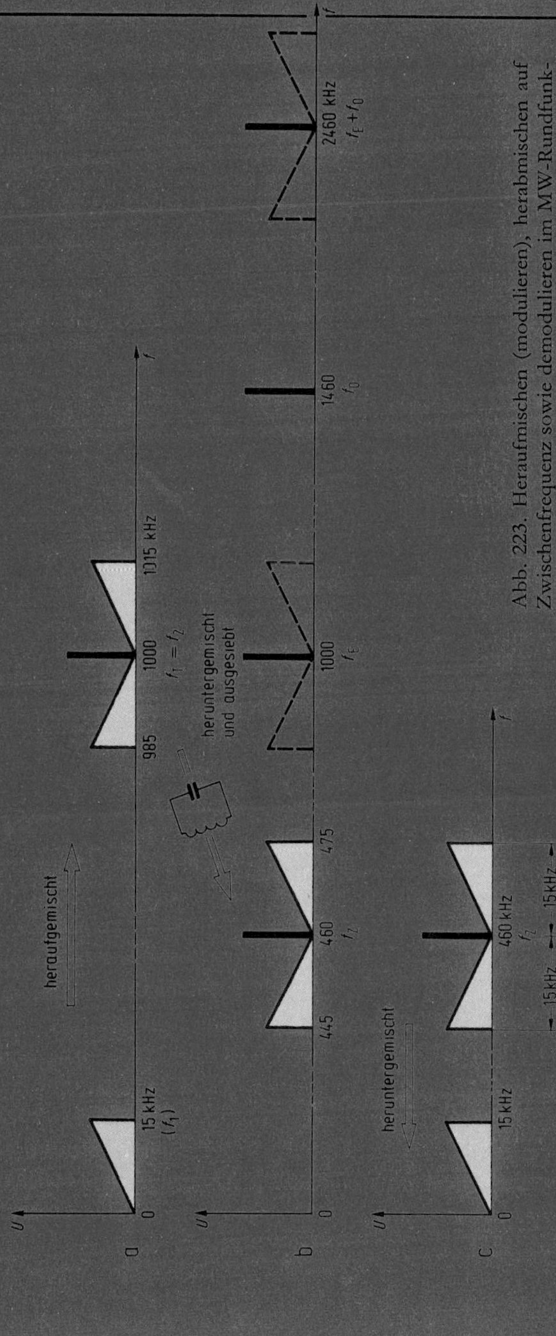


Abb. 223. Heraufmischen (modulieren), herabmischen auf Zwischenfrequenz sowie demodulieren im MW-Rundfunkbereich

kommenden Empfangsfrequenzen stets in eine einheitliche Zwischenfrequenz (Zf) umsetzt. Für diese konstante Frequenz läßt sich nämlich ein sehr gut verstärkender und trennscharfer Zf-Verstärker im Empfänger anordnen. Als günstigste Zwischenfrequenz für MW- und LW-Empfang hat sich das Gebiet um 460 kHz eingeführt.

Also heruntermischen von 1000 kHz auf 460 kHz! Man benutzt dazu nach Abb. *223b* eine Oszillatorfrequenz $f_0 = 1460$ kHz. Die Trägerfrequenz $f_T$ von Abb. 223a nennen wir jetzt Empfangsfrequenz $f_E$. Mit $f_2 = f_0$ und $f_1 = f_E$ ergeben sich nun beim Mischen die

Summenfrequenz $f_0 + f_E = 1460 + 1000 = 2460$ kHz

und die Differenzfrequenz $f_0 - f_E = 1460 - 1000 = 460$ kHz

Mit dieser Differenzfrequenz erhalten wir die gewünschte Zwischenfrequenz von 460 kHz mitsamt den gleichfalls übertragenen Seitenbändern von 445 bis 475 kHz. Dieses Band wird durch Schwingkreise sauber aus dem gesamten Frequenzgemisch herausgefiltert, verstärkt und weiterverarbeitet. Empfangsfrequenzband und Summenfrequenzband fallen heraus. Sie sind deshalb in Abb. 223b nur noch gestrichelt angedeutet worden.

Nach der Verstärkung muß nochmals heruntergemischt werden, damit nach Abb. *223c* endlich das ursprüngliche Musikfrequenzband wieder zum Vorschein kommt und im Lautsprecher hörbar gemacht werden kann. Dieser Vorgang wird allgemein mit Demodulation bezeichnet, und die verschiedenartigsten Schaltungen stehen dafür zur Verfügung. Wir können aber auch hier gedankenmäßig die Geschichte vereinfachen, indem wir annehmen, daß wir dem Zf-Band nochmals eine Trägerfrequenz von genau 460 kHz hinzumischen. Das ergäbe zum Beispiel

die Summenfrequenz $460 + 445 = 905$ kHz

und die Differenzfrequenz $460 - 445 = 15$ kHz

Die hohe Summenfrequenz wird in diesem Teil der Empfängerschaltung infolge einer Tiefpaßwirkung vollständig unterdrückt und verschwindet. Die Differenzfrequenz ist aber unsere gewünschte Tonfrequenz, und entsprechend baut sich das übrige Spektrum bis zu tiefen Tönen wieder auf.

Dieses hier angenommene Hinzumischen einer Trägerfrequenz, die genau dem Nennwert der ohnehin zum Frequenzband gehörenden Trägerfrequenz entspricht, wird beim Rundfunkempfänger dadurch ermöglicht, daß man diese im Zf-Band enthaltene Mittenfrequenz gewissenmaßen mit den Seitenbandfrequenzen mischt. Funkamateure benutzen ein Verfahren, bei dem nur noch ein Seitenband ausgestrahlt und verarbeitet wird. Sie erzeugen dann im Empfänger extra eine neue Trägerfrequenz, um damit auf das ursprüngliche Tonfrequenzband herabzumischen.

Mit einem einseitig liegenden Seitenband arbeitet man auch beim Fernsehen, um Übertragungsbandbreite zu sparen. Nach *Abb. 224* benötigt man, um die vielen einzelnen Helligkeitspunkte eines Fernsehbildes nacheinander innerhalb von jeweils $^1/_{50}$ Sekunde zu übermitteln, eine Bandbreite bis 5,5 MHz. Außerdem soll das demgegenüber recht schmale Tonfrequenzgebiet extra übertragen werden. Man erreicht dies, indem man mit unterschiedlichen Modulationsarten Bild und Ton auf zwei Trägerfrequenzen aufmoduliert, die 5,5 MHz Abstand voneinander haben. Außerdem beschneidet man das eine Seitenband der Bildinformation ziemlich stark, so daß sich für die Bildträgerfrequenz von 500 MHz das in Abb. 224 rechts gezeichnete Gesamtspektrum ergibt. Im Fernsehempfänger werden daraus in verschiedenen entsprechend abgestimmten Misch- und Umsetzerstufen die Bild- und Tonfrequenzen auseinandergesiebt und zurückgewonnen. — Beim Farbfernsehen spielt außerdem der sogenannte Farbhilfsträger mit einer Frequenz von 4,43 MHz eine Rolle.

In Gemeinschaftsantennen-Anlagen werden die Fernsehempfangsfrequenzen oft auch noch in andere Frequenzkanäle umgesetzt, bevor sie auf das Kabelnetz gegeben und den einzelnen Teilnehmern zugeführt werden. Das Umsetzen bzw. das Herauf- und Herabmischen macht also einen sehr großen Teil der gesamten Nachrichtenübermittlung aus.

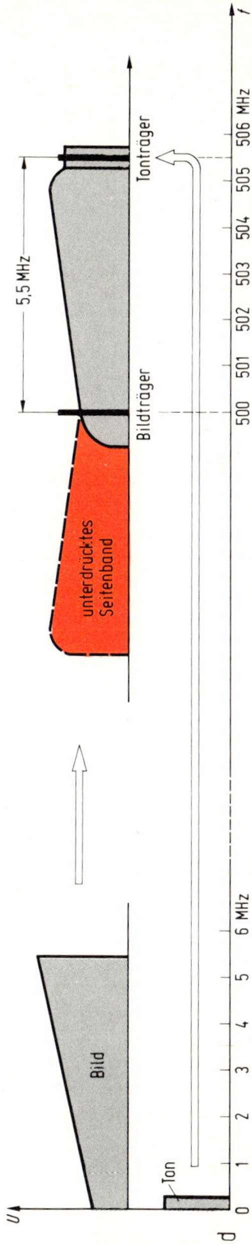


Abb. 224. Beim Fernsehen arbeitet man mit zwei Trägerfrequenzen

# Schaltungsstufen – stark vereinfacht

Alle die vielen komplizierten Einzelheiten und Unterschiede wie Amplitudenmodulation, Frequenzmodulation, Pulscodemodulation können wir hier in diesem Schlüssel zur Elektronik außer Betracht lassen. Sie seien den speziellen Fachbüchern vorbehalten. Wesentlich für uns sind folgende Erkenntnisse: Das zu übertragende Nutzsignal hat eine bestimmte Frequenzbandbreite. Wird der auszustrahlende Träger damit moduliert, dann entstehen rechts und links von seiner Nennfrequenz Seitenbänder. Sie enthalten die Informationen des aufgeprägten Nutzsignals und ergeben die hochfrequente Bandbreite. Diese kann je nach Modulationsart sogar größer sein als die des ursprünglichen Nutzsignals. Das ist zum Beispiel bei der Frequenzmodulation der Fall.

Die gesamte Übertragungs- und Schaltungstechnik der Nachrichtenelektronik läßt sich damit auf drei Schaltungsstufen zurückführen:

1. Breitbandverstärker für das ursprüngliche Signal, beim Rundfunk und bei der kommerziellen Nachrichtentechnik als Nf-Vorstufen, beim Fernsehen als Videostufen bezeichnet[1]).

2. Resonanzverstärker für alle höherfrequenten Bänder.

3. Misch- und Demodulatorstufen zum Umsetzen in andere Frequenzbänder.

*Breitbandverstärker (Abb. 225)*

Allgemeines Schaltsymbol für einen Verstärker ist das Dreieck nach Abb. *225a*. Die Spitze gibt die Richtung des Signalflusses an. Vielfach umrandet man in Blockschaltungen dieses Dreieck mit einem rechteckigen Kästchen, *225b*.

[1]) video (lateinisch) = ich sehe.

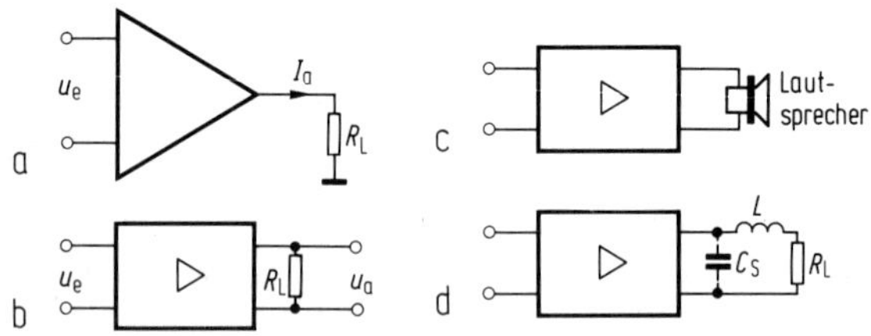


Abb. 225. Verstärkersymbole für Breitbandverstärker

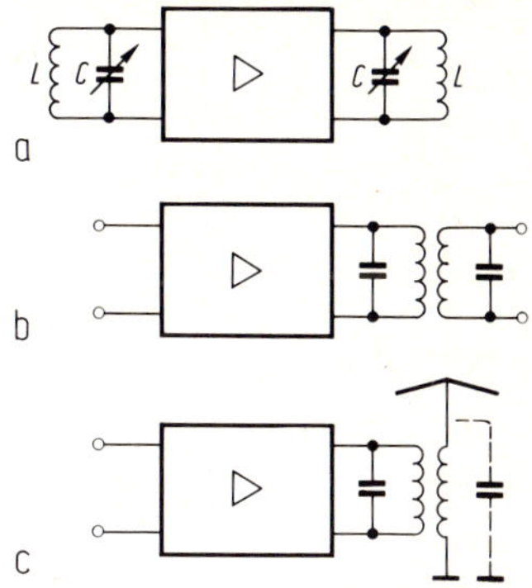


Abb. 226. Verstärkersymbole für Resonanzverstärker

Hauptbestandteil einer Verstärkerstufe sind ein Transistor oder mehrere Transistoren, neuerdings in einer integrierten Schaltung zusammengefaßt. Der Eingang der Verstärkerstufe wird mit einer kleinen Eingangsspannung $u_e$ gesteuert. Zur Spannungsverstärkung macht man den Ausgangs- oder Lastwiderstand $R_L$ hochohmig, damit nach dem Ohmschen Gesetz die Ausgangsspannung

$$u_a = i_a \cdot R_L$$

groß wird. Das Verhältnis $u_e : u_a$ bezeichnet den Verstärkungsfaktor.

Die Endstufe eines Empfängers wird mit einer Gegentaktleistungsstufe ausgerüstet. An sie wird nach Abb. *225c* der Lautsprecher angeschlossen.

Etwas schwieriger wird die Sache beim Fernsehempfänger. Die Verstärker für das Bildfrequenzband oder Videosignalband[1]) müssen das sehr breite Spektrum von mindestens 5,5 MHz verstärken. Die stets vorhandenen kleinen Streukapazitäten $C_s$ zwischen den signalführenden Leitungen in Abb. 225d würden die hohen Frequenzen nach Art eines Tiefpasses kurzschließen. Um das auszugleichen oder zu kompensieren, schaltet man in Reihe mit dem Lastwiderstand eine kleine Spule mit der Induktivität L. Ihr induktiver Widerstand steigt bei hohen Frequenzen an. Das ergibt einen größeren Gesamtwiderstand für den Ausgangsstrom bei hohen Frequenzen, so daß der schädliche Einfluß der Streukapazität ausgeglichen wird und der Frequenzgang gleichmäßig bleibt.

*Resonanzverstärker (Abb. 226)*

Viele tausend Sender auf eng nebeneinanderliegenden Frequenzbändern strahlen ständig ihre elektromagnetischen Schwingungen aus. Um den

[1]) Das Videoband übermittelt die Bildinformation.

gewünschten Sender aus diesem Wellensalat herauszufiltern, ordnet man nach Abb. *226a* am Eingang und am Ausgang von Hochfrequenzverstärkern abstimmbare Schwingkreise an. Ihre Resonanzkurven ergeben bedeutend höhere Spannungen für die gewünschte Frequenz. Durch Verstellen der „im Gleichlauf" befindlichen Kondensatoren wird auf den Sender abgestimmt. Oft werden dazu Kapazitätsdioden benutzt, deren Werte sich nach Abb. 186 durch Gleichspannungen einstellen lassen[1]).

Im Zf-Teil von Rundfunk- und Fernsehempfängern arbeitet man stets mit der gleichen Frequenz. Die Schwingkreise werden fest auf dieses Frequenzband abgeglichen. Koppelt man nach Abb. *226b* zwei Schwingkreise miteinander, dann ergeben sich Resonanzkurven mit steileren Flanken, und man erhält eine bessere Trennschärfe. Man kann auch anstelle von LC-Schwingkreisen sogenannte Keramikfilter verwenden. Dies sind Bauelemente aus Bariumtitanat, die so kontaktiert und geschliffen sind, daß sie ähnlich wie eine Stimmgabel oder eine Klaviersaite eine mechanische Eigenresonanz, aber im Hochfrequenzgebiet haben. Nur Frequenzen um diese Resonanzlage, also z. B. um 10,7 MHz, werden von ihnen durchgelassen.

Bei den Hochfrequenzverstärkern in den Endstufen von Sendern wird nach Abb. *226c* der zweite Kreis oder Sekundärkreis durch eine Spule und durch die Antennenkapazität $C_A$ der Sendeantenne gegen Erde gebildet. Dieser „offene" Schwingkreis strahlt dann im Wechsel von magnetischen und elektrischen Feldern die weithin reichenden Hf-Schwingungen ab.

*Misch- und Demodulatorstufen (Abb. 227)*

Das Umsetzen von Hf-Schwingungen in andere Frequenzgebiete wurde bereits in Abb. 224 behandelt. Die Vorgänge im Sender sind in Abb. *227a* durch die Beschriftung oben und unten links gekennzeichnet. Die Modulationsfrequenz $f_1$ wird der hochfrequenten Trägerfrequenz $f_2$ aufmoduliert bzw. heraufgemischt. Die modulierte Trägerfrequenz $f_{mod}$ wird verstärkt und ausgestrahlt. Diese Frequenzumsetzung deutet man im Schaltsymbol durch die Diagonallinie mit den in die dadurch entstehenden Dreiecke eingetragenen Kurzzeichen an.

In Blockschaltungen von Empfängern wird ein ähnliches Symbol für die Mischstufe verwendet, in der die Empfangsfrequenz auf die Zwischenfrequenz umgesetzt wird. Abb. 227a zeigt die hierfür üblichen Ausdrücke in Klammern. Die Trägerfrequenz wird nun Oszillatorfrequenz $f_0$ genannt.

---

[1]) Abb. 186 auf Seite 204.

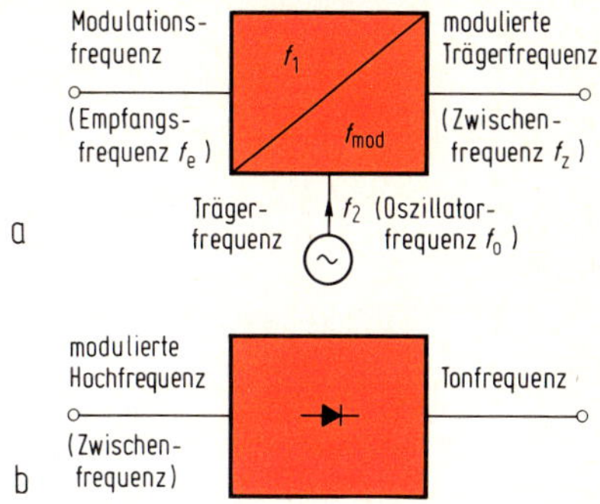


Abb. 227. Symbole für Frequenzumsetzer

Zum endgültigen Umformen der modulierten Zwischenfrequenz in die Tonfrequenzsignale oder in Videosignale dienen Demodulatoren. Sie arbeiten vielfach mit Dioden. Abb. *227b* stellt das Schaltsymbol eines Demodulators in Blockschaltungen dar. Es kann allerdings mit dem Schaltsymbol eines normalen Netzgleichrichters verwechselt werden. In solchen Fällen ist es günstiger, das Symbol durch den Zusatz „Demodulator“ zu ergänzen. Demodulatoren werden oft auch als Detektoren bezeichnet nach einem Bauelement, das in den Anfangszeiten der Funktechnik als Demodulator diente. Detektor ist verwandt mit dem bekannten Wort Detektiv. Der Detektor dient gewissermaßen zum Aufspüren und Anzeigen der Empfangsspannungen. Auch in den Schaltungen der industriellen Elektronik wird der Ausdruck verwendet für Stufen, die zum Nachweis von Meßwerten dienen.

Für Demodulatoren in Empfängern wird auch der Ausdruck Hf-Gleichrichter oder Zf-Gleichrichter angewendet. Er stammt ebenfalls aus den Anfangszeiten der Funktechnik und gilt eigentlich nur für die allereinfachste Form eines Demodulators. Man sollte ihn nicht allgemein verwenden, denn heute sind in der integrierten Schaltungstechnik die Demodulatoren keinesfalls mehr als einfache Diodengleichrichter aufgebaut.

*Prinzipschaltung eines Nachrichtenempfängers*

*Abb. 228* zeigt die Blockschaltung eines Rundfunkempfängers für den Mittelwellenbereich. Sie gilt im Prinzip auch für andere Empfängerbereiche und Empfängertypen. Im vorliegenden Fall werden die Schwingkreise der Hf-Vorstufe sowie der Oszillator durch einen Dreifachdrehkondensator abgestimmt. In der Mischstufe wird auf die Zwischenfre-

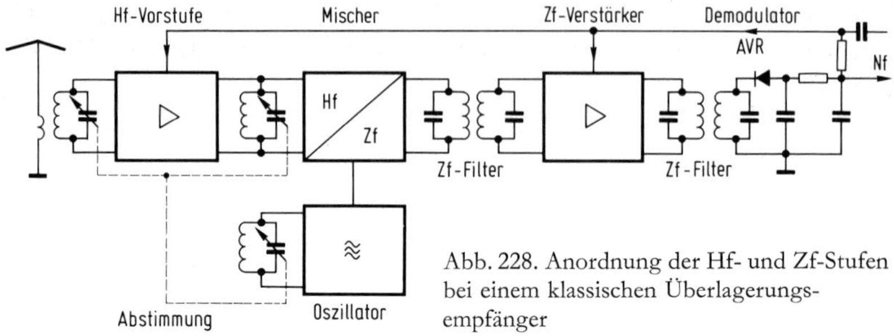


Abb. 228. Anordnung der Hf- und Zf-Stufen bei einem klassischen Überlagerungsempfänger

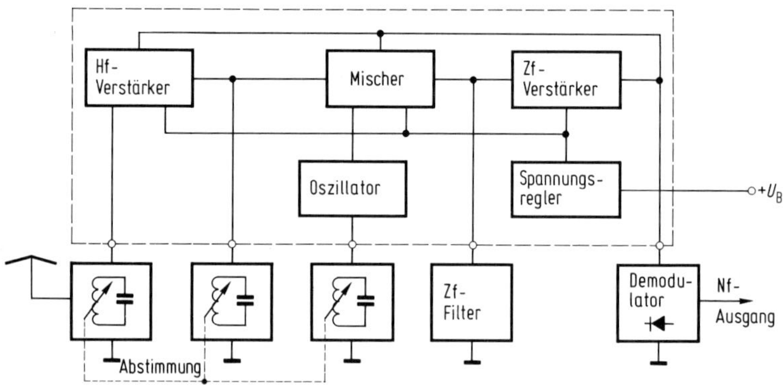


Abb. 229. Blockschaltung eines integrierten Bausteins TBA 651 mit den außen anzuschließenden Schaltelementen

quenz umgesetzt. Darauf folgen Zf-Verstärker und ein einfacher Demodulator mit einer Diode. Als Fortsetzung muß man sich den Tonfrequenzverstärker mit dem Lautsprecher denken.

In der neueren Schaltungstechnik lassen sich sämtliche Stufen in einer einzigen integrierten Schaltung vereinigen. *Abb. 229* zeigt eine solche Anordnung unter Verwendung eines Bausteins TBA 651. Der Aufbau von Empfängern wird dadurch wesentlich vereinfacht. Dabei konnte sogar noch ein Spannungsregler in die integrierte Schaltung eingefügt werden, um sie gegen Speisespannungsschwankungen zu stabilisieren. Das Innere dieses Schaltungsbausteins enthält 16 verschiedene Transistorsysteme. Die äußeren Schaltelemente werden über zwei Reihen mit insgesamt 16 Kontakten an den Baustein angeschlossen. Durch Zufügen einer weiteren integrierten Schaltung mit Nf-Vorverstärker und Endstufe wird der Empfänger betriebsfähig.

# 14 Verstärker für die industrielle Elektronik

*Wechselspannungen verarbeiten sich besser*

Bei den Verstärkern der Unterhaltungselektronik müssen die winzigen Spannungsänderungen, z. B. am Mikrofon eines Senders, über alle Verstärkerstufen und Frequenzumsetzungen hinweg formgetreu verarbeitet werden. Der Lautsprecher des Empfängers soll Sprache und Musik naturgetreu wiedergeben. Der Verlauf der Ausgangsspannung am Ende der Übertragungskette muß genau dem Verlauf der Eingangsspannung entsprechen, also ihr analog sein.

Dies gilt in noch strengerem Sinn für alle Meßvorgänge in der industriellen Elektronik. Der Meßwert wird im einfachsten Fall durch ein Zeigerinstrument angezeigt. Beispiele hierfür:

- Messen der Strömungsgeschwindigkeit einer Flüssigkeit, Abb. 99
- Rauchdichtemessung, Abb. 125
- Helligkeitsmessung, Abb. 117 und Abb. 128
- Temperaturmessung, Abb. 132

Bei diesen Anordnungen liefert der Meßwertaufnehmer jeweils langsam verlaufende Gleichspannungsänderungen. Muß man sie verstärken, um eine genügend hohe Ausgangsspannung zu erhalten, dann ergeben sich Schwierigkeiten, wenn man Gleichspannungsverstärker benutzt. Kleinste Unsymmetrien am Eingang oder Temperatureinwirkungen auf einzelne Bauelemente bewirken Nullpunktswanderungen am Ausgang. Sie täuschen Eingangssignale vor und ergeben Meßfehler.

Deswegen arbeitet man auch in der industriellen Meßtechnik vorteilhaft mit Frequenzumsetzung. Das Meßsignal dient dazu, eine höherfrequente Trägerspannung zu modulieren. Diese Meßwechselspannung

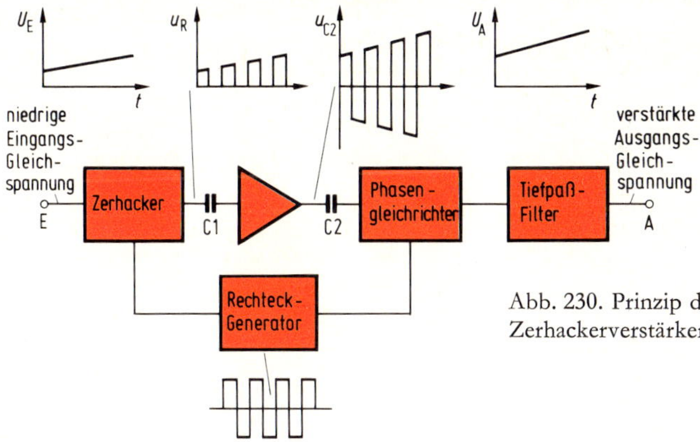


Abb. 230. Prinzip des Zerhackerverstärkers

schickt man dann über Verstärker mit Hochpaßeigenschaften. Dadurch werden tiefe Frequenzen und somit auch Gleichspannungsänderungen nicht übertragen. Man kann dabei die untere Grenzfrequenz sogar so bemessen, daß die in industriellen Anlagen stets lästige 50-Hz-Brummspannung des Lichtnetzes unterdrückt wird.

*Mischstufen für Meßsignale*

Ein Beispiel für einen Frequenzumsetzer für Meßzwecke wurde bereits bei Abb. 177 besprochen[1]). Man erkennt unschwer die Verwandtschaft zu der Modulations- bzw. Mischstufe Abb. 227a.

Vielfach benutzt man für die Trägerfrequenz keine Sinusspannung, sondern eine rechteckförmig verlaufende Schaltspannung. Mit dieser zerhackt man das Meßsignal in Rechteckimpulse. *Abb. 230* zeigt die Blockschaltung eines solchen Meßverstärkers. Die Wirkungsweise ist am Beispiel eines langsam ansteigenden Eingangssiganls $U_E$ dargestellt. Dieses wird in der mit „Zerhacker" bezeichneten Eingangsstufe in Rechteckimpulse $u_R$ (zweites Diagramm in Abb. 230) umgesetzt. Dazu dienen Schalttransistoren, die von dem Rechteckgenerator abwechselnd durchgeschaltet oder unterbrochen werden. Sie liegen so im Signalweg, daß dadurch die Meßspannung im gleichen Rhythmus unterbrochen und durchgelassen wird. Sie erhält dadurch den Spannungsverlauf $u_R$. Der Rechteckspannungsgenerator entspricht damit dem Trägerfrequenzoszil-

[1]) Abb. 177 auf Seite 197.

Transistor-Zerhacker

lator aus Abb. 227a, und den Zerhacker kann man als Mischstufe auffassen. Die Anordnung wird als Transistor-Zerhacker bezeichnet, Daneben gibt es noch andere Systeme, die z. B. nach Abb. 188 mit gesteuerten Kapazitätsdioden arbeiten[1]) oder mit Fotodioden oder Feldplatten.

In Abb. 230 wird die zerhackte Meßspannung über den Kondensator C 1 auf den Wechselspannungsverstärker gegeben. Er liefert die verstärkte Ausgangsspannung $u_{C2}$. Diese Rechteckwechselspannung verläuft symmetrisch zur Nullinie, denn der Gleichspannungsanteil des Signals $u_R$ wird von den Kondensatoren nicht durchgelassen.

Ähnlich wie in Empfängerschaltungen muß nun das gewissermaßen trägerfrequente Signal wieder herabgemischt bzw. demoduliert werden. Dazu dient ein phasensynchron zum Eingangszerhacker arbeitender Gleichrichter. Er wird vom Rechteckgenerator zu den genau gleichen Zeitpunkten gesteuert, so daß jeweils nur die oberen Halbwellen des

[1]) Abb. 188 auf Seite 204.

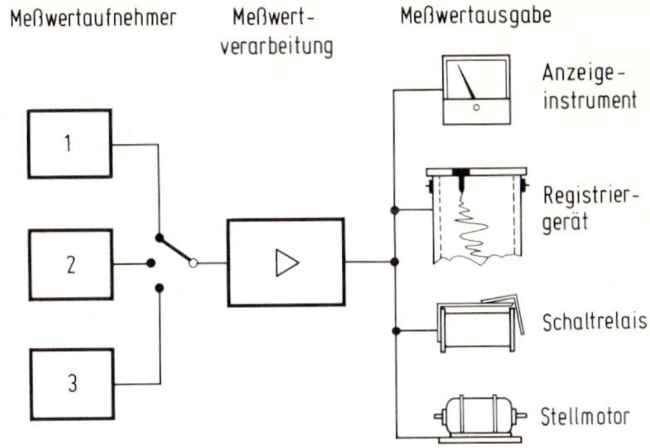


Abb. 231. Elektronische Meßkette mit Analogverstärker

Signals $u_{C_2}$ zum Ausgang durchgelassen werden. Ein Tiefpaß mit großer Zeitkonstante liefert dann die verstärkte Ausgangsgleichspannung $U_A$.

Die phasensynchrone Gleichrichtung erfolgt wiederum durch Transistorschalter, die von der Rechteckspannung im richtigen Takt gesteuert werden. Diese Synchrongleichrichtung bewirkt, daß die Ausgangsspannung vorzeichenrichtig wiedergegeben wird. Würde man einfach nur mit einer Diode gleichrichten, dann läßt sich die Polarität der Eingangsspannung nicht erkennen. Das ist aber wichtig, wenn die Meßspannung durch Null geht, z. B. wenn mit Dehnungsmeßstreifen sowohl Drücke als auch Dehnungen eines Meßobjektes erfaßt werden sollen.

In vielen Fällen lassen sich industrielle Meßverstärkeranordnungen dadurch vereinfachen, daß man von Anfang an mit Wechselspannung arbeitet. Das ergibt sich sogar zwangsläufig, wenn kapazitiv oder induktiv wirkende Meßwertaufnehmer verwendet werden, die ohnehin mit Wechselspannung gespeist werden müssen.

*Abtasten mehrerer Meßstellen*

Eine Meßanlage dient meist nicht nur dazu, einen einzigen Wert zu ermitteln, sondern um mehrere Meßstellen nacheinander abzutasten. *Abb. 231* zeigt ein solches Beispiel für drei Meßstellen bzw. drei verschiedene Meßwertaufnehmer.

Bei analog arbeitenden elektronischen Einrichtungen wird der Meßwert in einfachsten Fall durch ein Zeigerinstrument angezeigt. Der Zeigerausschlag ist dann analog dem Meßwert. Das gleiche gilt für Registriergeräte, die den Verlauf des Meßwertes über einen gewissen Zeitraum aufzeichnen.

Schaltrelais am Ausgang einer Meßkette sprechen dagegen nur auf einen bestimmten Grenzwert an, um beispielsweise bei einer Füllstandsüberwachung ein Ventil zu steuern. Sie werden jedoch trotzdem vielfach über einen Analogverstärker betrieben, an dem sich eine bestimmte Schaltschwelle einstellen läßt.

In großen elektronischen Steuer- und Regelschaltungen bildet oft den Ausgang der Meßkette ein Stellmotor oder ein sonstiges Glied, das elektrische Ströme in mechanische Bewegungen umsetzt, etwa um Walzen oder Drosselklappen zu verstellen, Maschinenschlitten zu bewegen oder Flüssigkeiten zu fördern. Auch hierbei soll die Bewegung meist in irgendeiner Beziehung analog zum Steuerstrom verlaufen. Da die Einrichtungen zur Meßwertverarbeitung, insbesondere Gleichstromverstärker und Trägerfrequenzverstärker, sich mit allen Meßwertaufnehmern und mit allen folgenden Leistungsverstärkern kombinieren lassen sollen, hat man in den VDE/VDI-Richtlinien 3515 festgelegt, daß elektrische Meß- und Regelanlagen einheitliche, dem analogen Meßwert entsprechende Gleichstromsignale abgeben sollen. Der Maximalwert dieser Signale soll 20 mA betragen, das Anfangssignal ist 0 mA. Wird ein Einheitssignal mit „lebendem Nullpunkt" verwendet, so soller bei 4 mA liegen.

Neben dieser in Jahrzehnten ausgereiften und viele Aufgaben erfüllenden elektronischen Analogtechnik hat auch die Digitaltechnik ein weites Anwendungsgebiet gefunden. Um auch in dieses Gebiet einen Einblick zu vermitteln, müssen wir uns zunächst etwas mit Zahlen und Zählen befassen.

# 15 Zahlen und Zählen

*Analog — Digital*

Analogwerte sind Vergleichswerte für Zahlenangaben. Der Winkelausschlag eines Meßinstrumentenzeigers ist dem Zahlenwert des Stromes analog. Die Länge des Quecksilberfadens am Thermometer ist dem Temperaturwert analog. Ein typisches Beispiel für Analog- und Digitalzählung stellt das Tachometer beim Kraftfahrzeug dar. Die Geschwindigkeit wird nach *Abb. 232* durch einen Zeiger als Analogwert angezeigt. Der zurückgelegte Weg wird an einem Rollenzählwerk digital registriert. Dieses Nebeneinander ist auch ein gutes Beispiel für die Abgrenzung der Anwendungsgebiete. Die Analoganzeige ist, vom Menschen aus gesehen, günstig, um mit einem Blick Werte oder Wertänderungen (Beschleunigung

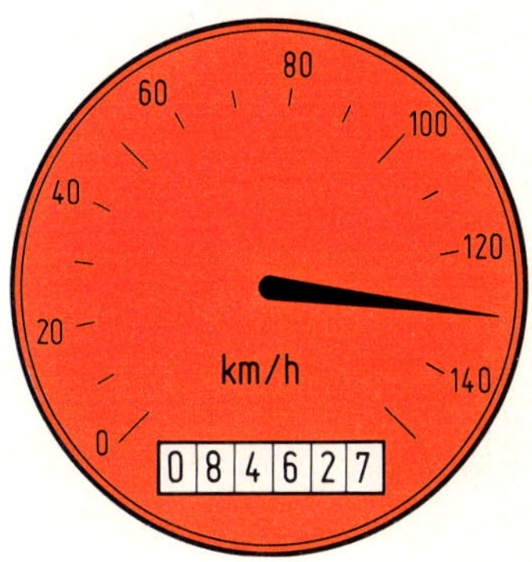


Abb. 232. Analoganzeige für die Geschwindigkeit eines Kraftfahrzeuges und Digitalanzeige für den zurückgelegten Weg

beim Kraftfahrzeug) zu erfassen. Digitalwerte dagegen sind besser zu registrieren, und sie ermöglichen eine feinere Auflösung bis auf fünf oder sechs Dezimalstellen.

Analogmessungen erfordern eine feinstufige Übertragung der Meßwerte. Das wird zwar beherrscht, aber noch günstiger ist es, wenn man nur zwei Schaltzustände Aus oder Ein bzw. **0** oder **1** in Form von Strom- oder Spannungsimpulsen zu übertragen braucht. Will man einen großen Meßwert kennzeichnen, dann schickt man mehr Impulse über die Meßleitung als bei einem kleinen Meßwert. Die Impulse müssen also gezählt und ziffernmäßig angezeigt werden. Das ermöglicht eine eindeutige, fehlerfreie Ablesung. Ferner lassen sich die Impulsfolgen speichern, in Rechnern verarbeiten und über Drucker oder Sichtgeräte, die eine Art Fernsehbildröhre enthalten, wieder ausgeben.

Noch einmal müssen wir auf das lateinische Wörterbuch zurückgreifen (wie schade, daß Latein als Sprache der Wissenschaft untergegangen ist, so lernt man heute derartige Begriffe meist auf dem Umweg über das Englische kennen). Das lateinische Wort digitus heißt Finger, und mit dem Abzählen an den Fingern begann die menschliche Zähl- und Rechentechnik. Unsere heutige Digitaltechnik ist im Grunde immer noch eine Zähltechnik. Nur zählt man nicht mehr die Finger, sondern elektrische Impulse. Auf das Rechnen mit Digits, also mit den Fingern, gehen die lateinischen Zahlenzeichen zurück. Ursprünglich lautete die Reihe

| | | | | |
|---|---|---|---|---|
| 1 | 2 | 3 | 4 | 5 |
| I | II | III | IIII | V |

Also auch die 4 wurde durch vier Striche = vier Finger dargestellt. Das Zeichen V bedeutete eine Hand mit fünf Fingern. Beim Weiterzählen fügte man an das Handzeichen weitere Fingerstriche an und kam zu VI, VII, VIII.

Das Fünfersystem war lange Zeit gebräuchlich und lebt heute noch beim Anschreiben der Gewinnpunkte beim Billard- und Kegelspiel sowie beim Anschreiben von Getränken in Gastwirtschaften. Die ersten vier Punkte werden durch senkrechte Striche dargestellt. Nach jeweils vier Strichen wird der fünfte quer dazu angekreidet,

𝍸 𝍸 III = 13

Der oft zitierte Rechenmeister des Mittelalters, Adam Riese, beschrieb in seinem Rechenlehrbuch als erste Rechenart nicht das Addieren, sondern das einfache Zählen. Ein Rechenbrett mit Steinen oder Kugeln ähnlich unseren Kinderrechenmaschinen mit auf Drähten angereihten Kugeln war

Zechschulden — digital gespeichert

jahrhundertelang das wichtigste Hilfsmittel der Kaufleute und wird heute noch in Ostasien benutzt (obgleich von dort heute auch die billigsten elektronischen Taschenrechner kommen!). Das Abzählen und Zuzählen einzelner Einheiten, also das Digitalsystem, ist demnach keine neuzeitliche Erfindung, sondern sogar das ursprüngliche System, Zahlen und Meßwerte auszudrücken.

*Dezimal — Dual*

Unser jetziges normales Zahlensystem ist ein Zehnersystem mit neun Zahlenzeichen und einer Null. Es kam im frühen Mittelalter von den Arabern nach Europa. Sie hätten also damit schon die Ölpreise besser kennzeichnen können als mit dem damals bei uns noch üblichen schwerfälligen römischen Zahlenzeichen. Ein Liter Superbenzin würde zur Zeit XCIV Pfennig kosten.

Man gab aber dem aus Arabien kommenden neuen Zehnersystem gleich wieder einen schönen lateinischen Namen und nannte es Dezimalsystem von decimus = der Zehnte. Um in unserer Zeit dieses Dezimalsystem für die elektronische Technik mit nur zwei Schaltzuständen anzupassen, übersetzte man es in das Dualsystem. Das kommt auch wieder aus dem Lateinischen, nämlich von duo = zwei. Wir kennen es als Duo, einem Musikstück für zwei Instrumente, oder vom Duett, wenn zwei Künstler auf der Opernbühne sich gegenseitig ansingen. Das Dualsystem arbeitet mit nur zwei Zahlenzeichen, Null und Eins. Während man beim Dezimalsystem erst nach der Zahl 9 auf die nächst höhere Stelle eine 1 überträgt, geschieht dies beim Dualsystem stets schon nach der Ziffer 1. Die Zahlenreihen lauten demnach:

| Dezimal | Dual | | | |
|---|---|---|---|---|
| 0 | | | 0 | |
| 1 | | | 1 | |
| 2 | | 1 | 0 | |
| 3 | | 1 | 1 | |
| 4 | 1 | 0 | 0 | |
| 5 | 1 | 0 | 1 | |
| 6 | 1 | 1 | 0 | usw. |

Die Reihe der Dualzahlen sieht recht verwirrend aus. Man gewinnt eine bessere Übersicht, wenn man den senkrechten Spalten bestimmte Wertigkeiten zordnet. Wir hatten eine solche Gruppierung bereits in Abb. 65 und 66 kennengelernt[1]). Dort wurden stufenweise Stromwerte aufgebaut, indem man Teilströme mit den Zahlenwerten 8 — 4 — 2 — 1 durch Einschalten von Kontakten addierte. Das ist aber genau auch die Bedeutung der senkrechten Zahlenreihen in der Tabelle der Dualzahlen, und das sieht dann so aus:

| Wertigkeit 8 | 4 | 2 | 1 | Dezimalwert |
|---|---|---|---|---|
| 0 | 0 | 0 | 0 | 0 |
| 0 | 0 | 0 | 1 | 1 |
| 0 | 0 | 1 | 0 | 2 |
| 0 | 0 | 1 | 1 | 3 |
| 0 | 1 | 0 | 0 | 4 |
| 0 | 1 | 0 | 1 | 5 |
| 0 | 1 | 1 | 0 | 6 |
| 0 | 1 | 1 | 1 | 7 |
| 1 | 0 | 0 | 0 | 8 |
| 1 | 0 | 0 | 1 | 9 |
| 1 | 0 | 1 | 0 | 10 |
| 1 | 0 | 1 | 1 | 11 |
| 1 | 1 | 0 | 0 | 12 |
| 1 | 1 | 0 | 1 | 13 |
| 1 | 1 | 1 | 0 | 14 |
| 1 | 1 | 1 | 1 | 15 |

1) Abb. 65 auf Seite 99.

Um den Dezimalwert einer dieser Dualzahlen zu erhalten, addiert man ihre Wertigkeiten. Für die Ziffer 7 sind die drei Stellen mit den am Kopf der Tabelle angegebenen Wertigkeiten 4 — 2 — 1 zu addieren, d. h.

$$4 + 2 + 1 = 7$$

Für Dezimalwerte bis 15 sind vier Stellen im Dualsystem erforderlich. Will man es noch weiter ausbauen, dann muß man links eine weitere Spalte für den doppelten Wert von 8, also mit der Wertigkeit 16, hinzufügen. Die Mathematiker gebrauchen mitunter eine andere Ausdrucksweise. Sie sagen, die Wertigkeiten bedeuten Potenzen der Zahl 2.

4 ist gleich $2 \times 2$ oder $2^2$
8 ist gleich $2 \times 2 \times 2$ oder $2^3$
16 ist gleich $2 \times 2 \times 2 \times 2$ oder $2^4$

Zwar ist in den Ausdrücken wie $2^2$ oder $2^4$ der Begriff des Zweiersystems, des Dualsystems, deutlicher, aber anschaulicher erscheint doch die Wertigkeitsreihe 1 — 2 — 4 — 8. Interessanterweise entspricht diese Stufung, bei der jeweils der folgende Zahlenwert eine Verdoppelung bedeutet, dem Aufbau einer vereinfachten logarithmischen Skalenteilung, wie wir sie in Abb. 96 kennengelernt hatten[1]). Auch die Oktaven in der Musik[2]), z. B. mit der Stufung 220 — 440 — 880, entsprechen jeweils einer Verdoppelung. Das Dualsystem ist also gar keine so rein theoretische Schöpfung, sondern man begegnet ihm auch auf anderen Gebieten.

*Rechnen mit Dualzahlen*

Aber kann man denn mit diesem System auch richtig rechnen?
Das geht sogar recht einfach, und es gelten im Prinzip die gleichen Regeln wie im Dezimalsystem. Ein Beispiel für's Addieren:

| Dezimal | Dual |
|---|---|
| 7 | **0 1 1 1** |
| + 8 | + **1 0 0 0** |
| 15 | **1 1 1 1** |

und **1 1 1 1** bedeutet laut Tabelle den Dezimalwert 15. Die Aufgabe war einfach, denn in allen Stellen war stets nur Null und Eins zu addieren, und **0** + **1**, das gilt genauso wie im Dezimalsystem. Muß aber beim Addieren der Wert **1** + **1** gebildet werden, dann bedeutet dies einen Übertrag auf die nächste Stelle, also **0 1** + **0 1** = **1 0** oder als Beispiel:

[1]) Abb. 96 auf Seite 127.
[2]) Vgl. Tonleitersystem auf Seite 167.

| Dezimal | Dual | | | |
|---|---|---|---|---|
| 9 | 1 | 0 | 0 | 1 |
| + 5 | + 0 | 1 | 0 | 1 |
| 14 | 1 | 1 | 1 | 0 |
| | | | ↑ | |
| | | | Übertrag | |

Wie aus der Tabelle für die Wertigkeit von Dualzahlen zu ersehen ist, entspricht **1 1 1 0** tatsächlich der Dualzahl für den Dezimalwert 14.

Etwas schwieriger wird die Sache, wenn an der Stelle, zu der ein Übertrag erfolgen soll, ebenfalls **1** + **1** zu addieren ist. Dann gilt **1** + **1** + **1** = **1 0**, das bedeutet einen Übertrag in übernächste Stelle. Aber wir wollen hier keinen Rechenkursus geben, dafür sind die elektronischen Digitalrechner da. Sie arbeiten recht simpel und addieren keinesfalls lange Zahlenkolonnen in einem Zug, sondern zählen Schritt für Schritt immer nur zwei Zahlengruppen zusammen. Aus (dezimal betrachtet):

| | | | |
|---|---|---|---|
| 13 | machen sie 13 | | |
| + 19 | + 19 | 32 | |
| + 25 | 32 | + 25 | 57 |
| + 2 | | 57 | + 2 |
| 59 | | | 59 |

Infolge der hohen Arbeitsgeschwindigkeit von Elektronenrechnern erhält man das Ergebnis in kürzester Zeit. Auch die anderen Rechenoperationen lassen sich mit einfachen Überlegungen durchführen. Ein Beispiel für das Multiplizieren:

| Dezimal | | Dual | | | | | | | | |
|---|---|---|---|---|---|---|---|---|---|---|
| | | Multiplikand | | | | | Multiplikator | | | |
| 12 · 13 | | 1 | 1 | 0 | 0 | . | 1 | 1 | 0 | 1 |
| 12 | a | + | | 1 | 1 | 0 | 0 | | | |
| 36 | b | | | | 1 | 1 | 0 | 0 | | |
| 156 | c | | 1 | 0 | 0 | 1 | 0 | 0 | | |
| | d | | | | | 0 | 0 | 0 | 0 | |
| | e | | + | | | | 1 | 1 | 0 | 0 |
| | f | | 1 | 0 | 0 | 1 | 1 | 1 | 0 | 0 |

Auch in der Dualrechnung wird die erste Zahlengruppe, der Multiplikand, jeweils mit einer Ziffer der zweiten Zahlengruppe, dem Multi-

plikator, multipliziert. Die jeweiligen Ergebnisse werden stellenweise addiert. Diese Multiplikation ist sehr einfach, denn $\mathbf{1} \times \mathbf{1} = \mathbf{1}$
und $\mathbf{0} \times \mathbf{1} = \mathbf{0}$.

In dem angegebenen Beispiel bedeuten:

*Zeile a.* Der Multiplikand wird mit **1** multipliziert, gibt **1 1 0 0**.

*Zeile b.* Das gleiche, aber um eine Stelle versetzt.

*Zeile c.* Der Rechner addiert hier bereits, sonst wird's ihm zu unübersichtlich. Dabei ergibt sich links zweimal ein Übertrag $\mathbf{1} + \mathbf{1} = \mathbf{1\ 0}$, der richtig beachtet wurde.

*Zeile d.* Nullmal die ganze Zahl ist null — eine alte Rechenregel aus den ersten Schulklassen.

*Zeile e.* Da noch nichts zu addieren ist, wird gleich die letzte Stelle des Multiplikators hinzugefügt.

*Zeile f.* Die Addition von Zeile c und d und damit das Endergebnis **1 0 0 1 1 1 0 0**.

Machen wir uns die Mühe, es in Dezimalwerte zu übertragen. Wir müssen mit der Wertigkeit dabei weit nach rechts ausholen und schreiben dies der besseren Übersicht wegen von oben nach unten:

| Wertigkeit | Dualergebnis | Dezimalwert |
|---|---|---|
| 1 | **0** | 0 |
| 2 | **0** | 0 |
| 4 | **1** | 4 |
| 8 | **1** | 8 |
| 16 | **1** | 16 |
| 32 | **0** | 0 |
| 64 | **0** | 0 |
| 128 | **1** | 128 |
| | | 156 |

Man erhält also in der Tat den Wert 156, den wir vorher bei der Dezimalmultiplikation $12 \times 13$ bekommen hatten. Um aber dezimal multiplizieren zu können, mußten wir in der Schule sehr intensiv das Einmaleins mit hundert verschiedenen Zahlenkombinationen auswendig lernen. Dual braucht man nur zu wissen:

$$\mathbf{0} \times \mathbf{1} = \mathbf{0}$$
$$\mathbf{1} \times \mathbf{1} = \mathbf{1}$$

Ähnlich einfach sind die Regeln für Subtrahieren und Dividieren.

Das Dualsystem oder die binäre oder dyadische Rechnungsweise wurde bereits vor rund 300 Jahren (1679) von dem deutschen Philosophen Gottfried Wilhelm Leibniz erfunden. Er betonte damals schon, wie einfach alle Operationen damit verlaufen und daß man nach diesem System Rechenmaschinen bauen könnte. Im Schriftwechsel mit anderen Gelehrten stellte sich heraus, daß anscheinend bereits vor über 4000 Jahren im alten China ein solches Rechensystem bestanden hat.

*Der BCD-Code*

Trotz aller Vorteile des Dualsystems für die elektronische Technik sind höhere Zahlenwerte recht unübersichtlich. Wir sind eben zu sehr an unser Dezimalsystem gewöhnt. Deswegen drückt man in der digitalen Meßtechnik nur die Dezimalzahlen von 0 bis 9 in Binärwerten aus. Als Denkmodell stelle man sich Stromkreise mit Schaltern und Signallämpchen nach *Abb. 233* vor. Die Zahl 7 wird also durch Einschalten der Schalter mit den Wertigkeiten 1, 2 und 4 markiert, die zugehörigen Lämpchen leuchten dann auf.

Man geht jedoch nur bis zur Zahl $9 = 8 + 1$ und fängt dann die nächste Dezimalstelle von neuem nach diesem Schema an. Jede Ziffer einer Dezimalzahl wird also durch eine vierstellige Dualzahl ausgedrückt. Man nennt diese vierstellige Dualzahl eine Tetrade. Weil man damit Binärwerte so codieren kann, daß Dezimalzahlen leicht wieder zu rekonstruieren sind, nennt man dieses Schema ein BCD-Code. Nach der Reihenfolge der Wertigkeiten bezeichnet man ihn auch als 8—4—2—1-Code. Es gibt auch noch andere Möglichkeiten, z. B. den sogenannten Aiken-Code, der mit den Wertigkeiten 2 — 4 — 2 — 1 den Wert 9 erreicht. Aber diese Feinheiten sieht man einem Rechner äußerlich nicht an.

Binär/Dezimal-Code sind vor allem wichtig, um von den Dualstufen innerhalb eines Zählers oder Rechners auf die äußeren dezimalen Ziffernanzeigeeinheiten überzugehen. In einfachen Fällen kann man bei Zählgeräten das Ergebnis nicht dezimal, sondern im 8—4—2—1-Code anzei-

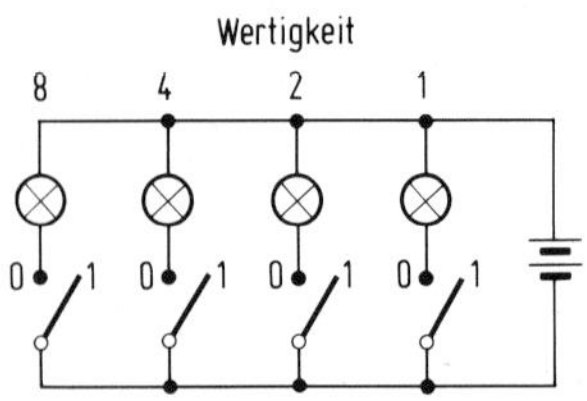


Abb. 233. Anzeigeeinrichtung für vierstellige Dualzahlen

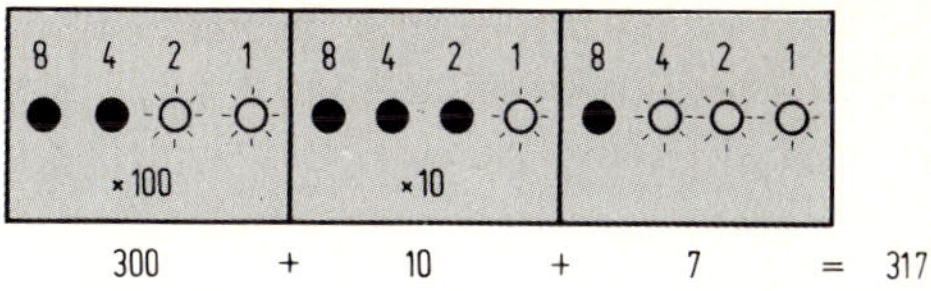


Abb. 234. Die Zahl 317 angezeigt durch drei Tetraden im 8-4-2-1-Code

Abb. 235. Prinzip eines Dual-Addierers mit Übertrag

gen. In *Abb. 234* ist der Zahlenwert 317 in dieser Weise durch Aufleuchten von Lämpchen dargestellt.

Noch einige Fachworte:

bit. Abkürzung für *binary digit*, Kurzbezeichnung für eine einzelne Binärstelle.

digit. Kleinste Einheit eines Zahlensystems.

Tetrade. Vierstellige Dualzahl aus dem BCD-Code. Eine Tetrade hat 4 bit.

Byte. Achtstellige Dualzahl; 1 Byte = 2 Tetraden = 8 bit.

Wenn in einem Zähler die Tetrade für die letzte Dezimalstelle beim Addieren den Gesamtwert 9 erreicht hat, muß wie bei anderen mehrstelligen Operationen ein Übertrag auf die nächst höhere Tetrade erfolgen. $X_1$ und $X_2$ seien die beiden zu addierenden Zahlenwerte, S ist die Summe und Ü der Übertrag. Dann gilt das Schema:

| $X_1$ | $X_2$ | S | Ü | Schreibweise | |
|---|---|---|---|---|---|
| **0** | **0** | **0** | **0** | **0** | **0** |
| **0** | **1** | **1** | **0** | **0** | **1** |
| **1** | **0** | **1** | **0** | **0** | **1** |
| **1** | **1** | **0** | **1** | **1** | **0** |

Dafür benötigt man einen Dualaddierer nach der Blockschaltung *Abb. 235*. Er gibt bei **1** + **1** = **1 0** den Übertrag S für die nächste Stufe aus.

*Flipflops und Zähldekaden*

Für den Addiervorgang selbst benutzt man Gatterschaltungen in den verschiedensten Variationen. Die Abb. 185 und 198 brachten einfache Beispiele. Kombinierte Gatterschaltungen werden heute meist in integrierter Technik als komplette Bausteine geliefert, und die Entwicklungs-

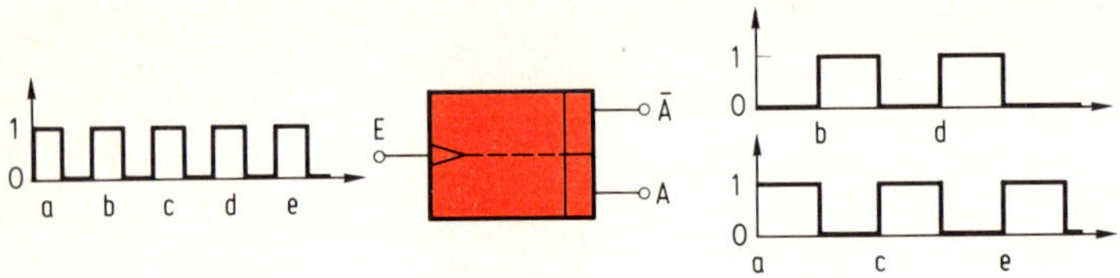


Abb. 236. Schaltsymbol für ein Flipflop mit Funktionsdiagrammen. Der Ausgang, der gerade ein Signal führt, wird durch das schwarze Feld markiert

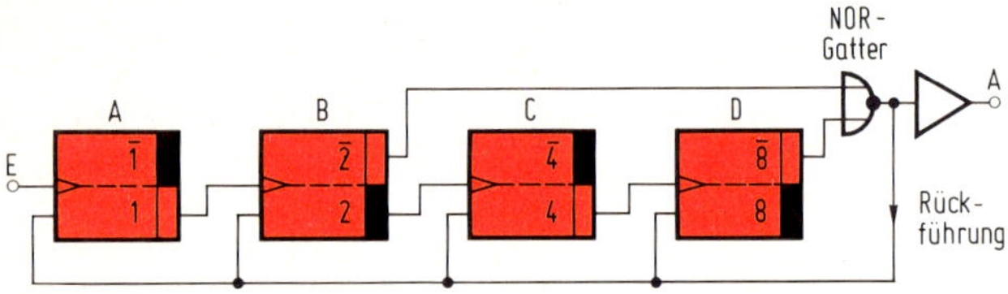


Abb. 237. Blockschaltung einer Zähldekade im BCD-Code

ingenieure besitzen eine große Gewandtheit, Zählschaltungen damit aufzubauen. Wir betrachten diese Bausteine als „Schwarze Kästen“ oder auf englisch als *black boxes* und kümmern uns nur um ihre Wirkungsweise. Das gilt auch für die nachstehend behandelte Einheit. Es handelt sich um das Flipflop. Es stellt neben den Gatterschaltungen eine weitere wichtige Baustufe der Digitaltechnik dar. Das Schaltsymbol *Abb. 236* soll die Funktion erläutern. Werden an den Eingang E der Reihe nach Zählimpulse a, b, c, d gegeben, dann erscheinen abwechselnd Ausgangsimpulse an den Klemmen A und Ā. Der Strich über dem A bedeutet, daß dieses Signal invertiert worden ist. Gibt man dem Ausgang A die Bedeutung „**1**“, dann liefert Ā das Signal **0**. Aus den am Eingang und an den Ausgängen gezeichneten Diagrammen für die einzelnen Impulse erkennt man die Wirkungsweise. Erscheint das Signal am Ausgang A, dann sagt man auch, das Flipflop ist gesetzt. Erscheint es am Ausgang Ā, dann sagt man, der Ausgang ist negiert.

Diese abwechselnd erscheinenden Signale **0** und **1**, das Flip und das Flop, sind aber genau das, was man braucht, um in der Tabelle der Wertigkeiten auf Seite 000 in der Spalte für die Wertigkeit 1 abwechselnd die Signale **0** und **1** zu erhalten. Kombiniert man vier Flipflops nach *Abb. 237*, dann erhält man eine Zähldekade im BCD-Code. Gibt man Zählimpulse auf den Eingang, dann kippt das Einser-Flipflop ständig hin und her, wie bei Abb. 236 erläutert. Jedes Signal **1** an seinem Ausgang wird auf die

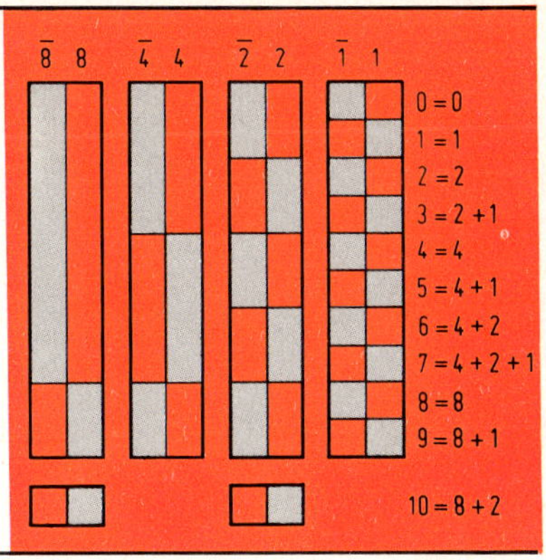


Abb. 238. Flipflop-Schema für eine Zähldekade im BCD-Code

nächste Stufe weitergegeben. Sie arbeitet genauso, aber nun für die Wertigkeit 2, d. h. erst wenn zwei Eingangsschritte in die erste Stufe eingelaufen sind.

In *Abb. 238* ist ein solches Zählschema dargestellt. Denkt man sich an jedem Flipflop außerdem ein Signallämpchen am Ausgang A so wie in Abb. 234 für die Wertigkeiten 8 — 4 — 2 — 1, dann stellen die weißen Felder in Abb. 238 diese jeweils aufleuchtenden Lämpchen dar. Für die Dezimalzahl 7 wären das die Felder 4, 2 und 1.

Durch ein besonderes Gatter, in Abb. 237 als NOR-Gatter bezeichnet, wird erreicht, daß dann, wenn die Flipflops 2 und 4 negierte Signale an ihren Ausgängen führen, also sich eigentlich der Zahlenwert $8 + 2 = 10$ einstellen will, hinter dem Gatter ein Übertragssignal erscheint. Es wird zunächst innerhalb der Zähldekade auf eine Rückstelleitung Rü gegeben. Dies bewirkt, daß alle vier Stufen sofort beim Erreichen von $2 + 8$ wieder auf Null gestellt werden.

Hinter dem Gatter liegt eine Inverterstufe, sie liefert das eigentliche Übertragsignal an die nächste Dekade.

Vier solcher Zähldekaden nach Abb. 237 sind für einen vierstelligen Digitalzähler erforderlich, der dann bis **9 9 9 9** zählen kann. Oft spart man bei handelsüblichen Zählgeräten die vierte Dekade ein. Die dritte gibt dann nur noch das Übertragssignal aus. Man hat für die vierte Stelle also noch die Möglichkeit, die Informationen 0 und 1 anzuzeigen. Der Zähler zählt von **0 0 0 0** bis **1 9 9 9**. Man sagt, er ist $3^1/_2$stellig. Einen solchen Zählumfang findet man oft bei Digitalvoltmetern.

Abb. 239. Vierstelliger Digitalzähler mit Glimmlicht-Ziffernanzeigeröhren

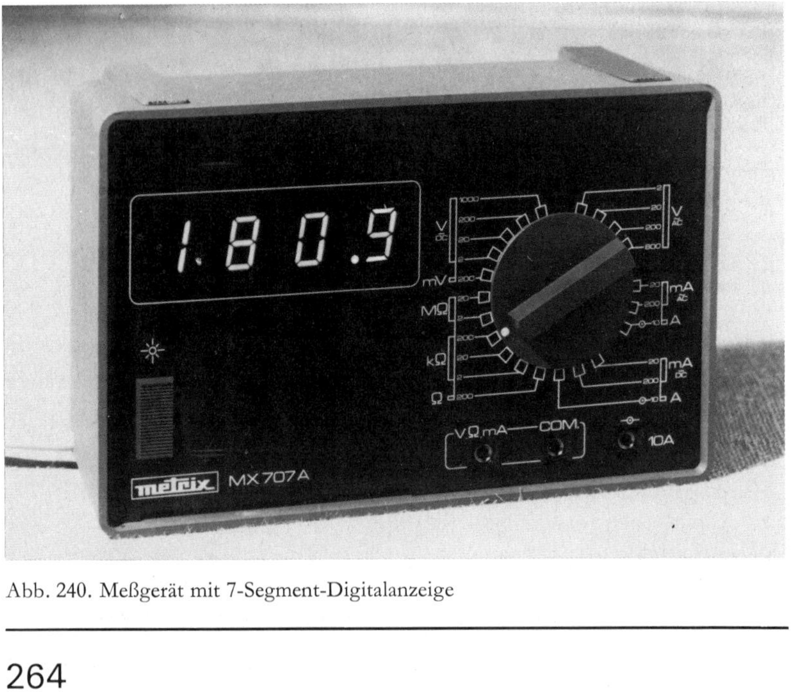


Abb. 240. Meßgerät mit 7-Segment-Digitalanzeige

Abb. 241. Integrierter Schaltungsbaustein Typ S 120. Er enthält einen vollständigen Vierdekadenzähler in MOS-Technik (Siemens)

*Ziffernanzeige*

Ein elektronischer Digitalzähler kann für alle fortlaufenden Zählvorgänge verwendet werden, z. B. zum Zählen von Flaschen auf einem Förderband, wie dies in Abb. 129 skizziert wurde. Eine so primitive Anzeige mit Lämpchen wie in Abb. 234 wäre aber zu schwerfällig. Man benutzt deshalb richtige Ziffernanzeigen. Gut lesbare Zahlenzeichen erhält man mit Glimmlicht-Ziffernanzeigeröhren nach *Abb. 239.* Sie erfordern jedoch eine relativ hohe Betriebsspannung von +250 V, die zum Beispiel bei batteriebetriebenen Geräten und auch bei reiner Halbleiterschaltungstechnik nicht mehr so erwünscht ist. Deswegen schuf man dafür die mit Leuchtdioden arbeitenden 7-Segmentanzeigen. Bei ihnen leuchten je nach der angezeigten Zahl einzelne Segmente entsprechend *Abb. 240* auf. Die Zahlen sehen allerdings etwas eckig aus, aber man gewöhnt sich daran.

In beiden Fällen, ob Glimmlicht-Ziffernanzeige oder 7-Segmentanzeige, muß man über komplizierte Diodengatterschaltungen, die an die acht

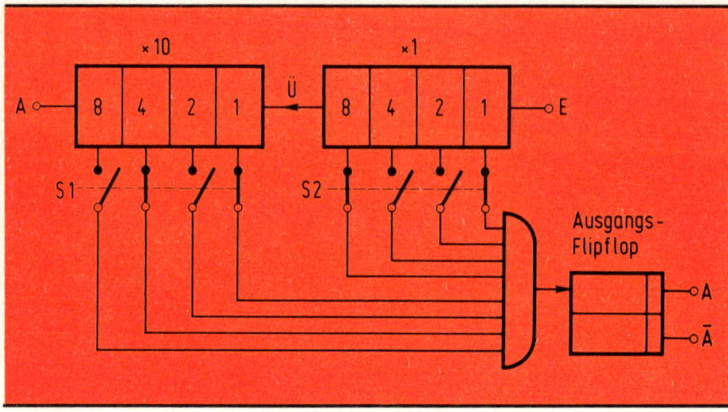


Abb. 242. Prinzip eines Vorwahlzählers

Flipflop-Ausgänge jeder Dekade angeschlossen werden, gerade immer die Zahl zum Aufleuchten bringen, die eben von der Dekade angezeigt werden soll. Man muß also mit diesen Gatterschaltungen umcodieren vom Dualsystem zur Dezimalanzeige. Eine solche Gatterkombination nennt man daher Decodiermatrix. Diese Matrizen werden heute in integrierter Schaltungstechnik fix und fertig geliefert. Sie können auch gleich mit der Zähldekade oder mit dem Anzeigeelement integriert werden. Die bekannten elektronischen Taschenrechner arbeiten mit so weitgehend integrierten Bausteinen. *Abb. 241* zeigt einen kompletten Vierdekadenzähler Typ S 140 von Siemens.

*Vorwahlzähler*

Vorwahlzähler werden hauptsächlich für digital arbeitende oder numerische Steuerungen verwendet. Ein solcher Zähler liefert ein Steuersignal für angeschlossene Geräte oder Maschinen, wenn der voreingestellte Zahlenwert erreicht ist. In *Abb. 242* ist dies für zwei Zähldekaden und für die vorgewählte Zahl 59 demonstriert. Die Vorwahlschalter S 1 und S 2 sind Drehschalter mit zehn Stellungen von 0 bis 9. Dabei stellen vier Schleifkontakte auf Kupferbahnen die Verbindungen her, die dem verwendeten Code entsprechen, im Bild also $(4 + 1) \times 10$ und $(8 + 1) \times 1$, das entspricht 59.

Die Ausgänge der Flipflops führen nun über diese Schalterleitungen zu einem Mehrfach-UND-Gatter. Läuft der Zähler hoch, dann hat bis zur Zahl 58 mindestens immer einer der drei über die Schalter angeschlossenen Flipflop-Ausgänge das Signal 0, und das UND-Gatter sperrt. Bei 59 springen sämtliche durchgeschalteten Gatterleitungen auf 1. Das Gatter

Abb. 243. Digitalzähler mit Vorwahleinstellung unten. Das Anzeigefeld zeigt den erreichten Vorwahlwert

schaltet durch, betätigt ein Flipflop, und dieses gibt das gewünschte Steuersignal aus.

Diese hier noch rein elektromechanisch arbeitende Einrichtung enthält in einfacher Form zwei Merkmale, die grundsätzlich für die gesamte elektronische Rechentechnik von Bedeutung sind: Programmierung und Speicher. Unter Programmierung versteht man in diesem Fall das Eingeben des gewünschten Zahlenwertes mit Hilfe der bezifferten Einstellknöpfe. Die Zahlenwerte sind dann in den Kombinationen der Schalterkontakte S 1 und S 2 gespeichert.

*Abb. 243* zeigt die industrielle Ausführung eines solchen Zählers. Das untere Feld stellt den Vorwahlschalter dar. Die Zahlenkombination wird durch schmale, mit der Fingerkuppe zu betätigende Zackenrädchen eingestellt. Im Anzeigefeld oben kann man den Ablauf des Zählvorganges beobachten. Dieser Zähler kann vorwärts und auch wieder zurückzählen. Die Zählrichtung wird durch Vorzeichen am Vorwahlschalter gewählt und an der Ziffernausgabe angezeigt. Man nennt diesen Typ: Vor/Rückwärtszähler mit einfacher Vorwahl. Derartige Geräte lassen sich auch für mehrere Vorwahlen ausrüsten und leiten dann bereits über zu Programmsteuerungen.

*Zählgeräte in der Industrie*

Die Anwendungsgebiete von Zählern sind äußerst vielgestaltig und erweitern sich ständig. So seien hier nur aufgeführt:

Mengenzählung an Verpackungsmaschinen

Dosierung von Flüssigkeiten:
1. durch Abzählen von Impulsen eines Flügelradgebers
2. durch genaue Zeitsteuerung bei konstantem Durchfluß

Dosierung von Nahrungsmitteln in Verbindung mit Förderschnecken:
1. durch Abzählen von Impulsen
2. durch exakte Zeitsteuerung

Steuerung von Transformatorwickelmaschinen
Steuerung von Mischanlagen
Werkzeugmaschinen-Positionierung
Koordinatensteuerungen
Abschneiden von Platten, Bändern und Stäben mit rotierenden Scheren
Messung von Kameraverschlußzeiten in Verbindung mit einem Frequenz- bzw. Zeitnormal
Zählen der Achsen im Eisenbahnbetrieb
Aufzugsteuerungen
Inhaltskontrolle von Tanks und Silos

*Die verschiedenen Arten von Zählern*

Die einfachste Form ist der Vorwärtszähler. Er spricht auf Zählstromstöße in einer Richtung an und addiert sie in *Abb. 244*, $7 + 5 = 12$.

*Abb. 245* zeigt das Arbeitsprinzip der Vor-Rückwärtszähler oder Differenzzähler. Sie zeigen das Ergebnis von zwei entgegengesetzt verlaufenden Vorgängen an, im Bild ist dargestellt $9 - 5 = 4$. Anwendungsgebiete sind z. B. Aufzugsteuerungen und Inhaltskontrollen von Silos. Bei Aufzugsteuerungen werden die in einer Richtung gegebenen Impulse gezählt, die in der Gegenrichtung erzeugten Impulse davon abgezogen, die Differenz gibt die Stellung des Fahrkorbes an. Bei Silos wird die zugeführte Menge mit der entnommenen Menge verglichen. Die Differenz gibt den Inhalt des Silos an.

Die dritte Form der industriellen Zählgeräte, *Abb. 246*, sind die Zähler mit Vorwahl, wie sie bereits im vorigen Abschnitt behandelt worden

Abb. 244. Einfacher Vorwahlzähler

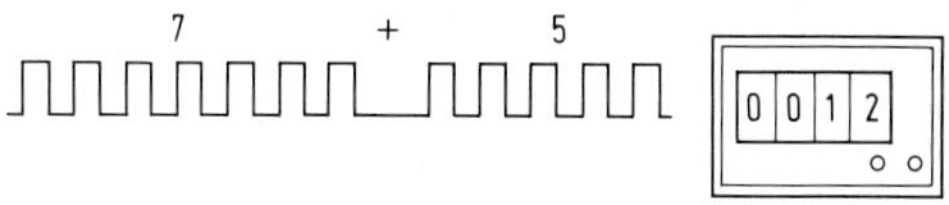


Abb. 245. Vor-Rückwärtszähler oder Differenzzähler

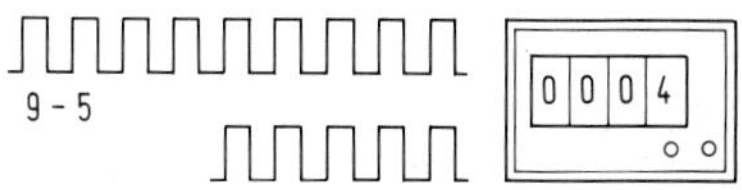


Abb. 246. Vorwahlzähler

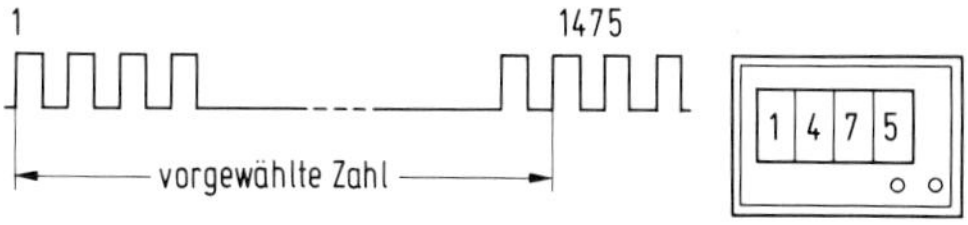


Abb. 247. Verhältniszähler

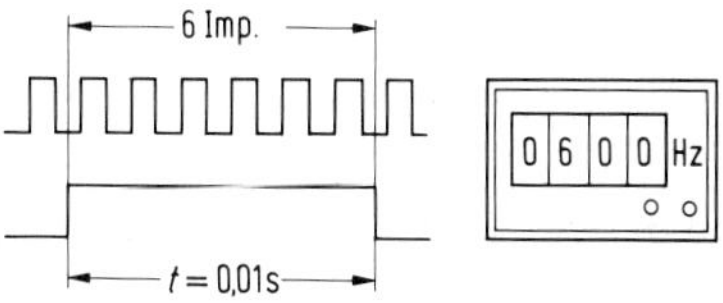


sind. Beim Erreichen einer vorher eingestellten Zahl setzen sie sich still und geben ein Steuersignal aus.

Bei der vierten Ausführungsform, dem Verhältniszähler *Abb. 247*, werden elektrische Impulse innerhalb einer bestimmten Zeitspanne gezählt. Das typische Beispiel hierfür sind Frequenzmessungen. Ein solcher Zähler enthält eine Torschaltung und einen Zeitbasisgenerator. Dieses Tor wird für die gewählte Zeit, z. B. $^1/_{100}$ Sekunde, geöffnet, und nur die während dieser Zeit einlaufenden Impulse werden gezählt. Für Drehzahlmessungen wählt man eine Zeitbasis von
0,6 s = 1500 Imp/min = 1500 U/min.

Allgemein kann man mit Verhältniszählern dieser Art zwei Werte zueinander in Beziehungen bringen, wenn man sie vorher in Frequenzen bzw. Impulse umwandelt. Auf diese Weise lassen sich folgende Aufgaben lösen:

Geschwindigkeitsmessungen (Weg : Zeit = m/min)

Durchflußmessungen (Liter/Stunde)

Die Zählimpulse in allen diesen Anlagen können aus den verschiedenartigsten Quellen herrühren. Eines der Beispiele war die Lichtschranke zum Flaschenzählen. Für Drehzahlmessungen tastet man eine Marke auf der sich drehenden Welle oder Scheibe mit Hilfe eines Fotodetektors ab. Für Längenmessungen, z. B. zum Positionieren von Werkzeugmaschinen, kann man durch rotierende Lochscheiben an der Maschinenschlittenspindel Lichtblitze erzeugen, deren Anzahl dann ein Maß für den Weg gibt. Bei anderen Verfahren werden lineare Maßstäbe abgetastet und liefern dann eine dem Weg analoge Zahl von Zählimpulsen.

Ein Sondergebiet der Zähltechnik sind elektronische Digitaluhren. Sie zählen in erster Linie Sekunden. Ein spezieller Zählerbaustein gibt nicht wie beim Dekadenzähler nach neun Schritten, sondern erst nach 59 Schritten den Übertragsimpuls für den Minutenzähler. Dieser ist genauso geschaltet und liefert daher nach 59 Minuten den Übertrag für die Stundenanzeige. Sie beginnt nach 24 Stunden wieder von null Uhr an zu zählen.

Als Zeitbasisgenerator dient bei netzbetriebenen Digitaluhren oft die Netzfrequenz von 50 Hz. Batteriebetriebene Digitaluhren und hochpräzise Zeitmeßanlagen, z. B. für Sportwettbewerbe, arbeiten mit sehr genauen quarzgesteuerten Frequenzoszillatoren. Die sehr hohe „Normalfrequenz“ muß dann auf Sekunden heruntergeteilt werden. Diese Frequenzteilung beruht auf Serien von Flipflops. Wenn man sich nochmals die Diagramme in Abb. 236 ansieht, erkennt man, daß die Impulsreihen an den Ausgängen in der gleichen Zeit nur die halbe Impulszahl gegenüber der Eingangsimpulsreihe haben. Die Frequenz ist damit im Verhältnis 2 : 1 heruntergeteilt worden. Es gibt jedoch auch Schaltungen, mit denen man in einer Stufe gleich im Verhältnis 5 : 1 oder 10 : 1 herunterteilen kann. Mit solchen Anordnungen erhält man dann zum Beispiel aus der Netzfrequenz zunächst

$$10\ \text{Hz} \quad (5 : 1 = 50 : 10)$$

und dann

$$1\ \text{Hz} \quad (10 : 1)$$

Diese 1-Hz-Impulsreihe gibt den Einsekundentakt. Quarzgesteuerte Uhren mit sehr hoher Anfangsfrequenz arbeiten mit vielen Teilerstufen, die in integrierten Schaltungen zusammengefaßt sind.

# Vom Zähler zum Rechner 16

*Speicher und Register*

Flipflops dienen nicht nur als duale Zählstufen, sondern auch als Speicherstellen für Binärsignale. Hat man das Flipflop durch einen Eingangsimpuls „gesetzt“, dann bleibt das Ausgangssignal bestehen, wenn keine weiteren Signale folgen. Grund hierfür ist eine innere Rückführung. Ein Teil der Ausgangsspannung wird intern so auf den Eingang zurückgeführt, daß sich der Zustand selbst aufrecht erhält, bis das nächste Zeichen eingeht.

Über zusätzliche Eingänge, die je nach Funktion mit den Buchstaben R, S, J oder K bezeichnet sind, lassen sich weitere Vorgänge bewirken. So können Flipflops durch einen Rücksetzimpuls (reset) in die Grundstellung zurückgesetzt werden. Man benutzt das, um bei einem Zähler alle Stufen auf Null zu stellen, wenn ein neuer Zählvorgang beginnen soll. In Abb. 237 wurden zwei Flipflops über die Leitung Rü zurückgesetzt,

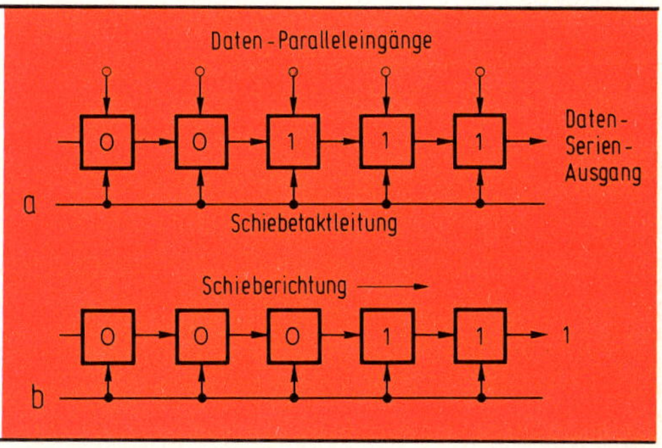


Abb. 248. Wirkung des Schieberegisters

damit beim Übergang von 9 auf 10 (dezimal) die Dekade auf **0** gestellt und ein Übertragssignal ausgegeben wird.

Mit anderen Eingangsleitungen, den Takteingängen, kann man erreichen, daß die im Ausgang eines Flipflops gespeicherte Dualzahl zum folgenden Flipflop weitergeschoben wird. *Abb. 248* zeigt das Schema hierfür. Die Kästchen bedeuten jeweils ein vollständiges Flipflop. In Abb. *248a* ist ein fünfteiliges Register vorgesehen, in das die Dualzahl **0 0 1 1 1**, also dezimal 7, parallel eingegeben worden ist. Diese Paralleleingabe kann zum Beispiel dadurch erfolgt sein, daß die Taste 7 eines elektronischen Taschenrechners gedrückt wurde. Eine aus Gatterschaltungen bestehende Dezimal-Dual-Matrix liefert dann die entsprechenden Spannungspegel auf parallelen Leitungen in die Flipflops ein.

In die eigentlichen Zähldekaden müssen aber die binären Informationen hintereinander eingegeben werden, so wie dies in Abb. 244 für das Rechenbeispiel $7 + 5$ angedeutet war. Deswegen wird nun aus einem Taktgenerator der erste Impuls auf die Schiebetaktleitung in Abb. 248a gegeben. Sämtliche Flipflops liefern dadurch ihre gespeicherte Information an die Nachbar-Flipflops rechts weiter und nehmen selbst den Signalpegel des vorhergehenden Flipflops an. Damit verschiebt sich das Binärwort um eine Stelle nach rechts, und die vorher am weitesten rechts stehende Binärformation **1** wird nach Abb. *248b* auf die Ausgangsleitung gegeben. Der Vorgang wiederholt sich beim folgenden Taktimpuls. Die Information wird nochmals weitergeschoben. Man bezeichnet deshalb diese Schaltung als Schieberegister. Auf der Ausgangsleitung erscheinen nun nacheinander oder *seriell* die eigentlichen Datenimpulse und können in einen Zähler eingegeben werden.

*Der elektronische Taschenrechner — ein Klein-Computer*

Die Bezeichnung Computer geht zwar auch auf ein lateinisches Wort zurück, halten wir uns aber diesmal an die französische Vokabel compter = rechnen. In gar nicht so weit zurückliegender Zeit fand man auch hierzulande noch für ein kaufmännisches Rechnungsbüro die Bezeichnung *Comptoir*, aus der dann Kontor wurde. Der Computer ist also schlicht ein Rechner, allerdings ein sehr schneller Rechner. Sonst aber vermag er nicht mehr, als Menschenhirne ihm vorgeschrieben und eingegeben haben.

Ein fast alltäglich gewordenes Beispiel für einen Computer sind die elektronischen Taschenrechner. Man kann sie fast in jedem Warenhaus in die Hand bekommen und ausprobieren. *Abb. 249* zeigt Bedienungs- und

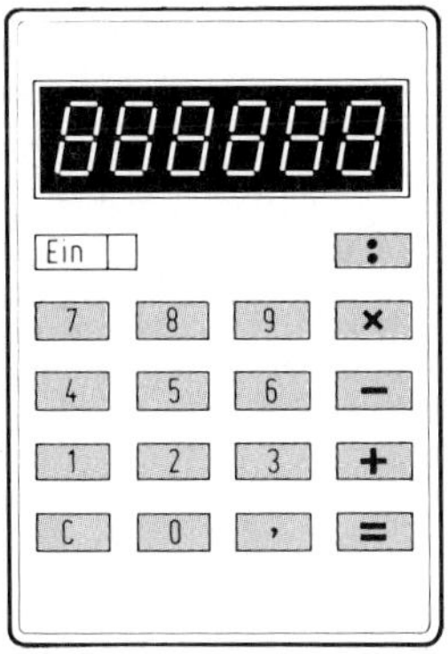


Abb. 249. Anzeige- und Bedienungsfeld eines einfachen elektronischen Taschenrechners

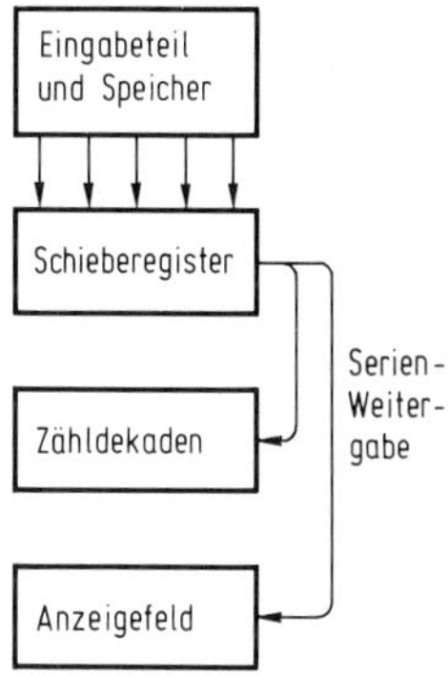


Abb. 250. Eingeben der Zahlenwerte über das Schieberegister zu den Zähldekaden

Anzeigefeld eines solchen Taschenrechners einfachster Ausführung. Das Bedienungsfeld enthält Tasten für die Ziffern 0 bis 9 sowie Tasten mit Kurzzeichen für die vier Grundrechnungsarten Dividieren (:), Multiplizieren (×), Subtrahieren (—) und Addieren (+). Eine weitere Taste mit dem Gleichheitszeichen (=) ist zu drücken, wenn das Rechenergebnis angezeigt werden soll. Das im Alltag übliche Dezimalkomma wird durch einen Punkt markiert. Nur hier im Bild wurde ein Komma dafür eingezeichnet. Schließlich ist noch eine mit C bezeichnete Taste vorhanden. Dies ist die Abkürzung für das englische Wort clear = klar. Durch Drücken dieser Taste wird die Anzeige gelöscht, und der Rechner ist klar für eine neue Aufgabe.

*Abb. 250* soll das Eingeben eines Zahlenwertes und die Funktion des Schieberegisters nochmals verdeutlichen. Durch Drücken einer Zifferntaste im Eingabeteil wird die dafür fest gespeicherte Dualtetrade in das Schieberegister gegeben. Von dort bringt sie die Taktsteuerung seriell in die Zähldekade und in das Anzeigefeld. Dort leuchtet dann die betreffende Ziffer ganz rechts auf.

Nun gibt man die zweite Ziffer durch Tastendruck ein. Wieder erfolgt der gleiche Vorgang, und die zweite Ziffer erscheint nun rechts von der ersten, während die zuerst eingegebene um eine Stelle weiter nach links rückt. Es hat also noch ein zusätzlicher Schiebevorgang stattgefunden, um die vorhergehende Zahl im Anzeigefeld um eine Stelle weiterzuschieben. Bei anderen Rechnern erscheint die zuerst eingegebene Zahl ganz links im Anzeigefeld, und jede nächste Ziffer schließt sich dann stellenrichtig an.

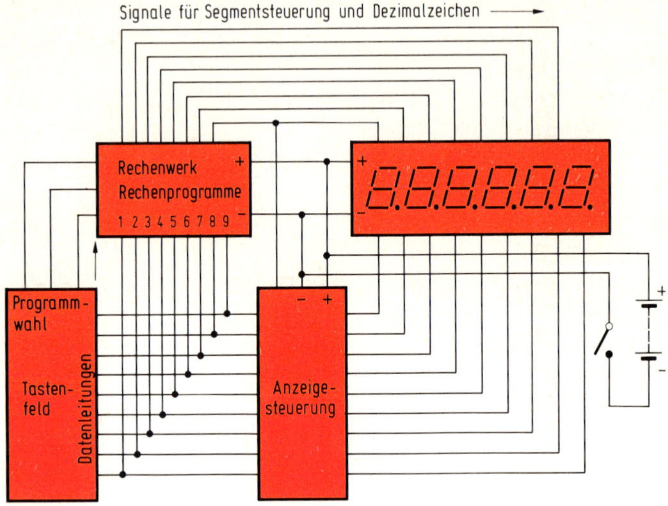


Abb. 251. Blockschaltung eines elektronischen Taschenrechners. Die vier Einheiten bestehen aus integrierten Schaltungen

Beim Drücken der Kommataste erscheint der Dezimalpunkt hinter dei vorher eingegebenen Ziffer.

In der folgenden Blockschaltung, *Abb. 251*, eines solchen Klein-Computers können wir bereits die Grundlagen größerer Anlagen erkennen. Vom Tastenfeld, also vom Eingabeteil, führen Datenleitungen zum Rechenwerk. Daten sind in diesem Fall die Zahlenangaben, die durch Drücken der Zifferntasten ausgelöst werden. Wie in Abb. 250 werden sie in Binärwerte umcodiert und dann seriell im Rechenwerk bzw. in den darin befindlichen Zähldekaden weiterverarbeitet. Gleichzeitig führen diese Datenleitungen zur Anzeigesteuerung. Sie arbeitet im sogenannten Zeitmultiplexverfahren. Dies ist notwendig, um komplizierte Parallelleitungen zu vermeiden. Sollen alle sechs Ziffern des Anzeigefeldes gleichzeitig aufleuchten, dann müßten bei 7-Segmentanzeigen $6 \times 7 = 42$ Datenleitungen dorthin führen. Um das zu ersparen, tastet man mit Hilfe eines weiteren Taktgenerators der Reihe nach nur immer die Information für eine Ziffer ab und gibt sie auf das zugehörige Anzeigefeld. Die Ziffern leuchten eigentlich gar nicht alle gleichzeitig auf, sondern sehr schnell hintereinander. Die im Baustein erzeugte Multiplexfrequenz liegt aber so hoch, daß für das Auge die Leuchtanzeige aller Ziffern gleichbleibend hell erscheint.

Soweit die Daten- bzw. Zifferneingabe. Nun muß aber noch das Programm gewählt werden. Beim Taschenrechner bedeutet dies, daß man durch Tastendruck vorschreibt, ob die nächste einzugebende Zahl zu der bereits eingetasteten addiert oder zum Beispiel multipliziert werden soll. Die Programme hierfür, nach den Rechenregeln des Dualsystems, sind fest im Rechenwerk programmiert oder gespeichert. Über die Leitungen „Programmwahl", die von den betreffenden Tasten kommen, wird das gewünschte Programm gewählt und vorgeschrieben. Nach dem Eingeben der nächsten Zahl erscheint diese zur Kontrolle im Anzeigefeld. Wird anschließend die Taste mit dem Gleichheitszeichen gedrückt, dann läuft der programmierte Rechenvorgang ab, und im Anzeigefeld erscheint nun das Resultat. Es wird über die in Abb. 251 oben gezeichneten Leitungen an das Anzeigefeld geliefert, aber gleichfalls im Zeitmultiplexverfahren sehr schnell nacheinander an den einzelnen Ziffernstellen zum Aufleuchten gebracht.

*Erweiterung zur Datenverarbeitungsanlage*

Das Grundschema Abb. 251 läßt sich gedankenmäßig ausbauen, indem das Fassungs- und Verarbeitungsvermögen des Rechen- und Programmwerkes wesentlich erweitert wird. Nehmen wir einen jedermann verständlichen Fall an. In einem Supermarkt soll eine zentrale Datenverarbeitungsanlage sowohl die geldlichen Umsätze als auch den Warenausgang und Wareneingang überwachen. Zu diesem Zweck erhalten sämtliche Warenstücke Aufkleber, auf denen der Stückpreis und außerdem eine Kennziffer für die Warenart aufgedruckt ist. Sämtliche Kassen sind über Datenleitungen mit dem Zentralrechner verbunden. Bei ihm sind in einem Großspeicher die Kennziffern der Warengattungen, ihr Preis und der Lagerbestand eingespeichert. Hat eine Kundin drei Pakete Waschmittel gekauft, dann werden beim Eintippen der Kennziffern im Zentralspeicher drei Stück von der Gesamtstückzahl abgebucht. In diesem Speicher ist außerdem über einen „Vorwahlzähler" ein Mindestbestand festgelegt. Wird dieser Wert erreicht oder unterschritten, dann druckt der Rechner für den Einkäufer die Meldung aus: Waschmittel XY nur noch Z Stück am Lager, nachbestellen!

Neu eingehende Warenlieferungen werden stückzahl- und kennziffernmäßig in den Rechner eingegeben, durch Addieren zum Restbestand ergibt sich der neue Lagerbestand.

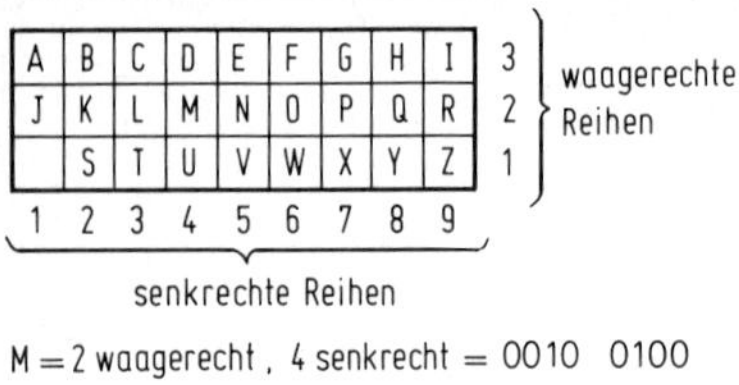


Abb. 252. Schema der Buchstabencodierung

Daß die Tageskasseneinnahmen auf einem weiteren Rechenwerk addiert werden können, ist selbstverständlich. Die Datenverarbeitungsanlage kann außerdem Statistiken ausdrucken, wie die einzelnen Artikel gefragt sind. Stellt sich heraus, daß eine Warenart kaum mehr gekauft wird, dann wird man sie nicht mehr nachbestellen und für den Restbestand einen Sonderpreis machen.

Alle diese Übersichten und Rechnungen beruhen auf dem Verarbeiten reiner Zahlenwerte.

*Wortinformationen*

Jeder weiß, daß EDV-Anlagen nicht nur Rechenarbeiten durchführen, sondern auch Kundenadressen speichern und bei Bedarf ausdrucken sowie sonstige Wortinformationen aufnehmen und verarbeiten. Wie kann man aber die Anlage dazu bringen, Buchstaben und andere Satzzeichen zu speichern und auszugeben?

Nun, man muß auch die Buchstaben in Dualinformationen umcodieren. *Abb. 252* zeigt ein Schema hierfür. Die Buchstaben des Alphabetes sind in ein Quadratnetz mit drei waagerechten und neun senkrechten Reihen eingetragen. Ein Buchstabe wird dadurch definiert, daß man in zwei Tetraden, also mit einem Byte, die Zahlen der waagerechten und senkrechten Reihen angibt, an derem Kreuzungspunkt sich der betreffende Buchstabe befindet. Für das M erhält man damit:

| | | |
|---|---|---|
| 2. Reihe waagerecht | Dualzahl | **0 0 1 0** |
| 4. Reihe senkrecht | Dualzahl | **0 1 0 0** |

Insgesamt lautet dann die Schlüsselzahl **0 0 1 0 0 0 0 0.**

Die Umcodierung erfolgt also ähnlich wie bei der Fackeltelegrafie der alten Griechen.

Man stelle sich das Schema von Abb. 252 als eine Art Schreibmaschinentastenfeld vor. Der Maschinenbediener, Operator genannt, tippt daran die Adresse des Kunden Meyer genauso ein, wie wir auf dem Taschenrechner die Ziffern eingetippt haben. Beim Drücken einer Buchstabentaste wird

Den „Meßknecht“ früherer Zeiten, der stundenlang Meßreihen aufnehmen und die Werte mit der Hand in Listen eintragen mußte, den gibt es kaum noch

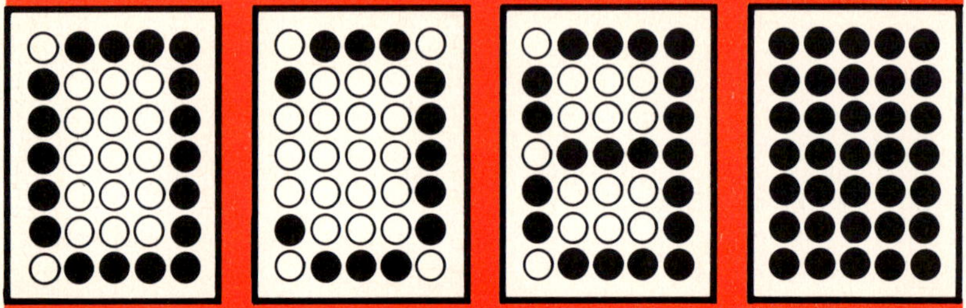

Abb. 253. 7-Segment-Anzeige

automatisch noch eine zusätzliche Codezahl an den Rechner ausgegeben Sie sagt dem Rechen- und Speicherwerk, daß jetzt keine Zahlen-, sondern Buchstabeninformationen folgen, die besonders zu speichern und zu verarbeiten sind.

Werden Wortinformationen wieder abgerufen und sichtbar gemacht, dann geschieht dies meist über einen Schnelldrucker. Er arbeitet nach einem anderen Prinzip als eine Typenhebelschreibmaschine (diese wäre viel zu langsam). Beim Schnelldrucker sind die Zahlen- und Buchstabentypen zeilenweise auf einer sich sehr schnell drehenden Walze angeordnet. Unterhalb der Walze sind dicht nebeneinander 130 Hämmerchen angebracht. Zwischen Walze und dieser Hammerreihe werden Papier und Farbband hindurchgeführt. Das Ausgabewerk des Rechners steuert elektromagnetisch ein Hämmerchen nach dem anderen dann gegen das Papier, wenn sich gerade das erforderliche Zeichen der Typenwalze auf der anderen Seite befindet. So entsteht Zeichen für Zeichen, bis die Zeile ausgedruckt ist. Dann schaltet sich das Papier auf die nächste Zeile weiter. Auf die ausführliche Beschreibung eines Schnelldruckers müssen wir hier verzichten. Schnelldrucker werden auch für automatische Meßanlagen verwendet, um Meßwerte schnell und exakt zu registrieren.

Eine oft angewendete optische Anzeige für weniger umfangreiche Daten arbeitet mit dem 5 × 7-Schema nach *Abb. 253.* Leuchtpunkte von lichtemittierenden Dioden oder auch von Glühlampen sind in fünf senkrechten und sieben waagerechten Reihen angeordnet. Eine Decodiermatrix bringt jeweils die Punkte zum Aufleuchten, die das benötigte Zeichen ergeben. In Abb. 253 sind die Buchstaben B, C, D in dieser Weise dargestellt. Die Zeichen sind gut lesbar und eignen sich auch für große Anzeigetafeln in Flughäfen und Sportstadien.

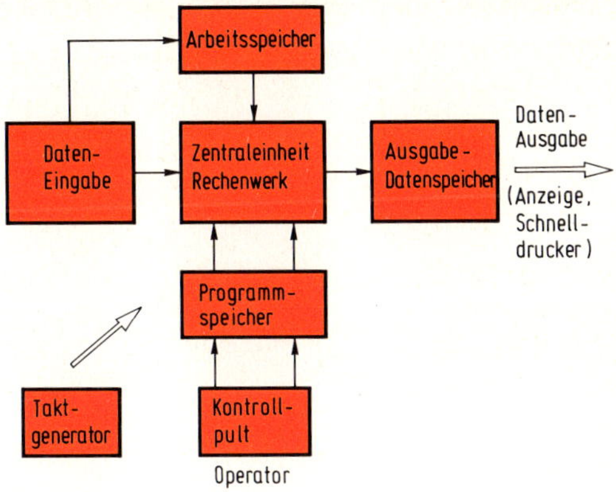


Abb. 254. Schema einer größeren elektronischen Rechenanlage

*Gesamtaufbau*

Aufbau und innere Struktur einer großen EDV-Anlage sind so umfangreich und kompliziert, daß eine auch nur annähernd erschöpfende Beschreibung den Rahmen dieses Einführungswerkes weit überschreiten würde. Der Interessent für ein technisches Gerät und auch der Anwender brauchen nur dessen Eigenschaften und Fähigkeiten zu kennen, um seinen Zweck zu verstehen und es richtig zu bedienen. Grob gesagt: Jemand kann ein sehr guter Autofahrer sein, ohne wissen zu müssen, was eigentlich alles in einem Automobilmotor vor sich geht.

Hier sei deshalb nur mit *Abb. 254* eine gegenüber Abb. 251 etwas erweiterte Blockschaltung eines Rechners gebracht. Kernstück einer Datenverarbeitungsanlage ist die Zentraleinheit mit dem Rechenwerk. Es wird einerseits ergänzt durch den Programmspeicher. In diesem sind die jeweiligen Arbeitsprogramme enthalten, also für Lohnabrechnung die Steuertarife und Sozialabgaben, für Bankkonten die Zinssätze und Gebühren, für Testautomaten die Prüfpunkte, die Sollwerte und die Toleranzgrenzen usw.

Diese Speicherprogramme sind sehr sorgfältig und auf lange Verwendung hin für diese spezielle Aufgabe erarbeitet. Man wird sie deshalb nicht löschen. Vielfach werden diese Programme auf Lochkarten, Lochstreifen oder Magnetbändern erstellt und erst bei Beginn der Arbeit in den Programmspeicher der EDV-Anlage eingegeben oder „eingelesen". Bei modernen Kleinrechnern, die für einen bestimmten Zweck fest programmiert sind, verwendet man integrierte Schaltungen als Programmspeicher.

Takt-Generator

Man will bei ihnen nur das Programm auslesen, sie aber nicht löschen oder ändern. Diese Bausteine bezeichnet man deshalb als „read only memory“, abgekürzt ROM, d. h. als Nur-Lese-Speicher.

Der Arbeitsspeicher in Abb. 254 dient zum Aufnehmen der ständig wechselnden Eingabedaten. Diese Speicher müssen sich daher löschen lassen, wenn zum Beispiel die Abrechnung für den nächsten Kunden durchgeführt werden soll. Kleinspeicher dieser Art in integrierter Technik nennt man RAM = random access memory, sinngemäß zu übersetzen mit: Schreib-Lese-Speicher.

Das Ergebnis des Rechners gelangt zunächst in einen Datenspeicher, von dem aus es dann in die eigentlichen Datenausgaben übernommen werden kann. Ein Taktgenerator steuert den gesamten Arbeitsablauf. Dazu sei erwähnt, daß moderne Anlagen in einer Sekunde bis zu 500000 Binärwerte verarbeiten können, das entspricht einer Taktfrequenz von 500 kHz.

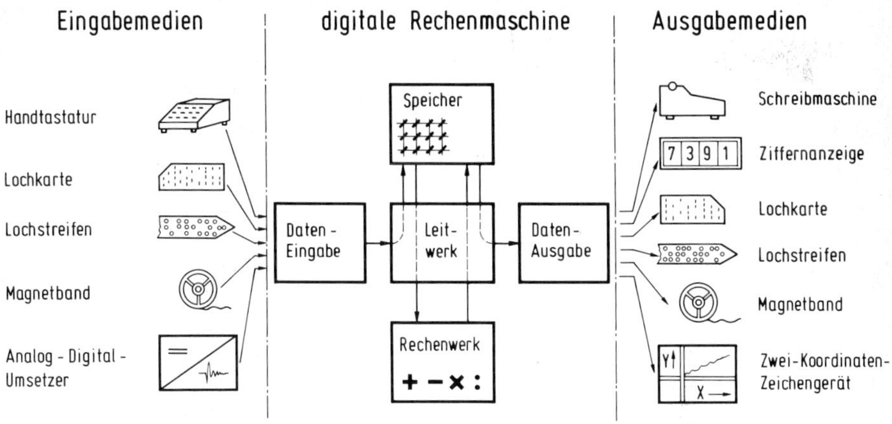


Abb. 255. Rechenanlage mit den möglichen Eingabe- und Ausgabegeräten (nach Philips-Fachbuch „Digitale Elektronik", Band II)

Routinemäßige Arbeiten nach einem bereits vorhandenen Programm können über die normalen Dateneingänge erfolgen. Soll ein neues Programm eingegeben werden, dann geschieht dies durch den Operator über ein Eingabe- und Kontrollpult.

Die Vielfalt der Eingabe- und Ausgabemöglichkeiten zeigt *Abb. 255*. Für die Speicher innerhalb eines Großrechners stehen mehrere Systeme zur Verfügung. In *Abb. 255* ist ein sogenannter Magnetkernspeicher angedeutet. Bei ihm werden auf Leitungsdrähte aufgefädelte feine Ringe aus magnetischem Material gegenpolig magnetisiert, je nachdem, ob sie die Information **0** oder **1** aufweisen sollen.

Andere Speicher bestehen aus einer sorgfältig rundgedrehten, polierten und mit einer Magnetschicht versehenen Trommel. Dicht über der Oberfläche sind nach *Abb. 256* gegeneinander versetzte Magnetköpfe angeordnet. Ihnen führt man die Binärinformationen als Stromimpulse zu. Sie zeichnen auf der rotierenden Trommel die entsprechende Zahl magnetischer Impulse auf. Anschließend können dann je nach dem Rechenvorgang diese Impulse wieder abgefragt oder auch gelöscht werden.

Die Speichertrommeln rotieren sehr schnell, sie machen bis zu 100 Umdrehungen je Sekunde. Das ermöglicht eine kurze Zugriffszeit zu den gespeicherten Zahlenwerten. Bei diesen hohen Drehzahlen dürfen die Köpfe nicht auf der Magnetschicht schleifen wie beim Tonbandgerät. Sie

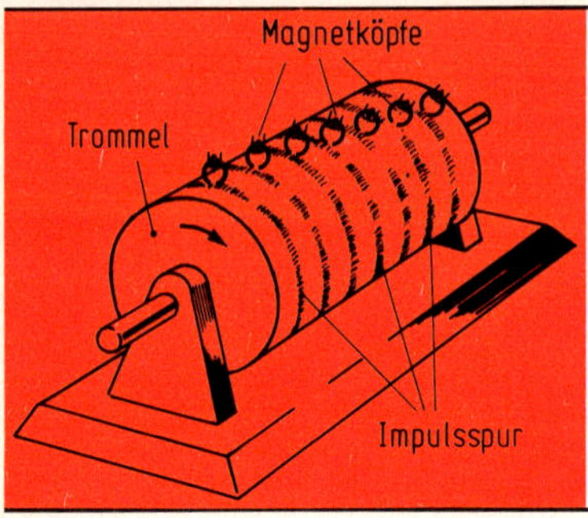


Abb. 256. Schema eines Magnettrommelspeichers für elektronische Rechenanlagen. Die Strichelung auf der Trommel soll die magnetisch aufgezeichneten Impulse andeuten

sind daher in geringem Abstand von nur wenigen hundertstel Millimetern von der Magnetschicht angeordnet. Deshalb müssen die Trommeln äußerst präzise gelagert sein und sehr genau rundlaufen. Temperaturschwankungen können bereits bewirken, daß sich die Materialien verschiedenartig ausdehnen oder schrumpfen und die Köpfe dann auf der Trommel schleifen. Rechenanlagen müssen grundsätzlich in Räumen mit genau konstant gehaltener Temperatur und Feuchtigkeit arbeiten.

Eine ebenfalls rotierende Anordnung haben die Magnetplattenspeicher. Platten etwa von der Form einer Schallplatte, aber mit magnetischer Oberfläche, sind mit Luftabstand aufeinandergestapelt. Der gesamte Stapel rotiert, und Magnetköpfe an Hebelarmen können ähnlich wie Tonabnehmer bei Schallplatten die Oberfläche abtasten, magnetisch beschriften und magnetisch lesen.

Die neueste Entwicklung für nur aus integrierten Schaltungen aufgebaute Mikrocomputer sind Speicher vom Typ PROM = **p**rogrammable **r**ead **o**nly **m**emory, das bedeutet „programmierbarer Festwertspeicher“. Sie bestehen aus einem feinen Netzwerk von Diodengattern. *Abb. 257* läßt die Mikrostruktur eines solchen PROM erkennen. Die aktive Fläche ist nur 4,1 mm · 3,1 mm groß und enthält 3200 Bauelemente, die in zwei Lagen in das Siliziumplättchen eingebracht und miteinander verbunden sind. Als Programmierelemente dienen insgesamt 1024 Nickelchrom-Widerstände. Durch einmalige Stromimpulse von 15...30 mA und weniger als einer Millisekunde Dauer kann man die Widerstände „durchbrennen“. Auf diese Weise wird das gewünschte Speicherprogramm in Form von speziellen Gatterschaltungen eingegeben. Das Foto dieses Halbleiterspeichers vermittelt einen Begriff davon, daß die Mikrotechnik tatsächlich eine neuzeitliche technische Revolution darstellt, vergleichbar etwa mit der Erfindung des Buchdruckes oder der Dampfmaschine.

Abb. 257. PROM Typ GXB 10149 von Siemens. Auf einer Fläche von 4,1 mm × 3,1 mm sind 3200 Bauelemente integriert

# Sachverzeichnis

Es wurden nur die Seiten angegeben, auf denen das Stichwort ausführlich behandelt oder im Zusammenhang charakterisiert ist.